Critical Thinking Skills
for Dummies

批判性思维入门

[英]马丁·科恩 著

汪丽 译

山西出版传媒集团　山西人民出版社

献给沃德（Wod）

若没有他，本书不会顺利付梓，

其他很多事项也不会进展得如此顺利。

目 录

导 论 001

第一部分 批判性思维能力入门

第1章 进入令人振奋的批判性思维世界 011
1.1 敲开论证诊所的大门 012
- 定义批判性思维 013
- 洞悉大脑喜欢怎样思考 014
- 评估你的所读、所听和所思 015

1.2 培养批判性思维能力：解读言外之意 017
- 挑战人们的理性 018
- 一览批判性思维能力的工具箱 019
- 给你的思维排序：推理、分析，然后论证 020
- 发现你的思维方式 022

1.3 了解批判性思维不是什么 027

第2章 洞察大脑思维：人们如何进行思考 029
2.1 逻辑性地思考还是本能性地思考：进化和意识 032
- 购买豆子与创作十四行诗：对比不同的意识观 033

匆忙得出结论：快速思考的代价 036
　　遭遇人类的不合逻辑性：琳达问题 038
　　权衡团体思考的力量 043

2.2 观察大脑如何进行思考 047
　　"我的神经停工了"：在忙碌工作的大脑 047
　　"我并不想知道"：人们青睐刻板印象而非统计数据 050

2.3 进入科学家的脑袋 051
　　与科学惯例交战 053
　　相信猜想与反驳 053
　　时断时续地思考：范式转换 055

练习答案 057
　　球拍和球的定价问题 057
　　寻找抢劫犯 057
　　天文学争论 058

第3章　将思想植入大脑：思维社会学 059

3.1 问问自己，你是否在思考你以为自己正在思考的东西 ...061
　　了解外部力量如何作用于人 061
　　影响他人的观点 062

3.2 思维与灌输：宣传 066
　　"同志，你是这么想的" 067
　　希特勒先生感召街头百姓 069

3.3 了解保持公正何其艰难 073
　　保持中立……也只能到一定程度：英国广播公司的案例..074
　　地球正在升温：英国广播公司和气候变化 074
　　努力达成共识 076

3.4 诉诸情感：论证中的心理学 078
　　利用民众情绪来产生强大的效果 079

攫取盲从者的注意力 080
　　识破伪装成科学的偏见 083
3.5 操纵思想和说服他人 086
　　了解说服术如何在社会中运作 087
　　识别说服的语言 089
　　识破正在你身上运作的操控术 090
练习答案 093
　　希特勒论优生学或论人民养育的问题 093

第4章 评估你的思维能力 095

4.1 发现你的个人思维习惯 096
　　认识批判性思维的本质 097
　　测试你的批判性思维能力 099
4.2 打破关于思维的神话 109
　　接受草率的想法有时是可行的 109
　　用信念战胜逻辑 111
　　确认证实偏差的真相 114
4.3 探索不同类型的智力：情商和创造性智力 120
　　思考他人是如何进行思考的：情商 120
　　了解模糊思维和创造性智力 125
练习答案 127
　　批判性思维能力测试反馈 127

第二部分　培养你的批判性思维能力

第5章 批判性思维就像……解谜：类比推理 133

5.1 探索创造力和想象力 134
　　了解类比对创造力的重要性 137

5.2 混乱的比较和隐喻 146
在实践中发现错误的类比 147
揭示错误类比 149

5.3 成为一名思想实验者 152
发现思想实验 153
伽利略著名的抛球实验：实践中的批判性思维 156
用哲学将大脑一分为二 159

练习答案 160
分门别类 160
薛定谔的猫 162

第6章 循环思考：递归的威力 163

6.1 像计算机程序员一样思考 165
从程序员那里学习如何清晰地表达 166
利用算法进行有条不紊地思考 167
区分语义和句法 171

6.2 组合思维领域 174

6.3 排序、选择、放大、生成：使用设计技巧来找寻新的解决方案 177
检查问题的所有方面 178
陈述问题、收集相关信息并分析其内涵 181
近看、扭头及回看循环 182
尽量回避事实性交流 185

6.4 牛刀小试：给自己来一份美好又鲜活的论证吧！ 186

练习答案 189
迷宫流程图 189
"帮帮我！" 190
怪物弗兰肯斯坦的论证 190

第7章 利用图形（和其他）工具进行思考 ... 192

7.1 发现图形工具：制作思维导图和概念图 ... 194
留意思维导图 ... 197
依靠概念图 ... 198
跟随链接并顺着流程走 ... 199

7.2 运用图形工具 ... 202
正确安排图表 ... 202
开发简明的概念图 ... 204
在现实世界中使用图示和图表 ... 205
认识不同类型的概念图和思维导图 ... 206
通过绘制流程图为你的图表添加流动轨迹 ... 208

7.3 考虑使用一些其他的思维工具 ... 210
用转储清单清空你的大脑 ... 210
披沙拣金：归纳总结 ... 212
用头脑风暴激发灵感 ... 214
攀登高峰：元思维 ... 216
尝试使用三角测量法 ... 218

练习答案 ... 225
植物问题 ... 225
归纳段义 ... 226

第8章 构建知识：信息层级结构 ... 227

8.1 用数据和信息块构建知识金字塔 ... 228
查看数据和信息之间的关联 ... 229
连接（数据）点以便创建信息 ... 231
注意错误和偏见 ... 234

8.2 颠倒知识层级结构 ... 235
跟本杰明·布鲁姆学习批判性思考 ... 236

跟加尔文·泰勒学习创造性思考 242
8.3 保持动力：知识、技能和思维模式 243
在通往学术成功之路上摸索前行 244
细察表扬的矛盾性本质 245
培养必要的思维模式 246

练习答案 248
杜威的教育良方 248
"这是一个异常潮湿的夏季。" 248
有关学习动机不足问题的研究 248

第三部分　在实践中运用批判性思维

第9章　直抵（阅读）活动的核心 253
9.1 作为一种实用技能的批判性阅读 254
9.2 解读言外之意 255
检查出版商的资质地位 256
仔细审查作者身份资质 257
想想你所读的这篇文章是为何而写 258
评估文章的写作和呈现方式 259
撰写文章时需要考虑的因素 261
评判证据 262
想想你为何要阅读这篇文章 263
9.3 扮演侦探：调查证据 265
权衡考量一手和二手资料来源 265
遵循思路链 269
读我！以便测试你的批判性阅读技巧 271
找出隐含的假设 274

9.4 过滤无关材料 ... 276
记有效的笔记并进行归纳总结 ... 276
明智地利用你的时间：使用略读法 ... 280

练习答案
读我！以便测试你的批判性阅读技巧 ... 281
找出隐含的假设 ... 283

第10章 培养你的批判性写作技能 ... 285

10.1 在纸上画出你的想法结构 ... 286
了解结构的基本要素 ... 287
展示论据并提出论点 ... 289
检查写作结构是否良好的必备准则 ... 291
修缮初稿 ... 294
解构问题 ... 296
得出有效结论 ... 297

10.2 选择合适贴切的写作风格 ... 298
牢记你的受众 ... 298
考虑所有细节 ... 299

10.3 深入把握批判性写作的细节要素 ... 302
要明白，只有花园里才需要百卉争妍 ... 302
找出并使用关键词 ... 303
展示论据并提出论点 ... 304
设置路标关键词，以确保你的读者行在阅读的正途 ... 306
使用中间结论 ... 308

练习答案 ... 311
登月的中间结论 ... 311

第11章 批判性地听说：进行有效学习 ... 313

11.1 最大化利用正式讲座 ... 314

11.2 参加研讨会和小组讨论	317
训练你的听力技巧	319
将习得的技能运用到现实问题上	321
11.3 做笔记	325
参与辩论：苏格拉底式方法	326
聆听专家教诲：学术型方法	328
不同记笔记过程的结果对比	329
11.4 使学习的环境更加民主化	331
用涂鸦激发创造力	334
练习答案	337
成功的讲座开场白	337
关于涂鸦的随手涂鸦	338

第四部分　推理与论证

第12章　解密真实论证的逻辑	341
12.1 一些现实生活中的常见论证	343
保持本色，随心行事：非形式逻辑	344
用前提假设来说服	348
在日常论证中使用图片	350
检查真实论证的结构	353
12.2 深入研究真实的论证	360
思考"若A则B"的逻辑公式	361
假设存在因果关系	363
讨论必要和不充分的条件	365
调查独立论据和共同论据	367
意识到隐含的假设	369

第13章　像理性动物那样行事 ... 371

13.1　为逻辑性思考制定规则 ... 372
- 跟亚里士多德学习推理 ... 374
- 提出逻辑上的问题 ... 377

13.2　了解人们如何使用逻辑 ... 381
- 识别令人信服的论证 ... 381
- 被谬误绊倒 ... 385
- 发现谬误 ... 389

13.3　用逻辑构造你的论证 ... 390
- 观点表达要清晰 ... 390
- 谨慎选择你的措辞 ... 391
- 使用的方法要前后保持一致 ... 392

练习答案 ... 394
- 关于"社会福利金是否会助长懒惰"的论证 ... 394
- 关于海星论证 ... 394

第14章　以辞劝服：修辞的艺术 ... 396

14.1　修辞导论：当论证不再成为论证之时 ... 397
- 选择整体的研究方法 ... 398
- 发表一次精彩的演讲 ... 399

14.2　论点正确时如何大获全胜 ... 403
- 善用简单而有效的结构 ... 404
- 记住外延和内涵的区别 ... 405
- 穿插玩笑来阐明你的论证 ... 407
- 演讲时要善用排比或三元组句式 ... 409

14.3　论点有误时如何取胜 ... 412
- 不知为不知，是一种美德 ... 412

　　　　使用佶屈聱牙的行话 413
　　　　插入一桩禅宗公案 415
　　　　通过问问题来进行你的论证 416
　　　　诉诸个人：人身攻击论证 418
　14.4　学会辨别信息内容 421
　练习答案
　　　　吸烟警示语 423

第15章　展示论据与证明论点 425

　15.1　挑战关于这个世界的公认智慧 427
　　　　调查日常生活中事实和观点之间的区别 428
　　　　"吃掉我的（肥）短裤！"：什么才算是健康的饮食？... 435
　15.2　深入研究科学思维 437
　　　　在不断变化的世界中，事实也在不断发生着变化 438
　　　　到底是传授事实还是灌输观点？ 440
　　　　解决可断言性问题 443
　　　　抵抗从众的压力 444
　　　　科学期刊的发表规则：既生产垃圾也处理垃圾 449
　　　　证明它！ 452
　15.3　记住人们根本看不懂数字这个事实：学会运用统计
　　　　思维 456
　练习答案
　　　　关于烟雾报警器能否有效挽救生命的论证 459

第五部分　逻辑谬误与伟大论证

第16章　十大逻辑陷阱及规避策略 463

　16.1　声称遵循逻辑：不合逻辑的推论和起源谬误 464

16.2	先行假设：乞求论题	465
16.3	将选项限制为两个："非黑即白"思维	465
16.4	不清晰：含糊其词和模棱两可	466
16.5	错把相关当因果：关联性混淆	468
16.6	诉诸双重标准：特例谬误	469
16.7	期待美梦成真的愿望思维	470
16.8	闻臭识红鲱——识别红鲱鱼谬误	470
16.9	攻击一个并不存在的论点：稻草人谬误	471
16.10	重新定义词语：玩味谐音双关	472

第17章 改变了世界的论证 ... 475

17.1	只有一些足够聪明的小众精英才能掌权	476
17.2	越界：违抗法律	478
17.3	站在法律正确的一边：始终遵守法律	480
17.4	请证明，上帝在"逻辑上"存在	481
17.5	请证明，上帝在"实践中"不存在	483
17.6	为权利辩护	484
17.7	世间万物相反相成	486
17.8	了解爱因斯坦的相对论	487
17.9	提出悖论以便证明你的论点	488

关键词表 ... 491

致谢 ... 493

译后记 ... 495

导论

批判性思维！听起来真是个好主意。因为批判性思维是一种强大高效、犹如激光般锋利的有力思维，你只需等着用它击破陈腐的论点，即可收获一些非常精彩的洞见。要是人们告诉你，批判性思维是一种相当**高级**的思维方式，而且只有少数人才能做到，主要还是那些能用拉丁语讲笑话（比如，*dimidium facti qui coepit habet*——"好的开始，是工作成功的一半"）的乡绅派教授，你也不必太过担心。因为，批判性思维绝对不是那样的。批判性思维不仅仅适用于少数有闲阶级的人士，它也适用于拥有好奇心、想象力和创造力的大多数人。事实上，关于批判性思维，唯一让人感到困惑不解的问题是，为什么现在并非**每个人**都在实践批判性思维呢？对此，我自有一番理论，我认为，那可能是与人们的教育程度以及人们所囿于的那类工作方式有关，就像很多被圈养的绵羊那样——他们大多会默认，自己是在为外在的生活做准备。然而，外在的生活很少指不加反思地遵循既定的程序和指令来生活，它更需要你对自己正在做什么以及为何做这件事有不断反思的能力。此外，你也要像一个人那样去行事，而非像一台机器那样按设定运转。所以，一名批判性思考者需要学习的首要技能便是，思考"不可能或难以想象之物"、跳出思维的既定框架去思考、大力"解放自己的思想"。

这听起来很理想化吧？是不是颇有点20世纪60年代以及头戴鲜花的一众嬉皮士的感觉？好吧，是这样的，批判性思维带有一点理想主义，正如所有最好的东西都有一点理想主义那样。但批判性思维也有很多基本结构，它也有可以支撑它的可靠性研究。本书中两者兼而有之，它将提供你所需要的信息，以及培养和测试你个人技能的大量机会。

这些年来，我一直在学习和教授批判性思维，我还发现了一件相当令人匪夷所思的事情，也即为何有许多人似乎都认为，思维——更不用说批判性思维了——是可以机械习得的：也就是说，人们认为，他们可以通过写下并背会一系列附带有正确和错误答案的事实（一种知识体系）来把握思维。一些做出模糊区分、列出供人学习的专业术语的批判性思维手册助长了被动而非主动的思维方式。如果你打算做的只是重复处理过去的问题，那么机械式学习是可以奏效的，但它不会给你带来更多的新鲜洞见或想法。而且，事实上，这正与批判性思维的真正内涵相悖。批判性思维实际上是一套可以举一反三的技能——为了某件事去学习一种方法，而这种方法对另外一件事也同样奏效——这就使得批判性思维跨越了整个学术学科的领域，可以运用到人类活动的方方面面之中。因而，这也是你会发现批判性思维有其实用价值的真正原因，它就像学习设计技能、护理学、经济学，甚至是踢好足球一样实用：批判性思维确实是可以帮助人们充分享受生活的一大工具箱。

关于本书

在本书中，你可以学到关于批判性思维能力的传统知识，大多是关于避免逻辑谬误，以及遵循良好论文写作结构的规则，除此之外还有很多其他知识。类似的其他多数书籍一般会重点关注批判性思维的这些细枝末节，因为它们便于谈论，但它们却很难帮助人们躬身践行。事实上，就像学习哲学本身（批判性思维历来是哲学的一个分支）一样，**唯一**的方法便是在实践中运用这些技能，如此才能正确地理解它。所以，我在这里尝试提供给读者的类似于一种思维导图或指南手册，当你在任何你想尝试的领域开始积极运用批判性思维时，它们将会派上用场。我提供了详实的学术辩论背景知识，以便让你"知其然"（what）并"知其所以然"（why）；还提供了大量躬身实践的技巧和建议，以便让你了解"何以然"（how）；当然，我也提供了一些章后练习，以便给读者更多尝试和练习的机会。

愚蠢的假设

在批判性思维中，经常被忽视的一项关键技能便是"了解你的受众"——实际上，这是指要与他们相互理解和共情。在此种情况下，这就意味着，你得了解他们的需求、动机。所以，当我在写这本书时，就像你在写一篇文章或准备一份报告时一样，关键的事是，要知道潜在读者的兴趣和需求是什么。

我预设，作为读者的你：

- ✓ 对思想观念感兴趣，也对如何交流想法感兴趣。
- ✓ 已经了解批判性思维和不假思考的批评有所不同。
- ✓ 希望自己能够洞察一个糟糕的论证。
- ✓ 知道如何构建一个有说服力的论证——但我不会对你想要争论的**内容**或你正在学习/研究的语境做任何假设。

无论你是年少还是年长，男性还是女性，工程师还是哲学家，对我来说都没有区别——这本书没有佶屈聱牙的术语行话，它向所有人开放。

你可能是一名公司的首席执行官（CEO），也可能贵为一国总理，但你不会因此获得特别优待、在书中找到为你专门定制的特别章节。相反，我预期，作为读者的你，可能是名学生，也许，你才刚开始你的学习研究，又或者你可能已经深造到了需要撰写更长篇幅的研究性论文的阶段。因为，不管你信不信，即使在博士生群体中，批判性思维也是一种比较缺乏的技能。

这种"思维鸿沟"导致了世界各地许多不可靠的研究和公共政策。所以，我也预设本书的潜在读者还怀有一种良好的道德目的。也即，你想要**更好**、更清楚地去进行思考：你想要把事情做**对**，而不仅仅是掌握足够多的知识去应付考试。

另一方面，如果你不情愿做个批判性思考者，那就让我尝试让你做出转变。因为我知道，关于非形式逻辑和结构化的论文确实充斥着很多无聊的素材，当然，我不打算在这本书里提及它们。因此，如果你只是抱着"低分飘过"考试的念头开始学习批判性思维，你仍然是来对了地方。如果说批判性思维有时是一道由极其枯燥乏味的技能组成的菜肴，那么在这本书里，你会发现，我在这道炖菜中添加了大量的调味料，以便让它品尝起来更加美味。

本书中使用的图标说明

我使用此图标来为读者指明关于重要思想或理论的更加详细的解释，这些思想和理论阐明了批判性思维的技巧和技能。

在有些批判性思维的圈子中，人们总会使用很多的术语或行话。我会在某个术语的简明释义附近附上这个图标。

正如这个图标的字面含义所指，我使用该图标来突出显示一些你想要记住的关键事实和观点。如果你已经掌握了它们，那么，你也可以权且将该图标当作一份**提醒**。

这个图标用来标记一个简单的想法,这个想法既可用来达成有关批判性思维的学术目标(例如,如何剖析论证),也可用来提升更广泛的批判性思维能力,例如,如何为他人发展他们的论点提供空间,而不是一出现分歧就草草结束论辩。

最后但同样重要的是,这个图标为你标记出测验自己批判性思维技能的机会!

我保留这个可怕的图标来指出实践中存在的"陷阱"和一些有缺陷的理论。

延伸资料

除了你现在正在阅读的纸质书或电子书中的材料以外,本书还附有一些可在互联网上随时访问的有用资料。读者可查看如下网址www.dummies.com/article/academics-the-arts/humanities/critical-thinking-skills-for-dummies-cheat-sheet-2074961上的免费速查表,以获取一些实用的提示和线索。

该从哪儿开始看这本书?

你可以从你喜欢的任何地方阅读这本书——我并不介意你

只是尝试阅读一些与你的兴趣看似相关的部分内容，或是在一个晚上奋力攻读整本书（带着它一起上床做床头读物），抑或一边吃薯条看电视、一边略读本书，这都无妨。

事实上，我会建议你不要把它当作一本教科书，按照从第一课学到第二课那种节奏阅读它，因为聪明的读者知道——批判性思考者都是聪明的读者——只有当书本中的信息与自己目前真正需要掌握的内容相关时，它才会被最好地吸收消化。作为读者，只有你自己才知道什么是你目前正在关注、思考或感兴趣的内容。因此，请自行使用索引、目录页或被人称为"略读"的那种有效方法，来查找与你的需求更为相关的内容，然后从那里开始阅读。（因为我预设本书的许多读者只会取其所需地翻阅它，所以我尝试将书中材料划分并归类到有明确标记的各个章节部分，每个部分都有一个约30秒阅读时长的概述，以便读者可以在需要时快速查看特定的内容章节。）

但是，如果读者想听听我建议从哪里开始阅读这本书的话，我也很乐意告知大家。毕竟是我写了这本书，所以，我应该对其中的内容有所了解。那么，我会推荐以下章节作为阅读的良好开端：

- ✓ **第1章**：因为这一章是我"欢迎你们来到论证诊所"的章节，而且我还在此章中总体介绍了什么是批判性思维。
- ✓ **第4章**：这一章是关于"评估你的思维能力"的部分，因为它包含了一个非常炫酷的测试，也就是那种不怀好意的雇主可能会抛给你的那类测试，而测试本身也很有趣。但是，请不要仅仅因为这个原因而去阅读本章内容，因为全书的所有内容也都很有趣。

- ✓ **第9章**："直抵（阅读）活动的核心"部分，这一章是另一个可能有所收获的地方。

这听起来有点严肃，但它也是一个很好的出发点，因为大多数人都是通过阅读来获得新的想法并发展他们各自的观点的。别忘了，这也可能是你最初阅读本书的原因。还有什么能比直接阅读本书并在阅读时进行批判性思考更加美妙的呢？

第一部分
批判性思维能力入门

在这部分内容中，你将：

✓ 快速了解这个被称为批判性思维的新潮想法到底是指什么，以及为什么每个人都在使用它。

✓ 衡量你现有的思维能力，并大力扩展自己的视野，认识情商并意识到每个人所固有的偏见。

✓ 了解为何大多数人的大脑更乐于获取一个快速答案，而不是**正确**的答案——以及一些避免让自己落入这种倾向的策略。

✓ 了解那些不择手段的人——从政治极端分子到有才华谋略的广告商——一直以来是如何利用**不加批判**的思考者的。

第1章
进入令人振奋的批判性思维世界

本章提要：
- 对思维能力有个宏观把握
- 搜集解决问题的妙招
- 避免陷入常见误区

> 还有另一个将被一簇残酷事实谋杀的美丽理论。
> ——弗朗索瓦六世,德·拉罗什富科公爵
> 法国作家、道德家(1613—1680)

批判性思维事关切中要点、对问题持有怀疑性的敏锐嗅觉,以及通常更加仔细地审视一切事物。不仅要审视事实性的主张,最重要的是,还要审视人们得出各自观点和想法的方式。

嗯哼,你可能会对此嗤之以鼻!何必这么麻烦呢?这是个好问题!作为一名批判性思考者,我在有生以来的很多工作面试中都惨遭失败。同样,世上也不乏那类成功人士,他们能小心谨慎地避免表现出任何批判性思考或严密思考的特质。我的

简明回答将是，成为一名批判性思考者，仍然是人们能够成为的最佳思考者，即使有时候这确实会意味着，你在许多问题的看法上都显得古怪和另类。

在本章中，我将对批判性思维以及本书其他章节的内容做一番概述。我也将论及"解读言外之意"的重要性，并澄清批判性思维不是什么。

1.1 敲开论证诊所的大门

很可能，你从小就被大人教导不要与人争论。在学校里，老师也可能会鼓励你安静地坐在教室里、默默记下一些事实性的知识——反正，我从小就是这样被教导的。在我五岁的时候，有一次在课堂上，一位老师甚至用胶带封住了同学们的嘴巴！（没错，我就是这群孩子中的一员。）还好，自那之后，我遇到了一些非常开明的老师，他们鼓励我发挥我的想象力，去解决一些问题或进行一番研究。但是，这些老师还是教导我不要去与人争论。

因此，欢迎大家来到这里，以一种全然不同的方式看待世界——即运用批判性思维看世界。这是真正的"论证诊所"（arguments clinic），在这里，人们可以付款诊断为时5分钟或是1小时的论证（正如著名的蒙提·派森[①]电视短剧里表演的那

[①] 蒙提·派森（Monty Python），英国一个超现实幽默六人组表演团体，创作有幽默电视短剧《飞行马戏团》。本书页下注，若无特别说明，均为译注，余不一一。

样）。不，事实并不是这样的。但它又确实如此。那到底是还是不是呢？是的，它确实如此！（要是你愿意的话，现在你可以立即查阅本书第17章，在那一章，你会发现世界上最有影响力的几大论证——别担心，等你翻回来时，我依然在此等你！）

当然，正如短剧所呈现的，这根本就不是恰当的论证，只是矛盾性反驳：它缺少为建立一个命题而做的一系列相关陈述。如果在读完这本书后，你只是习得了否定反驳他人的能力，那么，就像蒙提·派森短剧中的那个人一样，你也有权要求退款。不用担心，在本书中，你会发现许多种看待问题的新方式，从而很快就能对世界上的一切事物进行长达一小时的完整论证了。

我的目标便是，在本节结束前，为你提供一份批判性思维的宏观导图。

定义批判性思维

如果你在字典中查找"批判性思维"这个词条，你会发现它被称为对论证进行的哲学检验，而我本人也是一名哲学家。但是——冒着立即惹恼高校象牙塔里一些权威专家的风险——我还是得说，这种哲学并不是大多数专业人士所研究或知道的那类哲学。是的，正如本书第12章所示，在用前提和跟随其后的结论整齐地组织论证时，批判性思维确实会涉及逻辑领域。但是，批判性思维绝不会止步于此，如果仅此而已，还不如将这项工作交给一台计算机呢。

事实并非如此,实际上,批判性思维关乎一系列技能,包括运用文字双关的能力,对语境、感受和情绪的敏锐把握,以及那种思想上所需具备的包容并蓄的态度(这也是最难培养的一项技能),它能让你实现创造性的飞跃,并获得洞见。

我知道,对于一本书来说,培养上述这些技能听起来是一项相当艰巨的任务。但批判性思维也是一种团队思维,我也借鉴了许多其他思想家的观点,其中包括我在威利(Wiley)出版社的编辑们所给予的很多宝贵意见。因此,你在书中学习到的并非是我个人对批判性思维能力所持的一些看法,而是一众专业人士对这一主题仔细研究之后所作的生动介绍。

洞悉大脑喜欢怎样思考

教授们可能会对此嗤之以鼻,但我更喜欢研究一些好玩或有趣的练习,这也是为什么我努力让本书中的那些练习显得更有意思的原因所在。以下是一个非常小的练习,但它显示了关于人类思维是如何运转的一些重要信息。

你该说"蛋黄为白"还是"蛋黄皆白"?

当我第一次见到这个问题时,我确实想了一会儿——然后,我就放弃了,去翻看答案。这就是我应对书面练习的方法;它可以节省我有限的脑力,让我得以边看电视边吃薯片!但我好像离题了（在批判性思维中，离题就很不应该）。这个练习中的问题，可能会产生一个时长5分钟的论证主题，但绝不会延长至一个小时。因为两者皆非——蛋黄是黄色的。嘭！嘭！你上当了吗？

这个练习表明，由于数千年的进化，人们的常规思维方式会受制于某些特定规则和系统的基本参数设置。用心理学上的术语来说，就是人类的思维会使用某些**启发式**（heuristics，即用来快速解决问题并做出判断的一些心理捷径）。

问题就在于，自动化的和根深蒂固的思维方式，都会使你看不到解决问题的新可能，或是无法避免掉入意想不到的陷阱。此外，绝大多数人的思维是在无意识中运转的，尽管有时快速而高效，但在某些特定情况下，它会使人们仓促地得出一些错误的结论。

由此可见，批判性思维便是你用以对抗这些狡猾，但或多或少又有些普遍的思维惯性的一份保险策略。

评估你的所读、所听和所思

> 问题的根本原因正在于，在现代世界中，愚蠢的人总是自信满满，而聪明的人却疑虑重重。
> ——伯特兰·罗素（《凡人与其他——伯特兰·罗素美国时期散文选：1931—1935》中"愚蠢的胜利"）

成为一名批判性思考者的基本要素

如果你正在培养自己成为一名像弗兰肯斯坦博士[①]那样的批判性思考者,那么你需要具备以下这些能力和素质:

✓ **包容观点**:批判性思考者乐于听到不同的观点,并享受真正的辩论。

✓ **分析技能**:批判性思考者不接受任何形式的交谈。他们想要的是正确构建起来的论证,它能展示论据并能得出合理可靠的结论。

✓ **保持自信**:批判性思考者必须得有点儿自信来检视其他人——通常还是权威人士——提出的观点。

✓ **葆有好奇心**:批判性思考者必须具备好奇心。好奇心也许会害死猫,但却是观点和洞见所必需的构成要素。

✓ **寻求真理**:批判性思考者的使命是找寻"客观真理"——哪怕这一客观真理最后被证明会瓦解他们自己以前持有的观念和长期以来的信念,且与他们的自身利益背道而驰。

批判性思维不仅要积极质疑你所读到或听到的结论,还要质疑其前提假设——无论它们是公开的还是隐含的——以及其整体价值观。(关于批判性阅读,我将会在本书第9章进行详细

---

① 玛丽·雪莱的著名小说《弗兰肯斯坦》里面的主人公,他在实验室缝合死尸,制作出一个有生命的怪物,并以自己的名字为其命名。本书第6章还会具体涉及这本书中的部分内容。

的讨论。）

批判性思考者在处理问题至得出结论的过程中不会带有先入为主的假设，更不会抱有偏见。斯特拉·科特雷尔（Stella Cottrell）教授曾写过一本非常流行的批判性思维手册，正如其所言，批判性思考者非常乐于接纳一个反对他们自身观点的好论证，而不会采用一个坏论证，哪怕这个坏论证看起来是唯一可用来支持他们自身观点的论证。

1.2　培养批判性思维能力：解读言外之意

> 自然知识的改进者会绝对地拒绝承认权威。对他来说，怀疑是其最高职责。盲目信仰是一种不可饶恕的罪过。事实就是如此，因为自然知识的每一次重大进步都涉及对权威的绝对排斥，以及对最敏锐的怀疑主义的珍视。
>
> ——托马斯·赫胥黎
>
> （《论改进自然知识的可取性》，1866年）

批判性思考者知道，真正的辩论发生在"言外之意"中，而且经常"不为心智所留意"。批判性思考者的工作，就是将真正的问题清楚地拉入人们的视野，如有必要，将其一一击破！

在这里，我会向读者介绍一些批判性思维的核心技能：解读言外之意、检查证据并快速解构文本等。（本书第三部分中的章节将会提供更多有关如何获得这些技能的信息。）

挑战人们的理性

你知道，有些人的观点似乎并不是基于他们对这个世界的任何理性评估，而是建立在那些容易被人吸收的偏颇信息——甚至是公然的偏见之上，对吧？我也知道。而且更重要的是，至少我的一些观点——包括你自己的一些观点——也会落入这个相当不合逻辑的类别中。事实是，尽管亚里士多德称男人（不是女人，他有着强烈的厌女偏见）为"理性的动物"，但人们在实践中却很少使用他们的理性能力。（关于这个话题，我将在第13章做更为深入的讨论。）

更为微妙的是，人们经常会对他们所持的立场给出好的理由，但实际上他们的观点却往往出于截然不同的理由。有时如果你提出了可以驳倒那些好的理由的坚实论证，你就会发现那些好的理由其实是无关紧要的。例如，假设你的邻居购买了一辆四轮驱动的全地形汽车，并声称这车在他们全家登山和露营时会派上用场。然而事实是，他们很少会去比最近的超市更远的地方旅行，并且他们也讨厌把这部亮闪闪的新车弄脏。所以，买这辆车的真正原因，会不会是拥有一辆坦克大小的汽车会大大提升他们家的自尊呢？

又或者，政府说它必须向学生收取学费——否则，就没有足够的钱给将来每个想上大学的人。这可真是个好理由！然而，奇怪的是,学费收取系统实际上比以前通用的公费系统的运行成本还要**高**。所以,导致如今收取学费的真正原因,是否与废除福利国家的政治政策有关呢?

或许可以对这一目的做一番论证,但那样就会偏题到政治上。我不是提倡一种非此即彼的思维方式,但我建议我们要养成习惯,更为仔细地审视人们所给出的原因和解释。

一览批判性思维能力的工具箱

我把批判性思维当作是一个工具箱。哲学家素有将论证技巧视为工具的悠久传统(请阅读下方"亚里士多德的工具汇总"以便了解更多信息)。

批判性思维不只是一种工具,而是很多种工具。此外,批判性思维能力所能做的比大多数专家所能意识到的还要多得多——因为,他们中大多数人的研究面过于专狭。

亚里士多德的工具汇总

关于"如何辩论"最为著名的论述,要数2000多年前亚里士多德写的一些书。他的后继者将它们汇集在一起,并将文集命名为《工具论》(*Organon*)——在希腊语中,Organon意为"工具"。有趣的是,这个标题反映了哲学中一个从未消失的核心争论:逻辑到底是最纯粹的哲学形式,还是仅仅是哲学家所使用的一种工具？因此，这一古希腊语定义上的晦涩不明，令它意外地具有政治性，而在今天，它又和持续流行的教育上的一些争论结合在了一起。

逻辑是批判性思维的核心工具。你可以看到，作为**心理螺丝刀**的逻辑，具有两个不同的目的：它既能使你彻底剖析论证，**也**能使你对其进行修补和重组。

批判性思维也有创造性的用途，例如**原型设计**和**头脑风暴**（分别详见第6章和第7章）。这些"锤子和钉子"式的技能，一旦加上大量的黏合剂，就会有助于想出新的解决方案。另外，不要忘记批判性思维中所蕴含的社会因素和情感成分（我将分别在第3章和第4章介绍）：我个人喜欢将它们视为工具箱中的测量仪器——或许在精神层面也是如此。

哲学以及数理逻辑是一个独立进行的过程：一个人（或一台计算机）便可以对阵这个世界。在仔细检验一个形式证明并发现其矛盾之后，这件事就**完结了**！但批判性思维还涉及质疑——挑战论证、方法、观念和新发现，查证语境和背景。因此，这更多是一项社会性的活动，它需要人们共同探索和发现真理。

给你的思维排序：推理、分析，然后论证

请按照上面这个顺序来进行！不加批判的思考者可能会一

开始就进行争论,然后再停下来分析,最终才会去寻找原因。但是,让你的争论遵循推理(而不是相反)则要好得多。

批判性思维用的是哪种逻辑?

你会遇到很多种类型的逻辑:经典逻辑、布尔逻辑、量子逻辑、句法逻辑,再来一点多值逻辑或谓词逻辑怎么样?再添一点模糊逻辑如何?哦,不!一口气都说不过来了,得再次呼吸、调整一下气息才行……

批判性思维不是一种让学生学习逻辑思维的秘密方法。它甚至不是一种精简版的逻辑思维!批判性思考者用作一种工具的逻辑与所有常见的逻辑之间,存在一个根本的区别:**非形式逻辑**。所有其他的逻辑都关注论证的形式,只有非形式逻辑,顾名思义,还关注论证的**内容**,并关注问题及应用。

哲学家们喜欢将批判性思维视为一门**非形式逻辑**的课程:研究用自然语言表达的论证。在这里,一个论证光是有效还远远不够——其结论也必须是有用的。第四部分中的章节会就这一点而展开,在其中,我仔细研究了非形式逻辑的一些关键技能(例如,许多批判性思维专家长期乐此不疲地谈论的各种"谬误")。但是,也不要对使用逻辑去征服世界的前景太过兴奋,因为,正如我所解释的那样,逻辑的力量是被严格加以限定的。

一个有效论证和一个谬误之间的区别,往往远非泾渭分明。但这也并不意味着,人们不会犯很多愚蠢的错误或是做出糟糕的论证。读者可自行查看第16章中的一些逻辑陷阱。

另一方面,不要让这些担忧阻碍你在思考、写作(参见第10章)和言谈(参见第11章和第14章)中使用逻辑技能,因为,一个小方法也可以大有助益,它能让你的论证更具说服力,并让他人论证中的缺陷展露无遗。

研究人员经常发现,当被问及时,人们无法真正解释为什么他们会持有某种观点,他们也无法指出可以支持该观点的合理论据。更让社会担忧的是,这些人还非常不乐意别人挑战他们的观点。对于这种非常常见的思维疾病而言,批判性思维技能便是你的解毒剂。

发现你的思维方式

> 心智活动的一个主要和基本规律便是倾向于归纳总结。感觉往往会蔓延;感觉之间的联系又会唤醒其他感觉;邻近的感觉会互相同化;观念很容易自我复制。这些都是关于思维成长这一规律的多种表述。当感觉产生一种干扰时,我们就有一种获得的意识,一种经验的获得……
> ——C.S.皮尔斯[《理论的体系结构》(*The Architecture of Theories*),1891年]

上面的这段引述，讲的是基于已有思维的再思考对未来发展至关重要，但它也带来了一些问题。

作为一位19世纪的美国哲学家，皮尔斯还区分了三种思考者，我（稍带**有一点创新地**）将其归纳如下：

✓ **固执己见者**：这类人顽固地坚持着他们最初喜欢的观点，并据此来形成他们的信念——无论向他们展示什么证据，甚至无论情况如何变化，他们都不会有所改变。如果要求他们证明自己的观点，他们可以非常细致地找到各种支持它的事实依据，同时拒绝细查任何看似可能与其观点背道而驰的事实。（我将在第15章中讨论事实和观点的区别。）

✓ **随波逐流者**：这类人尊重任何自称有"权威性"的人或事。他们会在小组讨论中形成他们自己的观点，比如，讨论他们认为教授想表达什么，或者，在没有权威人物的情况下，讨论他们所认为的共识观点。当他们在互联网上查找资料时，他们会直奔（如他们想象那样）安全且权威的维基百科，而不愿查阅由个人运营的网页。

正如皮尔斯所说，这两类思考者是积极有用的社会成员，因为他们有助于社会的和谐和凝聚。（尽管结果发现，他们也可能会怂恿暴君和迫害少数群体。）但就观念和想法这一角度而言，他们对社会并没有用。

✓ **系统建构者**：这类人试图将所有东西都纳入一个既有框架中。它们是更为复杂版本的固执己见者。科学有义务——在实践中——按照类似的原则去运作。系统建构者愿意考虑新的信息,但是,如果它需要拆解既有框架来理解这个世界的话,那么,他们很可能就会拒绝接受新信息。关于人们是如何处理信息以构建知识的,读者可以在第8章中阅读到更多内容。

根据皮尔斯的说法,看待这个世界的聪明做法是,接受你所知道的一切都有可能是错的,并在必要时,学会从头开始了解;或者因基础假设被全部否定而最终推翻自己对一个问题的所有观点。也只有真正的批判性思考者才会做到这一点。

几乎所有文理科教授都极度自负,并且,他们还会从这种自负中获取快乐。

——伊拉斯谟

伯特兰·罗素将这句话归于伊拉斯谟,我也明白为什么罗素很喜欢这句话。罗素是一位哲学家,他乐意去争论一些不受人欢迎的观点(例如,他说战争是一件坏事),并因此锒铛入狱——还是两度入狱。

罗素(别具一格地)与教授和其他权威人士一较高下,而他的观点自然适用于所有人。很少有人能真正对新观念抱持开放态度,更不用说能够接受他人的批评了——除非他们已经学习并真正理解了批判性思维的要义。

美国哲学家威廉·詹姆斯(William James)也提出了类似

的观点,他还抱怨说,许多人以为自己在思考,但他们只是在重构自己的偏见。对于批判性思考者而言,需要做出的一个重要区分就是思想和偏见,第一步就是要更加自觉地意识到自己的偏见。(我将在第2章探讨这一问题。)

詹姆斯还建议,在许多领域,人们应该根据自身的感受来决定他们的立场,即使他们没有很好的或相关的理由来支持其观点。请问这到底有多合乎逻辑呢?好吧,这一点也不合逻辑,但它也不算是一个很愚蠢的立场。在第4章中,我研究了一些处理问题时明显不合逻辑的方法。

教授们倾向于告诉学生要去"思考",当学生不思考时,教授就会发出抱怨——但他们并没有就具体如何去思考给学生提供一些可行的建议。为此,学生不得不在很大程度上依靠他们自己的努力,或者求助于像爱德华·德·博诺①(Edward de Bono)这样的行业专家。德·博诺强调,思考是一项必须去学习的技能。很显然,像博诺这样研究思考技能的"先驱"人物,批判性思维理应向他礼貌地点头致敬,即使在这里,我们所使用的方法更加科学一点。

说到科学,有一位科学家是这样解释科学家是如何思考的:

---

① 爱德华·德·博诺(Edward de Bono,1933—2021),马耳他人,心理学家,牛津大学心理学学士、剑桥大学医学博士,欧洲创新协会将他列为历史上对人类贡献最大的250人之一。他在20世纪60年代末期提出了"水平思考"方式,改变了人们日常采用"垂直思考"方式容易出现的问题。此外,他在80年代中期提出的"六项思维帽"的思考方法也被广泛采用至今,详见本书第7章及第15章中的相关内容。

对一个问题的简单表述，往往比它的解决方法更为重要，因为解决方法可能仅仅涉及数学或实验技能。而提出新的问题、新的可能，以及从新的角度去思考旧有的问题，其实都需要创造性的想象力，这标志着科学上的真正进步。

这个科学家就是爱因斯坦。好吧，反正他的言论迟早都要被我引用的。爱因斯坦关于创造力的观点是绝对恰当而准确的。读者可细读以下"跳出旧有框架思考"以便作个参照。

跳出旧有框架思考

以下这个逸闻趣事揭示了重新定义问题如何会产生新的洞见。

一家园艺设备公司召集工程师开会，想要他们集思广益地设计出一种新型的割草机。在一阵嗡嗡和哼哼声的讨论之后，工程师们提出了一些意见……但也不是很多。不过是一些小修小补和稍加新颖的改进罢了，结果，他们的新型割草机并没有在市场上引起轰动。

接着，其中一位工程师建议他们都回到原来的问题，但要"更进一步"，并从机器的功用上来表述这个问题。他说他们应该考虑的是"能帮助人们维护草坪状况的机器"，而不是像之前讨论的那样，思考如何**重新设计**割草机，那意味着他们的想法只能遵循常规。

这种微小的甚至是微不足道的区别，就让一切变得大为不同。工程师们甚至创造出一种全新的产品，这是基于其中一位工程师从他儿子喜欢玩悠悠球这件事中得到的富有想象力的洞见。于是，他们发明了草坪修剪器，机器上有根尼龙绳，能够快速地在四周嗖嗖地转，这进而又给附近邻居增添了新烦恼。瞧瞧，这就是批判性思维的力量！

在第7章中，你将会阅读到更多有关**创造性头脑风暴**的内容。

1.3 了解批判性思维不是什么

前面的内容都在探讨什么是批判性思维，但现在，我要详细说明它不是什么。

批判性思维不是将论证和辩论放入形式化的语言或符号中，然后再去找出其中的逻辑谬误（尽管很多书上都是这么说的）。它**是**教人们怎么去看现实中的议题和问题，要看到它们所有的模糊和矛盾所在，并就此提出相关、实用可行且敏锐的见解。我们可以说，批判性思维是一项技能，它能够让你明辨是非、选择最佳的商业策略，并去建构一个令人信服的行动方案。

此外，批判性思维远比学习技能深刻，学习技能是讲师们经常传授给学生的那套固定的学习方式。与此相反，批判性思维指的是，当你无法获得显而易见的答案或固定习得的方法时该怎么去做。请试试这样来看待二者之间的区别：学习技能可以确保你在上课时有笔有纸可记，而批判性思维关乎你该记下些什么内容。

量子物理学家理查德·费曼（Richard Feynman）曾说，科学是基于这样一种信念，即它自身领域的专家往往不知道他们是什么专家、对什么方面在行。该声明，也同样——甚至是更加——适用于批判性思维领域！

那些自称为批判性思维专家的人，也不是自动就能了解该领域所涵盖或取用的大量技能和材料的。话虽如此，批判性思维仍是一项技能，所以，无论你是否真的对它感兴趣，你也绝对可以通过不断练习来提高这项技能水平。

批判性思维不是要学习和掌握无穷无尽的"事实"。相反，它鼓励人们通过积极使用来提高他们的内在思维能力。这就是为什么本书会大量选用许多棘手谜题（有关谜题和类比的更多内容，可参见第5章内容），而不是一些陈词滥调的原因所在。我希望，读者能够从第一页就开始进行积极的批判性思考，或者从第2章开始也可以！

第 2 章

洞察大脑思维：人们如何进行思考

本章提要：
- 测试人类的逻辑思维
- 窥视工作中的大脑
- 挑战理性科学思维的概念

> 我们这么思考是因为其他人都这么思考……或者是因为我们是被这样告知的，并且我们也认为我们应该这样来思考……
>
> ——亨利·塞奇威克

有些谜团，能够通过挖掘和细查"已知事实"得到最好的解决，但像"人们是如何进行思考的"这样的问题，显然无法靠这种办法来攻克。这一问题最好是通过提问来解决（就像几个世纪以来哲学家们所做的那样）。

例如，当你读一些东西——比如这个段落——的时候，你脑海里听见的是谁的声音呢？那是作为读者的你自己的声音吗？还是作者的声音穿过其文字重新浮现时的一种回声？抑或是两者兼而有之？神经学家保罗·布罗克斯（Paul Broks）发现了关于写作的一个奇特之处：它似乎能让其他人访问并"接管你大脑中的语言中枢"。本章里的部分章节，比如"有逻辑地去思考还是本能性地在思考：进化和意识"部分，就解释了这种情况何以发生，以及它大致是如何发生的。当你试图了解你自己对他人想法的反应以及想批判性地评估你自己的一些想法时，意识到这一点，将会很有用。

反思自己实践行为的能力是一个不仅在批判性思维领域并且在整个生活领域中也同样关键的技能。本章内容便是你的诊断手册，你可以用它来检查你的大脑内部是如何运作的。

在有关人们是如何进行思考的辩论中，哲学界的保守派和激进派之间有着长期而巨大的理解鸿沟。**保守派**坚守着传统的区分，并认为大脑是一架机器（因此，它是合乎逻辑和理性的），而**激进派**则批判他们的这一整个研究方法（激进派欣赏人类思维的复杂性和不合逻辑性）。本章会聚焦于这些辩论——它们也影响和形塑了所有的学科领域——如此一来，你就可以对自己和他人的推理进行有效的分析了。重要的是要认识到，即使是科学家，在这一领域也难免会犯错。

思考他人是如何思考的：一些想法！

我们这么思考，是因为其他人都是这么思考的；或者是因为这个原因，或者是因为那个原因——毕竟，我们都是这么思考的；又或是因为，我们是如此被告知的，并且自认为我们也必须这样去思考；又或是因为，我们曾经是这么思考的，现在认为我们还是这么思考的；或者又因为，既然我们一直都是这样思考的，我们认为，我们还将这样去进行思考。

——亨利·塞奇威克

亨利·塞奇威克在理解人们是如何进行思考的方面（我在本章开头即引用了一点他的话）有所贡献，并且他触及了问题的核心，尽管它很难非常清晰优雅地表达出来。试想一番，如果学生在考试中像塞奇威克这样作答，他们也许不会挂科，但他们也得不了高分。这段话几乎是闲散漫谈之语——一点也不清晰，也毫无权威性可言！

但事实上，我们所知道的英国哲学家塞奇威克，根本就没写过这些话。在网上，你会发现很多人都说这些话就是他写的，但是，当你仔细核查（就像批判性思考者总会做的一样）过后，你就会发现，这些话据说是这位伟大的哲学家在睡梦中所作的见解，而且事实上，它们是被哲学家的亲戚亚瑟和艾莉诺·米尔德莱德·塞奇威克夫妇所记录下来的。他们可能被哲学家的想法所震惊，也即思考根本不是一个个人化的孤立事件，而是一种涉及了许多不同联系的复杂社会现象——其中一些被记错了，一些甚至可能只是虚构的！

我还研究了一个更为具体的问题：逻辑规则和理性论证的方法，到底在多大程度上构成了人们的观念和想法，并影响了人们的判断和决策？或者，从反面而言，个人是否更容易受到**他人**想法的影响？理解了这种群体思维的倾向，可以为你提供一个关键的防御机制，以防止你被周围的人或权威人士的观点所误导，同时，它也为你解释事件、与人辩论和做决策提供了一种更为精确、复杂的方式。

请继续读下去——但也请想一想，你觉得自己是怎么思考的——接下来，你也许可以试着什么都不要去想——也许你还可以安静地躺下来进行阅读！

2.1 逻辑性地思考还是本能性地思考：进化和意识

就我个人而言，我通常不会认为自己拥有一个和蜥蜴或鳄鱼相似的大脑（除非哪天我的睡眠状况特别糟糕），但从进化的角度来看，我确实有着和这些动物类似的大脑。因此，如果有人想要宣称"正是我们的思维方式决定了我们是人类"，那他们最好尝试精确找出人类与动物的不同之处。正如我在本节和本章中将会讨论的那样，这场辩论既是一场哲学辩论，也是一场生物学辩论。

我在本节的第一部分探讨的是，即使科学家们已经越来越多地认识了外部世界，但我们思想的内部世界还是保持着如许神秘。首先，我会研究人类思维和动物思维被要求去执行的不同任务，然后在"仓促得出结论：快速思考的代价"部分，我将阐明，这两种思维方式——人类思维和动物思维——有时候会混淆在一起，进而导致人们做出轻率的判断并犯下愚蠢的错误。

购买豆子与创作十四行诗：对比不同的意识观

猴子会思考吗？植物会吗？不会，或者，它们至少不像人类那样思考。它们只是看起来在思考，因为它们可能只是遵循预先设定好的进化策略；它们有点像电脑（或"老大哥"①节目中的那些参赛者）。但是，与计算机不同的是，动物和植物"毫无疑问地"会对某些东西有意识。因为，即便如今的科学家们都一致同意，身体乃至整个宇宙都是一架机器，仍然没有人能够确切保证，没有什么幽灵在背后操控着机器的中心。

在各种怀疑论之中，最著名的一位哲学家是笛卡尔，他曾写过"我思故我在"，或者至少，有很多人都**认为，**是他写了这句话。当然，批判性读者一定会非常仔细地检查这句引文的出处，那么，他们就会发现，实际上，笛卡尔说的与这句话稍

---

① 老大哥（*Big Brother*），1999年诞生于荷兰且红遍全球的社会实验类真人秀节目，一群陌生人以"室友"身份住进一间布满了摄像机及麦克风的屋子，他们一周7天、一天24小时的一举一动都会被记录剪辑而后在电视上播出。选手们在比赛时间内将进行竞赛、提名、投票和淘汰，最终留下来的人将赢得大奖。

稍有一些不同。但正如我所说，每个人都"**认为**"笛卡尔说了那句话，因而，从某种意义上来说，这就是他（笛卡尔）所说的话。笛卡尔认为，意识到人的存在这一残酷事实，是他唯一能够确定的事情，而且他不仅用这句至理名言让他自己每天早上都有动力起床，他还使自己可以更好地理解和重新认识这个世界。

歌颂人类的思维

几年前，我写过一本书，主要是对意识进行一番研究，但书名可能更吸引人，叫作《思维游戏》(*Mind Games*)。通过一些思维游戏，我关注的其实是人们思考方式中的奥秘。

人类思维拥有许多难以解释的能力。比如，它可以愉快地处理一些实际上并不存在、逻辑不通和无法解释的虚构之物。请想象一下，要是一只独角兽吃掉了这本书，又或者是，你爸爸其实是一个伪装的外星人，那将会是一种什么样的灾难！有一些人甚至认为人类思维可以瞬间将想法跨越距离投射出来，可以使已经死去的人重新显形并直接向他们的造物主上帝传递信息。然而，尽管主流的哲学家和务实的科学家都对这种非理性嗤之以鼻，但是，我们也没有理由否定思维和大脑、意识和神经网络中的电流感应活动之间的区别。

法国哲学家研究了一个重大问题——那就是意识，这也许是哲学的核心奥秘所在。诚然,科学可以解释很多事情,但它常常会把这种神奇的自我意识轻视为一种幻觉。

人类会做很多动物不会做的事情,而且他们去做这些事情的原因复杂各异,可能是由于社会需要,也可能只是审美上的考量。当代哲学家兼科学家雷蒙德·塔利斯(Raymond Tallis)曾向读者发出邀约,让他们仅去思考一下如在超市里买一盒罐装豆子一般常见而简单的事情背后所蕴藏的逻辑。人们为什么会购买罐装豆子呢?这可能是因为,他们刚刚看到了关于它的广告营销,或者是因为,这些罐装豆子让他们想起了小时候的一些快乐时光。也可能是因为,他们认为这些豆子很便宜。当然啦,动物在吃草或吞咽兔子时,显然是不会操心这种事情的。

然而,还有一个事实是,人类与其他动物之间的很多差异是微不足道的。几十万年以前,人类和黑猩猩的生活可能看起来会非常相似——那时候,既没有罐装豆子也没有超市,更不用说那些哲学家喜欢引证来说明人类之特殊性的十四行诗和交响乐。此外,人类的神奇思维也并不是在进化过程中的某一瞬突然进化出来的:要知道,大脑的进化需要很长一段时间,所以,石器时代的人们那时一定有了和我们几乎完全相同的意识。

塔利斯教授关于人类的独特之处在于其社会环境以及与之相关的语言和工具使用这三点的说法相当正确。人类生存的世界与动物生存的世界截然不同,人类社会有"工艺品、机构、习俗、法律、社会规范、期望、故事、教育和培训"。尽管人类与黑猩猩共有98%的基因,但二者之间共享的染色体却是精确的0%——而染色体才是真正起作用的东西。

匆忙得出结论:快速思考的代价

在本节中,我将研究以下这一理论,即人类实际上而言是基本不合逻辑的,他们也因此而经常犯糊涂,做出有缺陷的判断并犯下愚蠢的错误。理解人们是如何得出他们的观点和结论的,可以使你洞察人们的所说和所想——甚至还可以帮你提前预测他人的行为和反应。

美国教授丹尼尔·卡尼曼(Daniel Kahneman)曾就人们做判断、反应、选择、结论及更多问题,写过一本分析其心理成因的书。他的著作,例如《思考,快与慢》(Thinking, Fast and Slow),都极大地推广了这一普遍流传的观点,也即,基本上而言,人类是**非理性**动物。他因此项研究甚至还获得了诺贝尔奖!

卡尼曼的主要论点是,人类这种动物系统性地不合逻辑。人们不仅会错误地评估情况,而且他们还遵循一个很大程度上可以预测到的模式。此外,这些模式根植于人作为一种简单动物的古老起源。人类的原始生存取决于它。人类的很多思考都是发自本能——而且,这种本能是遗传所致。

卡尼曼认为人们有两种思维方式:

- ✓ 一种是逻辑思维模式（他当然认为这是好的）。
- ✓ 一种是更早的本能思维模式（他认为，这是大多数"错误决策"的根源）。

人脑不喜欢有信息差，因此，人们倾向于快速选择第一个看起来不错的答案/解决方法，而不是花时间去检查所有数据。当人们生活在一个每天接收的信息比他们能够消化吸收的信息要多很多的世界里时，尤为如此。此外，人脑喜欢观察模式并建立联系。尽管这些特质在很多时候都能很好地为人服务，但有时候，它们也会误导人。

例如，思考是一个复杂的生物学过程，它需要大量的能量：人的大脑消耗了成年人总能量的20%，而对于儿童来说，它几乎吞噬了他们身体能量的一半之多！请你试着在跑步时心算出这个两位数的乘积：23×47，有人能做到吗？我敢肯定，你的跑步速度和计算速度都会变慢。那是因为，思考会消耗掉宝贵的大脑智力资源，所以，身体就会被这样编程，来避免过度消耗能量。与此类似，人类已经在数千年的时间里发展出一系列固有的、"现成的"做决策的方法。

你可能想说，算乘法"减慢跑步速度"的例子有些过于狡猾了——也许是分心而不是智力能量消耗才导致跑步速度变慢。当然，任何事情，都不要仅仅因为专家是这么说的，你就完全这样接受！然而，这个分心的概念本身就表明，人类的思维能力确实存在某种限制。这大概就是为什么我们会钦佩那些，比如说,既可以在绳索上脚踏单轮车,同时又可以手玩杂耍的人的部分原因吧!

然而,快速思考的问题在于,它通常意味着人们没有解决正确的问题——他们只是解决了简单的问题。一个著名的例子便是"球拍和球"的测验。

快来测试一下吧!买一个球拍和一个球共花费1.10英镑。已知球拍比球贵1英镑。请问球花了多少钱?(答案请参见本章末尾处。)

遭遇人类的不合逻辑性:琳达问题

琳达问题(The Linda Problem)是心理学研究中最为著名的测验之一,这是一项有关无意识偏见的实验。它常被用来表明,人们不合逻辑的日常判断如何受到历史中的各种谬误所困扰。最初的实验是由阿莫斯·特沃斯基(Amos Tversky)和丹尼尔·卡尼曼两位心理学教授设计的,它优雅而简单。一开始,参与者会得到以下信息:

琳达,三十一岁,单身,为人率直,非常聪明。她的专业是哲学。作为一名学生,琳达深切关注歧视和社会正义等议题,也参加过反核示威游行。

在给出这个人物基本描述的基础之上,研究人员要求学生志愿者在一系列工作中对琳达有可能从事的工作进行排序,即列出其可能性（也即概率），选择范围从"小学老师""在书店工作并上瑜伽课"到"保险销售员"不一。他们给出了一种刻板印象，并等着看参与研究者是否会受到它的影响。

上下文语境似乎是将一种心理类型（根据简短的描述）与一种职业选择进行匹配。通过暗示，此项研究其实是在询问参与的学生类似这样的问题：对于一个聪明的哲学系学生会在书店工作并练习瑜伽，你会感到惊讶吗？当然，对我来说，答案是"不会"，学生也不例外。人们使用刻板印象来得出结论的这一过程，在心理学中也有一个花哨的名称，叫作"代表性启发式"（representativeness heuristic）。这是个令人反感的术语，但是它基本上是指"基于典型事物做出判断"。人们或多或少下意识地，会通过一些先入为主的刻板印象来做很多决定。

然而，作为一项心理学实验，研究人员悄悄耍了个把戏。在工作列表中，有一项是"银行柜员"（银行出纳员的美式说法），它出现了两次：第一次出现在列表中靠前的位置，写着"琳达是名银行柜员"；第二次出现则在列表尾部，写着"琳达是一名银行柜员，并且积极参与女权主义运动"。

因此，从本质上讲，参与者会提出的问题，以及你现在可以问自己的问题，便是：基于前面对琳达性格所作的描述，你认为下列两种说法中哪一种更加有可能？

琳达是一名银行柜员。

琳达是一名银行柜员，并且积极参与女权主义运动。

第一部分　批判性思维能力入门　[039]

特沃斯基和卡尼曼写下他们对琳达的描述，为的是使琳达看起来**高度可能**积极投身女权主义运动，但其描述**不太可能**指向琳达会在银行工作。因此，几乎所有参与研究的学生都认为第一个选项，即琳达是一名银行柜员，是不大可能的。但是，研究人员发现，通过将琳达描述中的不太可能的因素与可能的因素联系在一起后，有整整89%的学生都被说服，认为"琳达是一名银行柜员并积极参与女权主义运动"的描述是可信的，并且认为这种描述比前一个简单描述**更为可信**。

然而，这里有一个陷阱——琳达成为一名特定类型的银行职员的可能性，怎么可能会比她是一位笼统的银行职员——也即，是所有可能类型的银行职员——的可能性更大呢？哎呀！这不合逻辑。

事实上，正如逻辑学家所言：**合取式发生的概率永远不会大于其合取支发生的概率**。换句话来说，也即两件特定事情一起发生的可能性，必然会小于其中一件事情单独发生的可能性。例如，你明天被一只飞猪撞到头的可能性很小的，而你明天被一只飞猪撞到头**并且**被雨淋湿的可能性就更小了，不管你住的地方有多么爱下雨，情况都是如此。这有点像一条铁律，就像2+2=4一样。不用与之争论！〔在某种意义上，合取式（conjunction）是指结合在一起的两个或多个事情，而合取支（conjunct）只是指连接中的任一事情。〕

长话短说，简单的逻辑似乎表明，琳达**仅仅**是一名银行柜员的可能性，比说她**既是**一名银行柜员**又是**一名女权主义者的可能性要大。但特沃斯基和卡尼曼得出了比"人们不理解形式逻辑"这一论断宽泛得多的结论。他们宣称，这一结果是人类思维不合逻辑性的有力明证。自此以后，这项研究被人们多次引用，要么是用来警告那些视人类为理性动物之人——他们认为人类可利用其经验教训来学习和改善生活——不要盲目自信，要么是用来证明大多数人看起来显得愚蠢。

但是，你也不必急于同意。相反，也可以提出许多可能的论证，来说明为什么第二种描述会比第一种更加有可能，以及说明为什么有89%的人都会这么认为。这一切都得取决于文字的运作方式，它比特沃斯基和卡尼曼所默认假设的还要复杂得多，更不用说后来的逻辑学家所使用的那类文字了。（关于这一著名且具有启发性的思想实验的更多信息，请阅读下文"反对逻辑学家、为直觉而论证的另一种可能方式"。）

反对逻辑学家、为直觉而论证的另一种可能方式

批判性思考者总是需要问，为什么数学概率模型与人类的直觉会如此不一致呢？另一种对琳达问题建模的方法是去论证，当其中一个范畴包含两条信息时，即**暗示**所有的范畴都包含了这两条信息。在这种情况下，通过在描述琳达为银行柜员之后再添加一条"并且是女权主义者"，研究人员便在其他描述中也添加了一个附加条款。这可能暗示，琳达不是一位女

权主义者。至少，它可能会得出类似于"没有相关信息能证明她是一位女权主义者"的看法。从这个意义上来说，就这些列举的工作而言，琳达是否是女权主义者的身份，是无法得知的——它是未定不明的。

当像这样的未确定值没有任何可用来证实真伪的信息时，传统的方法是使其为真或为假的可能性相当——也即默认用均值0.5来计算它的概率。（这就是数学家在计算那些日常生活语言中被描述为"真假等值参半"或50∶50的概率事件时所用的方法。）

由于现实生活中充满了不确定性，并且，有着许多可能的职业道路供琳达选择，所以她的工作其实很难预测，因而，所有选项的概率其实都很低，甚至包括她是一名小学教师这一选项。在那些逻辑学家钟爱的数值中，为了立论起见，你可以将琳达是银行柜员的可能性设为0.01（百分之一的概率），将她是一名老师的可能性设为0.1（十分之一的概率）。另一方面，对琳达的描述让人几乎可以肯定琳达是一名女权主义者：就让我们将其可能性设为0.9（十分之九的概率）吧。

因此，"琳达是名银行柜员"的推测概率可以表示为0.01×0.5=0.005（千分之五），而"琳达既是一名银行柜员也是一位女权主义者"的推测概率，则可以表示为0.01×0.9=0.009（千分之九）。在这种情况下，毫无疑问的是，额外增加了信息之后，后一种选择的**概率也增大了**。如果数学问题是这样进行处理的，那么，正如几乎所有学生所坚持认为的那样，琳达是一名女权主义的银行柜员的概率，真的要比她单纯是一名银行柜员（即可能是、也可能不是女权主义者）的概率更大。

这种重新计算选项概率的方式，就能使逻辑与直觉吻合相契，这也是应该这样来处理这类事情的方法，而不是相反。请注意，我并不是说，这是看待事物的**唯一正确**方式——你怎么看呢？

权衡团体思考的力量

好心的读者，请你想一想，你为什么要读这本书：也许，这是你自己的阅读计划，你的目的是想变得更合乎逻辑一些。或者，正相反，也许这本书是一种极端的团体思考任务中的一部分，甚至是为了洗脑，即一种让你以某种特定方式来思考的社会运作手法！或许这听起来像是有些古怪的想法，但这是迪安娜·库恩（Deanna Kuhn）教授从她对心理学和教育学的研究中得出的一个暗示。她很担心，人们在社会中花费了大量时间和精力来明确他们的信念，但他们似乎并不关心自己是如何得出这些信念的。

质疑你的信念

迪安娜·库恩所关心的重要问题是，人们在多大程度上可以掌控他们自己的决策，以及他们在多大程度上只是跟随着他人做决定。

她认为，批判性思考者应该将思考视为一种**论证形式**，因为，个体的信念是从基于所提供证据的各种备选方案中择取而来的。然而，她的研究使她越来越质疑，个人到底在多大程度上是基于证据，而不是社会压力，才持有他们各自的信念。

迪安娜·库恩得出了相当令人震惊的结论，也即许多人没有或不能为他们所持有的信念提供足够的证据。更糟糕的是，在他人提出反对他们观点的证据时，人们不愿意或者不会考虑修改他们的信念！库恩认为，有理有据的论证至少需要有这种区分理论框架和实际证据的能力。

级联信息

级联理论（Cascade theory）是指这样一种想法，即信息沿着信息金字塔的边沿向下逐层传播——就像瀑布那样。如果人们没有能力或兴趣自己发现一些东西，那么他们会发现采纳他人的观点会更容易一些。这种行为无疑是一种很有用的社会本能，而且依赖他人传递信息的个人，通常是相当理性的。（正如我在前面的章节"匆忙得出结论：快速思考的代价"中解释的那样，毕竟，思考是困难的，也是耗费精力的。）

不幸的是，要是跟随的是错误的信息，那可就显得不那么理性了，而这就是生活中经常发生的事情。人们在日常生活中无用地串联信息，就像许多头牛羚在疯狂逃离一头并不存在的狮子一样。许多经济活动和商业行为，包括管理方式、新技术和创新的应用，更不用说那些令人烦恼的健康和安全监管问题了，恰恰反映了这种人群会追随欠妥信息奔走的趋势。

有两种可能但却相互冲突的策略,可以用来应对这种流行趋势——也即人们总会不假思索地吸收和遵循一些无用的信息:

- ✓ 有些人建议,社会需要包容多种观点,哪怕这些观点会让"大多数人"感到厌烦。例如,应允许人们否认全球变暖这一事实,或者让教师自己决定他们要教授什么课程内容。
- ✓ 其他一些人则会说,社会需要更加严格地控制信息来阻断"错误观点"的传播。这种观点是目前沿着信息金字塔层层传播的一个流行观点。

关于级联理论的一个很好的例子,请大家查看下文"阅读本文时,请不要吃薯片!"

阅读本文时,请不要吃薯片!

关于信息级联,一个最好的例子便是,人们通常认为,高脂肪食物有致病风险,而这个共识既没有医学根据,也没有科学依据。

这一理论产生于一位名叫安塞尔·凯斯(Ancel Keys)的研究人员,他发表了一篇论文,文中称,美国人正患有心脏病这一"流行疾病",这是因为在数千年的自然进化之后,他们饮食中的脂肪比他们的身体过去所能吸收的脂肪含量要高。在接下来的几年中,其他四个国家的研究结果似乎也证实了,高脂肪的饮食与心脏病高发病率之间具有正相关的关系。

不幸的是，关于这个理论，现已证实史前的"传统饮食"根本没有多么"低脂肪"，而且在所谓的心脏病"流行"之前的一百年之中，美国人实际上也一直在大量食用高脂肪肉类食品，因此，"流行病"其实是在脂肪摄入量减少（而不是增加）之后才发生的。

问题在于，人类大脑非常擅长于以它想要的方式来看待事物，而不是依据事物真实所呈现的方式来看待它们。大脑甚至可以看到原始数据中并不存在的模式。例如，凯斯就简而化之地排除了许多不符合他理论的国家（例如法国和意大利，这两国的美食虽然油腻，但却很健康），而且心脏病高发病率的明显因素是，人们现在普遍比较长寿，这样一来，患心脏病的概率也会变大（而不是像以前那样，天年未至便因其他疾病早早致死）。但这种信息的级联已经形成并开始传播，很快（尽管专业研究人员提出过异议，认为这条信息缺乏充分的证据），几乎没有任何医生愿意公开反对这种压倒性的所谓"共识"了。

事实上，近年来针对控制饮食的对照组（摄入低脂和高脂食物）所开展的大规模研究似乎表明，低脂饮食似乎是不健康的！不过，没有人能完全确定这到底是为什么。

因此，要是下次有人跟你说"所有权威专家都是这么认为的"——即便他们是哲学家、诺贝尔奖获得者，甚至是电视明星名流，也请不要盲信他们，因为，那根本证明不了任何事情。

2.2 观察大脑如何进行思考

你难道不想看看一颗伟大的大脑——比如爱因斯坦、哥白尼或罗比·威廉姆斯（Robbie Williams）的大脑——是如何进行思考的吗？去看看神经元如何灵光四射开始运作，以及如何解开宇宙的一个又一个谜团，例如："空间和时间是如何联系的？""也许是地球绕着太阳在转呢！"或者"为什么我的唱片不再畅销了？"

对于批判性思考者来说，重要的是弄清楚自己到底是真的在自由思考，还是只像一台非常复杂的计算机那样较为有效地处理着数据。在本节中，我将探讨一些有关思维的论证，它们认为人类思维实际上比这要更为复杂——这意味着人脑能够创造出更多的东西来。

"我的神经停工了"：在忙碌工作的大脑

弗朗西斯·克里克（Francis Crick）是20世纪英国的生物化学家，曾在发现DNA结构的工作中发挥了关键作用。他认为，自己已经解开了人类是如何进行思考的谜团。他将这一切都归结为神经细胞和分子。许多学者从他的这个结论又向前迈出一小步做出假设，例如斯蒂芬·平克就假设"人类思维是个由自然选择所设计的计算器官系统，旨在解决我们的进化祖先们所面临的问题"。

然而,雷蒙德·塔利斯对"我们理解人性的这种达尔文化"感到震惊,他也惊恐于更为普遍的"神经狂热主义",他将其定义为,对用以(想当然地)揭示人类思维是如何运作的最新脑科学研究成果的近乎滥用。塔利斯一边嘀咕着历史上的可怕教训,一边提醒人们说,这种做法会付出惨痛的代价,过往的社会就采取过基于"伪科学"(pseudo-science)的政策,并运用它们对数百万人实施了极其残忍的迫害[①]。(我将在第3章中对此进行更多的说明。)

科学家真的能读懂大脑中的想法吗?

神经科学,即关于大脑的科学,是围绕着新技术而不断进展的。雷蒙德·塔利斯是一名内科医生,他颇具启发性地指出,功能磁共振成像这一"大脑扫描仪"也并非万无一失,而且有时,它也可能相当不精确。当然,它也无法准确定位社会学家置于人脑中的一些特定想法。

请忘掉杂志上所有那些展示让受试者观看"所爱之物"照片时大脑如何运作的彩色图像。在塔利斯看来,用脑部扫描仪开展的实验既粗鲁得可笑,也"简单得枯燥乏味"。例如,即使是最好的扫描仪,也是通过测量血流来工作的,而血流会在

---

① 此处暗示二战中纳粹分子实施的犹太大屠杀及纳粹意识形态中为此所寻找的优胜劣汰的进化论以及优生学等伪科学依据。

几秒的时间单位上发生巨大变化——而大脑的真实活动，繁忙神经元中的电流变化，则是以毫秒为单位来进行测量的。在这些实验中，一方面，实验者会给受试者看他们朋友的照片，另一方面，实验者又会给受试者看他们爱人的照片，随后，研究人员便采用这些大脑扫描中的"差异"来标明"无条件之爱的区域"，这听起来也太过神奇了。然而，当受试者被要求进行一些更为普通的实验时，例如，用他们的手指进行敲击动作，研究人员却无法从大脑扫描中推断出任何关于手指敲击的有用信息。那么，他们发现这种有关重大情绪反应的结果几率，到底能有多大呢？

神经科学非常擅于展示诸如将光线通过眼睛射入大脑，进而触发神经脉冲之类的研究。然而，向外看的凝视则完全是另一回事。毕竟，正如塔利斯所说，"是一个人在向外看，而不是一个大脑"。即使是神经生理学家也承认，人们以为看见的可见物体，其实并不真的在那儿，而只是由大脑所创造出来的一种印象。但这还挺自相矛盾的——也就是说，大脑正在形塑着这个世界，而它也会被其塑造出来的这个世界所形塑？哲学家尤其应该记住这点，也即世界是一团未加区分的混沌物质，直到人类思维出现，才将其分割成了不同的部分。

神经狂热主义者会认为，人类思维只不过是人的大脑，而大脑本身就是一架机器。他们甚至假设存在一个中央控制器，一个人体内的小人——类似运行于数字计算机中的一个程序。

但也许，大脑和思维不是一回事。雷蒙德·塔利斯令人耳目一新地提出了相反的观点，也即，事实上，人类的思维难以置信、无与伦比地复杂。在生物学层面上，大脑以不可预测甚至是混乱的方式来做出反应，并且持续为个体经验所改变。

关于批判性思维的这一全新观点启发我们，问题应被视为开放和多维的，而不是固定不变和黑白分明的。真相从来不是由某位专家"一劳永逸"地提供给大家的，而是从各种来源的怀疑阴影中得出的。

"我并不想知道"：人们青睐刻板印象而非统计数据

当代美国心理学家丹尼尔·卡尼曼曾提出过一个观点，即所有人倾向于相信刻板印象的概率，要远胜过他们相信统计数据的概率。例如，要是你所住的街区去年有两个人被盗了，那么无论官方对此类事情发表何种声明，你对你自己所在街区犯罪水平的评估很可能都会过高。

报纸头条也会提供一种类似的对世界的歪曲反映：如果你看的报纸刊登了一系列关于"夜间步行回家的妇女遭到袭击"的文章，而我看的报纸上刊登了一系列关于"为何走路有益健康"的文章，那我们最终会对同一件事产生两种截然不同的观点，它们都是根据（我们在报纸中所读到的）不全面和误导性的"证据"而得出的。

大众媒体的传播力量，如果不能影响**全部**人类思维的话，也肯定会影响人们对风险的评估。这种媒体的力量会在人们对以下事件的公众焦虑中表现出来：例如，儿童在买糖果的路上被陌生人袭击，或者是火车站在恐怖分子袭击中被炸毁，等等。

但这也部分地与风险评估的统计性质有关。人们有时只是没有得到统计数据而已！试着破解一下下面这个问题。这里给出了相关数据：

- ✓ 某个城市的人口普查将85%的男性归为"欧洲人"，将剩下15%的男性归为"本地人"。
- ✓ 在一次街头抢劫中，有位目击者指认袭击犯是"本地人"。
- ✓ 法庭测试了该证人的可靠性，他能够在80%的情况下正确地将人识别为"欧洲人"或"本地人"，但他同样也在高达20%的情况下，会错误地识别人们的身份来源。

（当然）警察不应以这种或那种方式存有偏见，但在警力资源相当有限的情况下，警察应该优先在哪个社区中去寻找街头的抢劫犯呢？

也许，人们这种将偏见置于事实之上的倾向，与当今世界中的许多问题都有关联。当然，这只是我个人的一个想法！

2.3 进入科学家的脑袋

我发现，这个标题可能会给某些人带来一种可怕的印象，好像是把微型化的拉奎尔·韦尔奇①（Raquel Welch）和唐纳德·普利森斯②（Donald Pleasance）注入科学家的耳朵进行窃听似的。所以，你会很高兴学习本节中的内容，它实际上会让你掌握你需要的一些材料，以便在生活的许多领域中去进行分析和评估。因为批判性思维不仅需要你有效地处理信息，还要求你将其置于更为广阔的背景中，甚至有时候，如果有必要的话，你还要以怀疑的态度来看待它。

在越来越精巧的技术和机器的推动下，传统的科学观从粗略的猜想稳步发展为复杂的知识。科学就像一条雄伟壮阔的河流，只朝着一个方向奔涌前进。要是愚蠢的人类试图设置障碍阻挠科学的进步，那么在某个时间点，他们的阻挠会被扫除到一边，而探索发现的巨浪仍将奔腾不息、滚滚向前。

我们来看一下这种传统的方法，它涉及猜想和反驳，也囊括挑战它的一个观点，即范式转变。不加批判的思考者，只会把科学家所说或所写的任何东西都当作某件事情的简单事实，但更为成熟老练的思考者就会认识到，在人类知识的整个广阔领域内，事实也一直在发生着变化！例如，一本30年前相当不错的教科书，按照今天的标准，很可能已经存有重大的缺陷。本节的内容将会解释个中原因。

---

① 拉奎尔·韦尔奇（Raquel Welch，1940—　），又译拉寇儿·薇芝，美国电影与电视剧演员，曾获金球奖，代表作有《三剑客》《如何成为拉丁情人》《白头侦探》等。
② 唐纳德·普利森斯（Donald Pleasance，1919—1995），美国电影演员，代表作有《不十分好莱坞》《月光光心慌慌之大屠杀》《魔鬼山历险记》等。

与科学惯例交战

西方哲学的大部分历史,都假定存在一个稳定而令人欣慰的进程:即知识是存在的,它们只是需要被人理性地加以识别。一旦建立了牢固的根基之后,便可以建造知识大厦的其余部分,而无须担心这座大厦中那些哪怕以后会被证明是错误的一砖一瓦。

但这种宏观图示却忽略了"现实生活"的复杂多样和不连贯性。无论人们怎么想,在科学中,实验都不会产生新的理论,因为历来所有重要的理论(以及不少不那么重要的理论)都与事实相符。正如每位政治家和舆论导向专家(spin doctor)都知道的那样,存在有很多种的事实。只要你愿意,你可以选择它们来支持你的理论。所以,科学家也不例外。**不过,科学家一般都会认为他们与众不同。**

相信猜想与反驳

就传统而言,人们认为,当在现实中进行实验来检验理论时,如果实验结果与预期不符,那么该理论是不能成立的。

但是有一些哲学家(他们被称为**批判式理性主义者**)则拒绝接受这种观点,也即冷静而有逻辑地思考世界是通往真知的途径。卡尔·波普尔(Karl Popper)等思想家就认为,不存在

"无涉理论"且绝对正确无误的观察实验,恰恰相反,所有的观察实验都是负载着理论的,不仅如此,它们还会通过预先设定存在的概念范式的变形棱镜(和过滤器)来歪曲地看待这个世界。

波普尔这样写道:

如果我们不具有批判精神,那我们总会发现我们想要看到的东西:我们会去寻找,找到并确认;我们会远距离地观看或是不看那些可能对我们所青睐的理论带来危险的东西。通过此种方式,我们会很容易获得看似压倒性的证据来支持某个理论,但是,如果我们以批判性的方式来看,这种理论可能就会被驳倒。

然而,从某种程度上而言,18世纪的哲学家大卫·休谟(David Hume)甚至比波普尔还要更为激进。他得出的结论是,科学和哲学类似,都不太依赖于逻辑和人类理性的基石,而是依赖于不断变化着的科学时尚和审美偏好的瞬时流沙。

休谟的方法正是批判性思考者所用的方法——不认为有任何东西是既定的,而是坚持要在所有领域中充分运用理性,也即忽视传统观念的窠臼并摆脱其桎梏。当然,这种方法让休谟在很多圈子里都不受欢迎,但这也让他对很多问题有了更深刻的洞见。

时断时续地思考：范式转换

要是没有一组预先的假设，我们谁都无法正常工作运转。比如，除非你假设我用词达意的方式和你一样，或者这本书默认应该从前往后阅读，否则，你就无法很好地阅读和理解这本书的内容。再比如说，我们不会从最后一页的最后一行倒着读，而且要是你以其他方式来阅读的话，那似乎也很愚蠢——除非你生活在中国古代①！当科学家尝试做某件事时，他们也会首先做出一大堆假设——他们必须如此。但是，这些背景假设中的许多假设，其实都只是猜测而已——而且其中许多假设后来也被科学家丢弃了。最为糟糕的是，开始时的假设往往也会阻碍其他的假设选项，并且有可能阻碍整个科学实验的进展。

尽管**范式**（paradigm）这一术语近来的定义有些模糊且混乱，但它是指一种描绘事物的方式或看待事物的宏观图景。用其最简单的形式来讲，**范式转换**理论认为，科学知识的发展是断断续续的——各理论之间互相博弈，甚至可以说是进行生死决战，而不是遵循人们通常想象的那种知识积累和提炼完善的平稳进程。

科学家发现，旧理论不再符合逻辑或理性，而是变得过于复杂和繁琐，以至于人们根本无法修缮它们，因此科学家

---

① 中国古代的书籍竖排，从右到左阅读。

只好集体抛弃旧理论。否则，一种理论的追随者和另一种理论的追随者之间势必会出现意见分裂，而最终出于多种原因，人们一般会去支持新理论，但这些理由之中，都没有一个是特别科学的。这种放弃长期以来看问题的方式，而选取一种新的方式来看待问题，就叫作范式转换（the paradigm shift）。

当哥白尼第一次谨慎地提出，理解宇宙运作的更好方式也许是假设地球和其他行星都在围绕太阳运行，而不是地球位居中心保持不动、其他所有事物（包括恒星）都在围绕地球旋转时，数学这一整个学科领域都对他很不利。事实是，即使旧的天文系统相当复杂，但若使用旧系统，便可以更好地计算和预测月球、太阳和行星的运动轨迹。教会当局坚持以此事实（即数学科学）为依据来解决这一问题，但也有一些科学激进派，例如著名的天文学家兼物理学家伽利略，他更青睐哥白尼新理论所呈现出来的简单与优雅，并且公开宣布自己接受了这一新理论。

换作是你，你会支持新旧理论的哪一方呢？是支持得到"事实和数据"充分支持的传统的宇宙观，还是支持一个显然尚需投入更多工作才能被视为传统宇宙观竞争对手的新潮理论和观点呢？

练习答案

球拍和球的定价问题

运用快速、本能的思维一般会匆忙得出这一答案：10便士！唉，这个答案其实是错误的。来检查一下这里的数学计算问题吧——球拍比球要贵1英镑，这意味着，球肯定是只花了5便士的真正物美价廉之物（球拍=1.05英镑，球=5便士，总计花费1.10英镑）。要想得出正确的答案，缓慢的思考是必需的——另外，请牢记，你也要学会质疑你自己的直觉式反应。

寻找抢劫犯

鉴于该场景中给出的一些数字，大多数人会认为，由于证人给出了证词，所以，在该事件中，开始寻找袭击者的明智地点应该是在本地人的社区，即便另一种"可能性"也清晰存在，即证人可能确实认错了人。

但请假设，某个城市中有1万名白人，只有1名"本地人"。那么，对警方来讲，上文提到的最好的策略就是稳操胜券之事了，对吧？但也请记住，证人在20%的时间里看到的是"本地人"。证据现在不那么具有说服力了，不是吗？因为，证人经常会把实际上不是本地人的某人当作是本地人。对该原始场景的"数学计算式"的正确答案是，参与街头抢劫的恶棍是欧洲人而不是本地人的可能性要高得多——因此，警方应该在欧洲白人中寻找抢劫犯。数学家通常使用一种叫作贝叶斯分析的方法来获取准确的数字，但更重要的是，要注意到一般性问题。在这个案例中，将抢劫犯认定为本地人的可靠概率为41%，而人们轻松、"不假思索"地以为是本地人犯罪的概率为80%，所以可见，准确的计算概率其实只有人们不加批判地思考时的一半！

天文学争论

要是你认为这题出得有点轻率、不过脑子，那也是情有可原的——当然啦，地球是绕着太阳转，所以，你现在肯定会支持最新的理论。但是当你这样做时，你必须承认你正在抛弃所有假装的借口，比如，抛弃你认为科学问题应该在事实、数据和证据的基础上来解决这类观点，因为你此时的支持论据绝非基于这些。

这就是激进派哲学家保罗·费耶阿本德（Paul Feyerabend）在他书中所极力论证的观点，也即在科学领域中，**唯一的法则便是没有什么法则**，而且更为重要的是，科学家想要取得进步，唯有不断地打破法则才行——只有这样，在后来，他们才会因此而受到世人褒扬。

第3章

将思想植入大脑：思维社会学

本章提要：
- 社会力量形塑人们的观点
- 通过宣传来控制大众
- 用情感来说服
- 识别说服的语言

> 如果要在改变主意和证明没必要这样做之间做出抉择，几乎所有人都在忙于证明后者。
>
> ——J.K.加尔布雷思（J.K. Galbraith）
> 《经济学、和平与欢笑》，1971年

大多数人在对某事发表自己的看法时，都会认为，他们所呈现的"只是事实，先生"，他们觉得自己这么做也是为了帮助他人，避免他们犯错并让其看到所谓的"真理之光"。但也有许多其他人——例如，公共关系（PR）领域的专家、市场营销人员和政治竞选方面的专家——则将他们的工作视为在公众的思维中植入新的思想观念。

当然，现在有些思想观念是好的，并且也对社会有益（例如，我们需要保持河流不受污染、帮助生病的儿童获得必要的治疗，等等），而且还有其他许多思想也是无害的。但也有某些思想，却是危险且有害的。不幸的是，历史已相当令人信服地表明，最糟糕的思想似乎也最容易被植入给大众！它们像丛生的荆棘一样蔓延，而人类文化中更为娇嫩的花朵却枯萎和凋谢了，如果这些花实际上不是被这些刺藤扼杀了的话。作为一名批判性思考者，你需要知道的是如何去发现这些有害的想法，以便你可以对它们进行一番审视和挑战。

在本章中，我们会讨论人们思考和争论的形式会产生什么样的社会影响和后果。在此，我诚挚邀请读者进入我的时间机器，让我们一道回到20世纪上半叶，去看看那位希特勒先生的社会学见解，以及去了解一番纳粹是如何利用宣传来赢得群众支持的。

当你看到我在这里讨论的内容会包括那位蛊惑人心的操纵大师时，你可能不会感到惊讶。但我其实想知道你对这一发现——也即，即使在热爱自由的西方社会，以"为了公共利益"之名对新闻进行审查和控制这件事也并非那么遥远——之后的反应？因此，在讨论政治家和广告商是如何影响你的思考之外，我还会研究一番英国广播公司（BBC）是如何尝试保持"中立客观"，但它们有时却以失败告终。此外，我还会探讨为什么批判性思维能力对整个社会福祉都至关重要。

3.1 问问自己，
你是否在思考你以为自己正在思考的东西

许多人都会认为，就算他们不太了解很多事情，但他们至少知道自己喜欢些什么。但是事实并非如此，对不起，你上当了，运气不太好！实际上，他们喜欢的东西，或者说人人都喜欢的东西，往往根本不是出自他们自己的决策或选择。与此相反，人们喜欢的东西，也是最容易受到外界力量影响的东西之一。

本节将围绕社会力量是如何塑造人们的观点而展开，例如，在经济和营销领域的体现等。

了解外部力量如何作用于人

外部力量不仅可以影响人们的音乐、电影品味或者他们的政治观点，还可以影响所有那些能够定义人的实际消费选择——营销专家对此类事情可谓了如指掌。当你在回答以下罗列的这类问题时，其实你根本没有真正处理实际需要回答的问题。相反，你其实是在回应着他人，并试图通过你的回答来投射出一个属于你自己的特定形象：

- ✓ 你认为你需要什么样类型的车？它真的需要装备卫星导航系统、配备有六个孩子的座位，且前面装上阻拦袋鼠的横杆吗？
- ✓ 你会在什么样的餐厅就餐？凡是餐厅都会提供食物，但是有些餐厅，你可能宁愿饿死也不愿踏足进入。

✓ 还有诸如衣服之类。大多数人（是的，也包括我在内）一直都穿着同样的衣服——几乎都穿成一件制服了。当我姑妈给我买了一件带有花哨西洋棋棋盘设计图案的套头毛衣时，我根本无法想象哪天我会愿意穿上它！你看，我是时尚的受害者，但你也不例外。事实上，那些我们认为穿起来很"靓"或很"酷"的鞋子、袜子和衬衫，也并不像我们通常想象的那样是出于我们自己的自由选择。

然而，就在几年前，在一张被我遗忘的照片上，我就穿着这么一件令人讨厌的西洋棋棋盘套头毛衣，这不是很奇怪吗？那时候，我的品味怎么会这么差呢！有关广告的更多信息，请读者参阅后面章节中的"了解广告的运作方式"部分。

影响他人的观点

在本文的语境中，要是你认为我夸大了外部社会因素的力量，那就请你思考一下自己的观点和品味是如何不断变化的吧！也许，你曾经有一条最喜欢的克林普纶布料的黄色长裤，还喜欢看《终结者》之类的电影、狂吃爆米花。而现在，你觉得那些真的很不时尚，你说爆米花早就失去了对你的吸引力，就像过去抱着它吃时看的那类电影一样。

品味和观点，远非人们经过深思熟虑后仔细得到的东西，它们似乎更像是人们定期更换的时尚（或不时尚）衣物一样。有时候，人们几乎是在一夜之间就改变了他们的整个时尚偏好，尤其是当他们所处的情况发生变化时——例如，当人们从学习国际金融的激进学生摇身一变成为在某银行从事有丰厚工作回报的交易员时，便会如此来改变着装。

有一位我认识的记者，曾经从一份右翼小报的专题编辑变成了一份"极左"杂志的副主编。几周之内，此人的标志性装扮也随之改变，曾经的正装套装和在理发店细心打理的发型变成了牛仔夹克和小平头。可见，环境会改变人的价值观，即使对于那些思想最为独立的人来说，也是如此。

消费者需求

根据20世纪伟大的经济学家J.K.加尔布雷思的说法，**消费者需求**（每个人对生活必需品的选择，例如，对午餐、汽车或智能手机等的选择）几乎与某个人的个人需求没有什么太大关系，但是却与其他所有人的行为和观点有关。或者，更准确地来说，个人的决策其实会受到一小群有影响力之人意见的影响。

所以，这些有影响力之人都是什么样的人呢？让我们来看一下一个叫作领英（LinkedIn）的商业网站。它已经发展成了最大的网络平台之一，并定期向客户发送一些电子邮件，展示所谓的"顶级最具影响力之人"的观点。它们通常还将这些有影响力之人分门别类，诸如"绿色环保产业"（Green Business）或"财富女性"（Fortune Women）等类别。[顺便提及一句，后者通常是指那些经营大公司的女性,而不是那些给人看手相并预测其命运(read fortunes)的女性——好可惜!]

无论如何,这些深具影响力之人,在其社交网络和博客上都有着数以千计的粉丝追随者。(相比之下,我的账号只有三个粉丝,其中一个,还是我自己注册的一个马甲小号。)你说,他们有数以千计的粉丝?有时候有几十万,甚至有几百万之多呢!因此,这里"合乎逻辑"的一个结论必然是,他们的观点肯定很重要。

我并不是说,当理查德·布兰森(Richard Branson)说"高翻领套头衫很酷"时,数百万人就会立即涌向商店去买上一件。这里涉及的影响更加微妙且难以察觉。正如加尔布雷思所解释的那般,真正影响人们的因素要难以觉察得多,但它一般会涉及两个关键的社会力量:**仿效竞争**和**广告营销**。这些社会力量形塑了我们所有的观点,即便我们在写论文时也是如此,因此,作为批判性思考者,你需要始终能意识到它们。

仿效竞争

仿效竞争是指人们普遍渴望超过邻居,或者更准确地来说,是为了不落后于<u>同侪</u>的步伐。这种渴望是如此普遍,以至于坦率来说,似乎只有这样做才是"正常"的,不这样做反而像反社会似的!青少年群体更是典型例子——他们**必须得拥有**那些宽松的运动鞋、电子设备和切·格瓦拉的海报。好吧,也许现在流行的不是海报了……虽然他的爷爷可能还想要一张。

但是成人呢？成人也好不到哪里去！他们必须得有配备好卫星导航的家用汽车，此外，低能耗冷冻室中还得备有只需加热5分钟的意大利素食饺子，以备他们随时回家食用。即使是批判性思考者，他们也有其不为人知的一些弱点：例如，喜欢看纪录片，喜欢古旧自行车和果干之类。但也许，我对典型批判性思考者的看法有误——毕竟，我也不是市场营销专家。尽管如此，如果你最近在互联网上购买了一本有关批判性思维能力的书，计算机的大数据算法**将**很快给你推送其他一些"你可能感兴趣的产品"，并且会在你眼皮子底下放置一些相关广告来诱惑你购买。请想一想，最近，你的网页上不停冒出什么东西来诱惑你呢？

加尔布雷思为消费者的选择做了一番解释。他认为，对某种产品的需求和为市场生产商品（或服务）的公司的愿望，是一起被锁定在一个反馈周期中的——随着产品产量的增加，对产品或类似服务的需求也会增加。因此，这就解释了为什么发达国家的人们会出现暴饮暴食的问题，以及电子设备为何会前所未有地占用人们大量的时间，甚至也解释了为什么家中衣柜里永远找不出足够的空间来容纳每个人的鞋子或衣服。

广告营销

加尔布雷思指出的第二个影响人们的关键力量是**广告营销**。当广告在营销你已经有购买意愿的东西时，它能发挥其最大效用，也即广告能说服你去购买这家品牌，而不是去购买其他某家品牌。

但就经济学而言，广告营销的重大意义在于，它在创造**新的**需求和**新的**渴望。（在后面章节的"操纵思想"部分，我将会详细讨论广告的运作机制。）

3.2　思维与灌输：宣传

这一部分内容会详述三个以P打头的词，即偏见（Prejudice）、宣传（Propaganda）和公共关系（Public Relations）。批判性思维的黄金准则通常被认为是保持中立、深度把握和准确性——当然，偏见、宣传和公共关系与此准则都几乎沾不上边。即便如此，当然啦，这些问题也不是非黑即白的——我们会向善意的宣传致敬，但是，我们该怎么判定，强烈的信念在什么时候算偏见，又在什么时候算是被人们勇敢持有的观点呢？

最初，**宣传**一词的意思是指"植入思想"，而且这是一个相当积极的概念。例如，教师将思想植入孩子们的脑海中。然而，纳粹时期的仇恨宣传改变了这一切。在21世纪，几乎所有西方国家的政府都避免使用宣传，转而对教师、媒体和电视可拥有的自由和独立发声的价值观予以口头承诺。即便如此，他们仍要确保教育和媒体，尤其是新闻媒体，得受到政府的严格"监督"，但此种监督很快就转变成了控制。

"同志,你是这么想的"

在欧洲某国,他们的领导人曾在20世纪80年代鼓励人们发表不同观点(称为思想公开或"开放"),但这种独立自主的各方声音很快便成昙花一现,并被无情地压制所取代。

窥探快拍照和自拍照

2014年,伦敦《卫报》披露,英美两国政府都经常性地阅读人们的电子邮件,甚至还查看青少年在手机上互相交换的一些照片。结果,英国特勤局访问了该报社,并坚持要他们销毁作为这篇报道所使用数据来源的计算机硬盘——当然,特勤局做这一切都是"为了公共利益"着想!伴随这些举措的还有一些令人惊慌的好心建议,比如,坏人可能会通过将激光投聚在记者们的咖啡杯上来窃听其对话。(我倒是想知道,咖啡杯之间会对彼此说些什么悄悄话!)

然而,整起事件最令人感到可怕之处在于,在该报发出这篇报道之前,它已经申请政府部门来仔细检查过。其实,当一家报社为其报道内容寻求政府部门的批准时,它就已经不再拥有新闻自由了。

近来,这种行为的代表是由迪米特里·基思勒夫(Dmitry

Kiselev，一位前脱口秀主持人，因其一些令人讨厌的建议而臭名昭著，例如，他建议，同性恋的心脏应该放进烤箱烧掉）管理的国家通讯社（在撰写本文时还是由此人领导）。可以想见，在集中制政府的指引下，该国的媒体只会专注于一个话题——赞颂总统。

这就难怪其现任总统会在国内获得越来越高的支持率。他忙于发动一些小型的迷你战争以"保护"本民族，还制定了诸如反对"同性恋宣传"之类的法律，有反对者称，此举导致该国国内的恐同暴力和威胁陡升。然而，这当然并不是一个新思想：希特勒也曾因瞄准攻击同性恋名声大振，他还让他们佩戴上特制的粉红色三角形。（后来，许多同性恋者死在了集中营里。）

还有另一种不同类型的新闻管理制度。纸媒的报道会经过层层检查，以确保其"内容安全且适合"大众来阅读。此外，政府部门还雇佣了数以千计的人监视互联网上的各种聊天网站和讨论版块，以便纠察出"不受欢迎的"政治评论的蛛丝马迹。政府付钱给观察者团队，让他们记录下任何发布"危险"观点或"错误信息"的人的姓名以及他们的IP地址（用于识别互联网网络用户地理位置的详细信息）。所以，许多匿名的（他们自己以为是匿名的！）网上冲浪者，在后来也会收到一次险恶的"敲门审问"。

希特勒先生感召街头百姓

要是你想了解政府如何操纵公民的思想,那你就必须了解一下希特勒。希特勒以及他的心腹戈培尔[①]甚至将宣传变成了一门科学——又由于,他们为他们自己的所作所为感到非常自豪,所以,关于宣传是如何运作的这方面的问题,他们给批判性思考者留下了很多内幕信息。对希特勒之流宣传技术的知识掌握和具体分析,将有助于批判性思考者去破解如今正在发生的类似事件。

一开始,阿道夫·希特勒是个不太出众的水彩画家,同时也是一名牢骚满腹的退伍军人。然而,他的专长其实是宣传和鼓动群众。在他的自传《我的奋斗》(Mein Kampf,1923年)中,他这样写道:

> 宣传的艺术就在于,要理解广大群众的情感观念,要通过心理学上正确的形式,找到能引起广大群众注意且直抵群众内心的方法。……广大群众的接受能力,都是很有限的,他们的智力也很低下,但是,他们的遗忘能力却是惊人的。鉴于以上这些事实,所有有效的宣传都必须限制在少数几个内容方面,并且还必须在口号中反复强调这些内容,直到最后一位公众通

---

① 戈培尔全名保罗·约瑟夫·戈培尔(Paul Joseph Goebbles,1897—1945)。曾担任纳粹德国时期的国民教育与宣传部部长,十分擅长演讲,故被称为"宣传的天才"。他上任后第一件事即是将纳粹党所列禁书焚毁,他对德国媒体、艺术和讯息的极权控制随之开始。

过你的口号弄明白了你想要他了解的内容为止。

关于希特勒是如何利用情感操纵国民以及他对公众看法的更多信息，请读者分别查看后面章节中的"诉诸情感：论证心理学"和"操纵思想以及说服他人"等部分。

《我的奋斗》居然出人意料地好读。它以一个引人入胜，甚至有趣的叙述开始，讲述了希特勒15岁时辗转各州最后抵达维也纳的故事。这种叙事技巧其实是为了塑造一个有个人特色且富有魅力的希特勒先生的形象，这也是为什么当时他能给西方一些政治家留下深刻印象的原因。它也与一种个人的叙事风格有关，而现代的政治家经常会代之以讨论某些政治计划——像希特勒一样，他们也希望能通过诉诸选民的情感而不是他们的智慧，来赢得选民们的支持（参见图3-1）。

你可能经常会读到希特勒能够对他的听众产生近乎催眠般的效果，以及他作为演说者拥有一些非凡的演说技巧。但我认为，事实远没有这么神奇，而是平淡无奇得多。（如果你不相信我的话，请看一段他旧日演说时的老视频好了！）希特勒利用的是老一套的政客技巧，即在公共场合说的是一套，在私底下做的又是另外一套。希特勒对政治信息的掌握，是建立在他对普遍民意和"街头老百姓"的观点进行了精明而又实际的评估之上的。

如今，几乎没有一个人会说他们喜欢希特勒的观点，但这只会让人更加担心。要知道，在希特勒的营销宣传之下，不到几年功夫，纳粹组织就从每周在酒吧聚会的那一撮少数心怀不满的退伍士兵，发展成了人数多达百万的群众运动。这种规模的群众运动，只需假以时日，便能够成功夺取对整个德国——这个世界上最智力超群的国家之一——的控制权。

图3-1：坚定你的信念并不总是那么容易，这张著名的图就说明了这一点。图中，一群人都在向纳粹致敬，只有奥古斯特·兰德梅赛（August Landmesser）没有这样做，他拒绝向纳粹敬礼。

尽管死亡集中营只是在希特勒执政后期才出现的，但是最初，西方民主国家的许多人士都认为，纳粹政策（它总是明确地提到死亡集中营）是好的，并且他们积极拥护该政策。（详见下文"各大报纸上关于纳粹主义的报道"。）

各大报纸上关于纳粹主义的报道

希特勒说，他是从英国人那里学到了有效宣传的魔法。他感谢英国战争委员会（British War Office）教会他关于宣传的方法，即信息要限制在几个方面，宣传的信息要专门设计以便大众消化，并且还要以不知疲倦的顽强韧性对宣传口号不断地去进行重复。

伦敦的各家报纸都很欣赏他。当阿道夫·希特勒于1933年1月30日成为德国元首时，英国报业巨头罗瑟米尔勋爵（Lord Rothermere）推出了系列文章来赞颂其治下的新制度。《每日邮报》（*Daily Mail*）则批评了英国各家报纸上充斥的关于纳粹"行为过火"的狂热报道，称之为都是"男女民众的妇人之见"。与此态度相反，该报还声称，希特勒将德国从"国际所依附的犹太人"手中拯救了出来，而且"一些纳粹个人行为的轻微不当在新政权已赋予德国的巨大益处面前根本不值一提"。

英国政府并没有过度担心希特勒在《我的奋斗》中提到的一些耸人听闻的建议，例如，杀害少数族裔、"红发人"和残疾人等，直到他们在战争中尝尽了苦头才最终改变了这一想法。事实上，《每日快报》还曾热情地报道了英国前首相劳合·乔治（Lloyd George）拜访新上任的德国元首这件事，并且该报还不加批判地刊出了前首相的评论：

现在，我终于看到了这位著名的德国领导人，也看到了他所带来的巨大改变。无论人们怎么看待他治理国家的方法——当然，他所使用的方法并不是议会制国家在使用的方法，但毫无疑问,他成功而神奇地振奋了德国人民的精神,改变了他们对待彼此的态度,并扭转了德国社会和经济的前景。

(摘自1936年9月17日伦敦《每日快报》上发表的报道)

这里所得出的经验教训就是:请不要相信任何你在报纸上读到的东西!

3.3 了解保持公正何其艰难

前面"问问自己,你是否在思考你以为自己正在思考的东西"一节表明,许多表面上看似"自由"的选择其实都受制于外部的干扰。从这种社会力量的影响中,我们能得出的一个自然结论便是,人们发现在任何问题上都很难保持中立,也即很难避免出现"偏袒"。

在本节中,我将援引英国广播公司(BBC)的例子来说明上述观点。英国广播公司在其规定的企业章程中明明写着会保持中立和公正,而它在对有关气候问题的报道中却抛弃了这一规定,将气候议题转变成了对某种特定事项的宣传。在该报道中,它反对人类燃烧石油和煤炭等化石燃料。

当你阅读本节内容时,请想想大众舆论是如何受到媒体影响的(在各种媒体中,英国广播公司也不过是一个重要的参与者而已),而媒体转而又会受到他们自己对大众舆论看法的影响!

保持中立……也只能到一定程度：英国广播公司的案例

所有英国广播公司的工作人员都会携带一张工作证，上面标明了英国广播公司的首要使命是保持独立、公正不倚和如实报道。然而，正如2007年英国广播公司一篇题为"从跷跷板到马车轮"（其副标题可能更有助于读者理解它的题意："在21世纪守护公正"）的报告所承认的那般，公正不倚说起来容易，做起来却难。

正如英国广播公司的那篇报道所言，近来的历史表明，主流观点中也充斥着偏离大众共识的一些例子。其中的例子包括，货币政策从少数右翼经济学家所倡导的政策转变为以每个欧洲国家自己的经济政策为核心特征。再者，欧洲国家对欧盟越来越普遍地持怀疑观点，又如，英国政治家中对多元文化主义的支持呈明显下降态势。所以，当一个持中立态度的英国广播公司的记者在报道这些话题时，该怎么去做呢？

地球正在升温：英国广播公司和气候变化

英国广播公司的报告指出，气候变化是一项特殊的讨论主题，反对者的声音可能不会受欢迎：

现在可能出现了一个广泛的科学共识，即气候变化毫无疑问地正在发生,并且主要是人为因素造成的。但该共识的第二部分仍然有些争议,一些聪明而又能言善辩的反对者会持不同意见,即使他们只是少数人。

事实上,使用**气候变化**这个词本身便是一种带有偏见的辩论模式,因为每个人都会同意气候在变化——向来如此。事实上,真正的主题是**人为的全球变暖**!具体来说,政府认为,全球变暖这种现象正在发生,并且它是由过度使用煤炭等化石燃料造成的。

有关如何处理人类对环境的影响等许多诸如此类的问题,其辩论常常令人困惑地有争议且高度政治化。这一议题对每个人都有着巨大影响——倒不是因为全球气候变暖后有着更高的温度,而是因为,真到那时候,人们要缴纳所有新的能源税,而且能源生产方式和粮食种植方式也会随之改变(这最后一项,将会最直接地影响到世界上最贫穷的一些国家)。

英国广播公司的报道称,它们在这个问题上所坚持的政策是,持不同政见者的声音仍然需要被人们听到,因为英国广播公司的立场并不是尽快结束这场辩论:要实现公正不倚,"总是需要广纳各方意见",而且"消除偏见这种事,在今天和以往同样危险"。该报道甚至还补充说,英国广播公司虽然有许多公共目的,"但是参与拯救地球的行动并不是其目标之一"。与此相反,它们认为,节目制作方应该从科学、政治和伦理角度来全方位地反映这些主题所引发的辩论。

努力达成共识

所有的批判性思考者,都需要注意到英国广播公司向其节目制作方传达的信息:需要以"适当的怀疑和严谨的态度"来对待有望达成共识的领域,以避免试图匆忙地跟上不断变化的公众舆论。

然而,要想尽量反映一系列的各方意见,其替代方案便是去尝试找到"共识",这也是该组织的行动指导方向。唉,要知道,找到共识绝非如许多人想象得那么容易。试想一下,你要如何在纷繁复杂而且还是高度政治化的议题上来获得一个"平衡中立的观点"呢?

英国广播公司以在埃克塞特举办的一场研讨会为肇始,据其报道称,这是一场高级研讨会,与会的都是"一些最优秀的科学专家"。会后,专家们"达成的意见是,现存的重要证据表明,不再需要给共识观点的反对者以同等的辩论空间"。因此,虽然以前的新闻报道和纪录片中可能会出现这样的字眼,即**很多科学家认为,**燃烧煤炭和石油正在导致冰盖消失(温馨提示,《每日邮报》曾经刊登过北极熊溺水的照片),甚至连高耸天际的喜马拉雅山上的冰雪也会逐渐融化,但是现在,英国广播公司刊出的报道竟然将这些事情陈述为客观事实!

研究和分析专家的观点听起来像是一个处理很多问题的好

方法。但是，批判性思考者一定要对这种"诉诸权威"的方法抱持一定的怀疑态度。因为，在这种情况下，如果你能再仔细审视一下，你就会发现，消息中似乎添油加醋了那么一点"额外的编造成分"。首先，英国广播公司的报道没有提到该研讨会是由英国政府出资组织举办的，另外，它也是由一个名为国际广播信托基金的游说团体来联合组织的，这两个举办方都怀有一个特定的政策目的，也即加大对人类破坏环境的新闻报道。

同样的证据还有，埃克塞特是一个美丽的小镇，但它离位于伦敦的英国广播公司总部还很远。然而，埃克塞特其实是英国政府研究部门的大本营，其职责就是为"人为造成全球变暖"这一观点不断提供证据。

这里涉及的是该讨论议题中的一些背景知识、资金构成和组织问题。但更为重要的是，特邀的专家**都是**谁？当人们询问这些专家是如何被选中的时候，英国广播公司为了防止这些信息被公开、为了保密他们的"消息来源"，还扬言要去法庭起诉他们。这一行动举措也许可以表明，英国广播公司知道它的立论其实处在非常薄弱的基础之上，但法院还是批准了这一请求。

对英国广播公司来说，不幸的是，一位对气候变化持怀疑立场的意大利人，在一个早已被人遗忘的网页上找到了参加此次专家会议的所有人员的名单。这份名单显示，它与能构成科学意见的代表性人员相去甚远，其与会成员包括：一些研究领域便是要证明人为活动导致气候变化的科学家；许许多多承诺要抗击全球变暖事业、力争找出其背后成因的社会活动家，但他们的专业知识储备明显不足以担当此任；还有一些人隶属于有经济利益的相关团体，比如英国石油公司等。尽管你可能已经听到过很多次了，但我还是得指出，石油公司才是宣称"燃烧煤炭对人人都不利"政策的最大赢家之一，因为，比如说，他们拥有世界上大部分的天然气储量，而他们拥有的煤矿储量却很少！

可见，这些专家的证据，无论其是否别有用心，几乎只能肯定地导向一个结论，那就是，以牺牲真正的辩论为代价去达成所谓的共识。批判性思考者才不会做那种事呢！

3.4 诉诸情感：论证中的心理学

你以为你思考着的是你自己所思考的想法吗？这可不见得！我们中的所有人几乎都做不到这样。相反，事实证明，我们大多数时候在思考的其实是我们的感受。我敢打赌，深谙所有黑暗艺术的20世纪宣传大师——阿道夫·希特勒，肯定也非常清楚这一点。因此在本节中，首先，我会看看宣传人士是如何利用人们的情绪反应，而成功规避了人们头脑中的理性部分的——无论他们是出于好意还是歹意，抑或只是为了推销并卖掉洗衣粉的缘故。对于批判性思考者来说，理解此种方法是回归理性论证的关键第一步，而这正是拉选票和做出业绩所依赖的方法。

在第二小节"攫取盲从者的注意力"中,我阐释了希特勒之所以广受欢迎的原因之一,即他了解他的听众,或者更准确地来说,他认识到他的听众由不同的人构成。然而不幸的是,他当时对公众思想所作的评论在今天还是和以往一样正确,因此,了解这些,对于任何试图说服他人去持有某种观点的人来说都是必不可少的。

利用民众情绪来产生强大的效果

希特勒极具影响力的一个观点是,比起争论,喊口号是影响大众舆论的一种更好的方式,人们最好避免与人争论。(没错,你在这本书中所学到的,都关乎真正的辩论和良好构建的论证的重要意义,它与影响大众舆论没有什么关联。)

《我的奋斗》中的大部分内容并不属实,它是由希特勒早年的一些不相关的片断叙述、他对服装的看法、对犹太人外貌特征的描述等内容构成的。这是因为,《我的奋斗》是一种新型的政治哲学——它可不是理性论证的作品,而是一部诉诸非理性或诉诸情感的作品。

《我的奋斗》是第一个新型的政治宣言,它所使用的是市场营销专家常用的方法和控制手段,而非通过一系列无聊的旧证据来埋头论证其观点!

一个事实是,选民会更多被情感而非论证所说服。这一点在朱塔·吕迪格(Jutta Rüdiger)于1932年在杜塞尔多夫听完希特勒演讲后的感想中被清楚地揭示了出来。

> 我必须得说,那的确是有一种令人精神振奋的氛围。……即使那是在1933年希特勒上台之前,每个人都在等待着他,就好像他是救世主一样。随后,他走到了讲台上。我记得,所有人都瞬间安静了下来,然后,他开始用他那严肃的声音发表演说。一开始冷静而缓慢,慢慢地,他变得越来越富有热情。我得承认,我不太记得他到底说了些什么。但后来给我留下的印象是:眼前这个人,不是个为谋一己之利的人,他一心所想的都是如何帮助德国的人民大众。

攫取盲从者的注意力

希特勒写道,旨在影响舆论的政治家(以及出于同样目的的活动家、记者和广告商们)应该以吸引人们的注意为目标,而绝对不应该想着怎么去教育人们。最初的方法,即试图引起人们注意的尝试,应该"针对人们的情绪,而且只在极为有限的程度上针对所谓的智力"。毕竟,正如他非常愤世嫉俗所认为的:

> 所有的宣传都必须是大众化的,所以,宣传内容的知识水平也必须加以调整,以适应其对象中最有限的智力……因此,它要接触的群众越多,其纯知识水平就必须越低。

现在，希特勒真的扮演了"舆论导向专家"的先锋角色，他还详细分析了宣传所针对的受众，并将他们主要分为三组：

- **第一组是那些相信自己所读到的一切的人**：当然，这群容易轻信的人是人数最众的，且具有社会性利用优势，你也可以说是具有实际操纵性优势。这群人也显然位于人类历史上大多数悲剧事件的内核。当然，作为本书的读者，请放心，你明显不属于这类人。
- **第二组是那类什么事都不再相信的人**：这个群体人数规模较小，是由以前属于轻信者群体的人组成的，但是由于他们不断对事件感到失望，于是转向了相反的极端，也即他们不再相信任何事情，而是变得怀疑一切。希特勒这样写道：

他们讨厌每一份报纸；他们要么根本就不读报纸，要么是毫无例外地对报纸上的内容大发雷霆，因为在他们看来，这些报纸上的内容都是谎言和欺骗。这群人很难对付，因为即使在真相面前，他们也会满腹狐疑。因此，我们直接放弃掉他们就行，不必对这些人做积极且具有政治性的动员任务。

你是一个完全的否定者吗？又或者，你属于以下最后一组人？
- **第三组是指那些会批判性地检查他们所阅读的内容并做出相应判断的人**：换句话说，这是一种隐约带有批判性思考能力的人。

以下是希特勒对这第三组人的看法：

这群人中的大多数，在他们一生中，已经学会了要习惯性地将每位记者都视为无赖，他们认为记者只会破天荒地才说上那么一次真话。然而，不幸的是，这些杰出人物的重要性只存乎于他们的智慧之高，但他们的数量却非常少——在那个智慧不值一提，而大多数人的意见就能代表一切的时代，这自然是一种不幸！如今，当群众进行投票表决时，最主要的成功分量还是在于占最多人数的群体。这便又回到了第一个群体：由头脑简单或轻信之人组成的群氓团体。

在希特勒对以上三类人所作的评估中，批判性思考者的群体人数始终是最少的。它主要包括以下几种人，

具有真正灵巧的头脑，而与生俱来的天赋和教育又教会了他们独立思考的人；试图对所有事物都形成自己判断的人；以及对所读的一切都会进行彻底的细查并自主进行进一步拓展延伸的人。他们这些人，在看报纸时一定会在脑海中细细琢磨自己所读的内容，而且这群人也更加不容易盲信任何作者。

与此相对，普通大众却很容易上当受骗、受人摆布。因此希特勒才说，国家必须通过教育和控制新闻媒体等手段，来"防止大众落入那些有害、无知甚至是恶毒的教育家的手中"。嗯，他确实知道个中利害！

识破伪装成科学的偏见

关于宣传是如何避免正式论证而试图直接进入思维背后进行操作,即诉诸情感,我已经做了很多论述。但是仍有许多运动,至少从表面看来好像确实使用了事实依据,甚至有些可能是科学依据。这些运动都旨在强迫人们接受他们的结论。在本节中,你将了解到历史上最有影响力的一个"有害论证",这也是一个最恶劣、最令人作呕的论证——试试看,你将如何去反驳它。

纳粹主义是一种彻头彻尾只持有一种观点的哲学,即偏见。它之所以会取得成功,是因为自始至终,偏见绝非深埋于人类的精神之中,它一直都泛泛地存在着。不管是对其他种族或宗教的偏见,还是针对老年人(或青年人)或病弱者的偏见,也无论它有多么荒谬无度、多么不合理性,偏见从未远离过我们人类。

就像希特勒后来会发动一系列战争一样,他早期发表了一系列长篇大论,都是用来攻击他想象出来的各种"低等人类"的范畴,例如,斯拉夫人、黑人,甚至是后来二战中成为他盟友的日本人和意大利人。希特勒利用其对达尔文进化论粗糙拙劣的模仿,向德国民众这样解释雅利安人种纯血统理论的重要性:

任何不在同一层级上的物种结合，都会生出跻于父母双亲层级之间的中等货色。这就意味着：这样产生的后代，可能要比父母双方中种族较低的那位血统更高，但却达不到父母双方中属于更高种族那位的同等高度。因此，它在后来与更高层级物种的斗争中便会败下阵来。这种物种交配违背了大自然的意愿，即所有生命体都应向着更高等级秩序的繁衍来进行。这种繁衍原则的前提，不在于优等与劣等物种的结合，而在于前者要取得全面的胜利。强者必须主宰，且不能与弱者为伍以及交配混生，因为那样一来，就会白白牺牲强者的伟大基因。

你会如何再次反驳这个论证呢？这其实不是一个新论点，比如，备受人们尊敬的历史人物柏拉图，就曾在他的一本书中使用了一个非常相似的观点。这个观点也没有在战后随着希特勒的灭亡而一道消失，反而是（以不同形式）被改头换面后重新加以使用，例如在美国，有针对美洲原住民的歧视，而在欧洲国家，也有针对残疾人士的偏见等等，不一而足。

一个可悲的事实是，纳粹的政治纲领确实吸引了大众的支持。它还特别在女性中赢得了广泛的支持，对此，你可能会颇为惊讶。尽管纳粹的官方计划坚持认为，女性在组织家庭生活和抚养孩子之外的事务上都没有发言权，但是，希特勒本人曾指出，是女性的投票让他获得了权力。（当然，很多男性也投票支持了他！）

日常实践中的纳粹政策

纳粹除了针对不同的种族和宗教进行迫害,他们还想"消灭"一些行为越轨的艺术家、工会成员、吉普赛人、同性恋者和残障人士——他们之所以这样做,都是为了让德国社会更加"强健"。因此,希特勒计划采用的是一种古老的观念,即**养育**更好的人类。他那令人作呕的"理想国"不仅使一切避孕措施都不合法,而且禁止任何被列入他那份黑名单的人生育。事实上,他以任意的偏见,将大多数公民的生育权都排除在外、加以剥夺了!

批判性思维书籍中的一些论证,例如,《〈泰晤士报〉填字游戏》(*The Times Cryptic Crossword*)或数独(*Suduko*)书上的谜题似乎会过于刻意而不值得被挑选出来。但是,有很多真正的论证至关重要。下面是有关这一特定政策意义的一个案例。

利瑟洛特·凯切尔(Liselotte Katscher)曾是一名护士,她写的故事都是围绕医院里的医生展开——我想这与其他护士的记录也没有太多不同,既不会比其他人的记录更好,也就无所谓更差——这群医生在希特勒所持论点影响的鼓动下,共同参与了一件事,即对一位叫作亨妮的16岁女孩进行了强制绝育手术:

> 一位医生对亨妮进行了检查,诊断结果是她有轻微的低能

症状（feeble-mindedness）——在我看来，这只不过是轻微的低能而已，但他们决定，要对她进行绝育手术。当时我想了很多，我为那个女孩子感到难过，**但这是法律，而且医生们已经这么决定好了。**我亲自带她去了医院的产科病房，她就是在那里被实施了绝育手术。但我始终没有摆脱掉这个疑虑，即这个决定是不是过于严苛、残忍了？……更悲剧的是，绝育后，她很快就被释放了，然后她找到了一份工作，遇到了一个蛮不错的年轻小伙，但因为她被迫做了绝育手术，所以，最终没能嫁给那个小伙。

请读者注意上文中的黑体字部分——有多少人有勇气站出来反对"法律"和权威专家们的意见呢？事实上，大多数时候，他们这样做都是错误的！

3.5 操纵思想和说服他人

在本节中，我将带大家了解从希特勒那里吸取的另一个"令人作呕但又真实"的教训。接着，在"了解说服术如何在社会中运作"的部分，我将深入探讨目前在市场营销和消费者广告中流行的思维，并向读者展示如何将这些"说服者"分为主要的三类，而且他们有各自特色鲜明的说服技巧。在"识别说服的语言"这部分内容中，我将更进一步来解释应该如何使用一些心理学因素（例如被称为移情的方法技巧）来证实，你其实不是像你自己所以为的那样在思考。

本节的最后一部分是"识破正在你身上运作的操控术！"这部分会包含一些非常有用的技巧，让你可以识别出一些他人对你使用的说服术。

你有没有想过，为什么政客都如此死板、教条，而且总是一再重复着同一观点呢？希特勒很确信他知道为何如此："一旦你牺牲了这个口号，而试图去进行多方位的宣传，那么宣传效果就会慢慢消失。这是因为，群众既无法消化，也不能保留你宣传给他们的材料内容。这样一来，宣传效果就会被大大削弱，乃至最终被一笔勾销。"

希特勒认为，大众对想法的理解和吸收是如此缓慢，以至于演说者不得不一遍又一遍地进行重复。他还意识到，最好的政治宣传，必须是看起来丝毫不具有政治性的。希特勒主张，要在从戏剧艺术到新闻媒体等所有领域内"净化文化"，以便使一切都只为延续"健康"的思想而服务——当然，得由他来决定什么才算是健康的思想。

在这里，尤其是在操纵公众舆论方面，《我的奋斗》对政治理论做出了它最独特的"贡献"，一份有毒的"贡献"。

了解说服术如何在社会中运作

大多数媒体传达信息的目标是，说服观众相信或去做某件事。好莱坞电影使用昂贵的特效，为的是让观众相信，他们所看到的是如假包换的真实场面。电视和报纸则使用图片影像——图片影像可能也并不完全是它们想让人看到的那个样子——以及其他一些方法技巧，比如，从明确的来源精心挑选一些简短的引文，来让读者相信其报道是准确且真实不虚的。因而，在每次的报道中，使用这个词而不是那个词以及语法上一些细微的起承转合，其实都会微妙地影响读者用来接收和解释他们看到的内容和消息的方式。

语言定义并塑造着我们的世界，所以，语言远非是中立的。精通"说服术的语言"方面的专家主要有三类，分别是从事广告营销的广告商、公共关系活动家和参加竞选活动的人士：

- **广告商**：是最直接的群体——他们试图说服人们去购买某种产品或服务。他们通常以明显直观的方式展示他们的宣传信息，即打广告，这使得他们易于与其宣传信息保持一定的批评距离。
- **公共关系活动家**：这类专家会"推销"积极的正面形象——可能是某政治组织的形象，也可以是代表某一公司、政府或其他组织机构的某种商业品牌的形象，他们还喜欢暗中推销。例如，某部电影中的主人公可能会使用某家品牌商的电脑，再如，当一位雄心勃勃的政治家出现在电视纪录片中时，他会突然谈论起他对大自然的热爱。

✓ **竞选（或"倡导拥护"）团队**：他们也希望人们能对一些特定的信仰或政策"买账"。尽管他们会使用显眼和直接打广告的方法来表达他们的观点，但他们也会试图使辩论偏向有利于他们的方向来发展。这样一来，当他们的代表有机会在电视节目或媒体上公开露面、接受采访时，他们的观点就已经被当作"事实"呈现给了读者或观众。

所有这三个群体之间有一个共同点，也即他们都擅长使用"说服的语言"。

识别说服的语言

在广告或竞选活动中，说服性语言的诀窍是，将某一产品或想法与深知观众业已喜欢或渴望拥有的其他东西联系起来，一般是些充满了积极联想的事物。例如，将早餐麦片与一位在花丛中漫步的曼妙的年轻女郎相联系。

另一方面，政治和宣传活动通常也会将他们的宣传与已知观众讨厌或恐惧的事物相关联。请想一想，你看过多少次他们曾利用以下照片来进行宣传：

✓ **在推销贸易"保护主义"政策时**：一些十分不吸引人的外国佬形象，或者是一些歇业倒闭的工厂以及面容悲伤的市民在排队领取救济粮时的悲惨照片。

✓ **在宣传应该提高能源税的想法时**：官方的报道会警告说，亚马孙河①正在逐渐干涸，许多海滨城市将消失在一片茫茫海浪之中，而后，各种热带疾病也会大肆席卷而来，侵袭你的家乡。

✓ **在销售有机食品时**：健康食品公司使用了许多有关儿童死于有毒杀虫剂的故事，以此来对其产品进行宣传和推销。

这些恐怖场景，其实与当今大多数人的生活无关。但是说服者也知道，当他们间接地表达他们想传递的信息时——尤其当其中的关联是通过暗示的方式表达出来时，传达这些信息的效果反而会更加强大。心理学家把这个过程称为**移情**（emotional transfer）。在下一节中，我将会介绍几种最常见的说服技巧。

识破正在你身上运作的操控术

这里列举了一些被暗中使用的技巧，你可能每天都会接触它们。请睁大眼睛，看看是谁在对你使用这些伎俩，并试图说服你去相信他们的观点。请把这个列表上的人想象成美好之人，毕竟，他们温暖而又糊涂！

✓ **其他人都在这样做**：这就是所谓的从众效应。人们确实很喜

---

① 亚马孙河位于南美洲北部，全长6751公里，为世界第二长河，也是世界上流量和流域面积最大且支流最多的河流。

欢随波逐流！哪本书最好看？看看畅销榜单上哪本书卖得最好就知道了。哪家餐厅的食物最好吃？这家的顾客最多，肯定是这家最好吃！诸如此类，不一而足。因此，要是有一则广告展示着很多看起来很有趣、很快乐的人在做某件事的话，那么每个人也都想"成为其中的一员"。当政客们声称他们为"普通人"，当然还有"辛勤工作的家庭"发声时，他们使用的其实也是同样的技巧。

✓ **像你的偶像一样**：各行各业的宣传活动家都知道一点，即美人、名人、成功人士和各种类型的偶像榜样的观点，总要比任何普通人的观点有趣得多。当然，也有例外。比如，当想传达的信息就是关于"每个普通人都是如何这般认为"的时候，以及当名人不太适合做此类宣传，而沉闷的布朗夫妇似乎看起来更具有说服力的时候，就会让布朗夫妇来进行宣传。自然，在广告中，布朗先生和布朗夫人实际上都是演员——他们可一点儿也不算普通人啊！

✓ **请相信我**：通常，人们想知道权威专家的意见。试想，有多少盒洗涤剂就是因为推销它的演员穿着白大褂、戴着黑框眼镜而被销售一空的？就像在医院里一样，穿着制服的医护人员总能叫人莫名心安。所以，作为专家组成员，外表看起来像专家，才是最重要的。

在当前有公共争议的许多领域中，例如，"燃烧化石燃料是否会导致地球温度过高"或者"有机健康食品技术能否奏效"等问题，通常人们都认为它们应该通过专家的意见来予以解决——问题的哪一面得到了大多数专家的证据支持，该问题就被认为是解决了。（别忘了：有时候，"普通老百姓"也可以是专家，比如，当某个家庭主妇认可某品牌洗衣粉时，就说明该品牌的洗衣粉确实很不错。）

- ✓ **模棱两可的推诿之言**：要是你知道了如何在宣传中插入一些奇怪的、蓄意说得模棱两可的话，那就没我什么事，我反而无话可说了！律师、政治家和科学家在使用这些模棱两可的话方面，也都有着高超的技巧。只要常伴随使用也许、可以、可能、一些或许多之类的词，就算是未经证实、夸大其词和令人吃惊的离谱论点，也是可以被提出的。请一定注意那些使文章中的主张或多或少变得毫无意义的暴露真相之词。

- ✓ **溜须拍马的奉承之词**：这是美化自我的上好方法。卖给你东西的人，看上去是全镇最好的人。他们欣赏你的品味和判断力："您真是在行，明眼人一看就知道，这是件好东西"；"您追求的是卓越的品质"；"您值得拥有最一流的产品"！

- ✓ **温暖而又慵懒**：啊！看看这些美好的家庭度假照片吧，孩子们在和宠物玩，这种场面完全可以被信赖，并且它会在观众心中产生一些"温暖而又慵懒"的美好感觉，尤其在美妙的背景音乐、悦耳的声音以及一些视觉特效的帮助下就更是如此了——尽情联想一番，还有一轮"粉红色"的落日，挂在远方的蔚蓝海面上！

练习答案

希特勒论优生学或论人民养育的问题

就题材风格而论,这个论证属于一个"科学"论证,虽然它算不得一个很好的论证。我们先假设,希特勒的观点是对的,也即,当两个人一起繁衍后代,其结果是后代远不如父母中最好的那位,但又要比最差的那位好一些。希特勒的思想便是,他要挑选出全德国最好的人类标本,并让他们一起交配繁衍后代,同时,得强行叫停其他人的繁衍任务。请试想一番,我们推行这种生育繁衍政策并在实践中实施了这么一阵子。但接下来,会发生什么结果呢?很显然,最好的人类标本仍然会与不那么好的人类标本混在一起繁衍后代,于是,繁衍出的人类质量还是会有所下降。

所以,这里论证的逻辑是只允许少数人去繁衍后代,并期望从这些少数人中建立起一个新型的"超级人类基因库"。这将会导致"近亲繁衍",也即人们与近亲及自家亲戚结婚。这种做法,在世界上普遍地不被鼓励,这是因为,这样一来,基因库就会自动退化,而且近亲繁衍的孩子在出生时多半会有先天性疾病。

这种看待希特勒所持论点的方式,就是照其原样,先接受它并在其之上扩展它。扩充其论点并不荒谬,而且这一定还是合乎逻辑的。这招就叫作"以子之矛、攻子之盾",它会导致"按照希特勒自己的观点"再得出来一种略显矛盾且与其预想效果完全背道而驰的后果。

另一个对这一论证的可能反驳将是,去追问在希特勒写作自传的时候,德国究竟还剩下多少"高质量"的人类标本可言?要是人类基因的随机混合真的如劣币驱逐良币那般,也即人类基因驱逐了卓越而趋向于平庸,那么早在希特勒来拯救这个国家之前很久,这一过程,势必就已经完全毁掉了所谓的雅利安人纯种血统!

但是,看待这种论证的最佳方法依然是,去挑战其潜在的前提假设。在这里,希特勒确实是在稳步推进他的思想论点,也即"个人自由的权利,在保护其种族的大义面前必须先行退后"。这其实是一个普遍性原则,它在现代社会中仍然持续被人们加以激烈讨论,而且其影响也仍然存在着一些争议。当然,读者大可拒绝接受以此论点为前提的任何假设。

第4章
评估你的思维能力

本章提要：
- 测试你的批判性思维能力
- 避免一些思维谬误
- 理解情绪和创造力的价值

> 我不知道在世人面前我会是什么样子，但对我自己来说，我似乎只是个在海边玩耍的男孩，时不时想找个比平常所见更光滑的鹅卵石或是更漂亮的贝壳，而在我面前的，是尚未被探索发现的真理的汪洋大海。
>
> ——艾萨克·牛顿
>
> （大卫·布鲁斯特著，《艾萨克·牛顿爵士回忆录：生活、著作和科学发现》，1855年）

牛顿是个非常聪明的家伙，其聪明的关键之处在于，他思想开放并始终充满好奇，而且牛顿常以非传统的方式来进行思考。这些都是批判性思考者的标志要素和关键技能。所以，各位，这里的利好消息是什么？也即，我们每个人都可以好好开发并培养这些技能。因此，如果你的时间只够阅读本书中的一章的话——那就请你阅读这一章吧！本章概述了人们经常会忽略的思维的方方面面。长期以来，那些本来旨在帮助你进行更好思考的课程，都在研究各种各样的"规则"和练习，而它们其实只用了极少而且还是很狭隘的一种"思考"方式。

在本章中，我将阐明当下非形式逻辑关注点的转向，即它正在从关注剖析看似有效、实则无效的论证，转到一种关注真理观和更强调适当运用上下文语境的论证上来。其结果证明，人们所需的思维技能更多是具有社会性的一些能力，而非数理逻辑上的思维能力。

毕竟，如果论证仅限于有明确命题的那些，那么，人们在现实生活中遇到的大多数问题，或者说他们每天如被轰炸般接收到的大多数信息，根本就不算是"论证"！传统的批判性思维，无论是无意使然还是有意为之，也过度关注论证中的内容——而没有去关注论证之外的一些内容。本章将试图帮助你避免落入这种陷阱！

4.1　发现你的个人思维习惯

本节所涉及的理论是，由于人类是群居社会性动物，他们的思想倾向于**以社会为中心**来思考，也就是说，人们倾向于像他周围的每个人那样去思考。

首先,本节从向你介绍教育中经常出错的地方开始,以及说明为什么教育不能给人们提供一些在批判性思维方面的真正训练。然后,通过我自己精心设计的思维测试,你将有机会了解你自己与理想状态之间的差距。请别担心,这将很有趣,绝对会令你大开眼界。

认识批判性思维的本质

的确,现在似乎没有人听说过这个人了,但本节会带你大致了解一下此人的一些观点。就很多方面而言,他直接开启了一个世纪以前开始蓬勃发展的批判性思维领域,他的很多想法也在继续影响着这一学科目前的教学方式。

这个人就是威廉·格雷厄姆·萨姆纳(William Graham Sumner)。一个多世纪以前,他发表了一项关于"人们如何进行思考"的开创性研究,书名叫作《民俗论》(*Folkways*,1906),它融合了社会学和人类学的相关知识。萨姆纳并不特别出名,但他是个非凡卓越之人,是个真正的多面能手(在所有领域都很博学),他对公共事务也很热心。

尽管取了《民俗论》这一标题,但萨姆纳的研究内容绝不是异想天开式的:他认为,人们的思维能力正是在中小学校、大学和工作场所中被系统性地消耗殆尽的!这听起来是不是有点危言耸听和似是而非?但问题在于,现代教育植根于这样一

种假设,也即它需要将个人培养为能够在社会中发挥作用的公民。正如他在《民俗论》中所言:

> 学校教育人们去遵循一种模式,也即正统模式。学校教育,除非它能有最好的知识和良好的判断力来加以引导和规范,否则,就会生产出同一种模式的男女民众,就像在车床上制造出的那些机器一样。一种正统观念的产生,也与所有那些被认为是伟大的生活教义有关。这种生活教义由大众中最陈旧和最普通的观点意见所组成。于是,流行的观点中总是包含着广泛的谬误、部分的真理,以及一些圆滑世故的归纳总结。

我们每个人也都是像这样接受教育的——幸运的是,现在,你已经意识到了这一点!根据萨姆纳的观点,这一问题的解决方案或一剂解药便是,要在生活和教育中加大批判性思维能力的使用剂量:

> 对于提出任何一种想要人们接受的命题,批评就是对其进行检查和测试,以查明它们是否符合现实。深谙批判性思维的教职员工,属于教育和培训后的产物。这是一种精神习惯和精神力量。男人和女人都应该接受批判性思维方面的培训,因为这是有利于人类福祉的最佳状况。这也是我们廓清错觉、欺骗、迷信以及对自身和所处世俗环境误解的唯一保障。

对于萨姆纳来说,教育应该坚持他所谓的"准确性和对所有过程和方法的合理控制",此外,教育还需要有用逻辑论证来支持其所有主张的习惯，以及不懈地进行重新思考的意愿，如有必要，它应能够随时拨乱反正，重新开始思考。

真正的批判性思考者会等待确凿的证据，他们冷静地权衡主张，并抵制诉诸偏见的方式。萨姆纳认为，这样的人才算是最好的公民。

测试你的批判性思维能力

要想了解你与萨姆纳的理想状态有多大差距，请尝试做本节中的测试题。毕竟，测试题和批判性思维能力似乎总是一起出现，就像炸鱼配薯条，或吸血鬼配大蒜一样。

为了准备这个测试，我查看了很多这样的测试，但我应该马上向你坦白，我认为，大多数所谓的标准测试根本就是无稽之谈。不开玩笑，我是说真的。

历来用来衡量批判性思维能力的那些问题，都会涉及一个囊括很多领域的广泛范围——语言技能、视觉技能，当然还有数字运用技能等——但我怀疑它们是否衡量了那些真的可以被称为批判性思维的东西。更重要的是，最近的大量研究表明，此类测试并不能很好地衡量人们在现实工作或其他情境中的表现。所以，这些测试似乎只能表明你在做题方面能做得有多好而已！

尽管如此，很多人仍然会认为，上述这些技能非常相关，也很重要，他们必然会告诉你一些**事情**，即使它们只能帮你在批判性思维能力考试中表现良好。当然，一个真正的批判性思考者总是会尝试一些新事物，所以他们会很乐意应对这样的测试题，这既是出于一种游戏精神，也是为了去发现关于他们自己思维的一些模式和偏好。所以，这里的测试便是给你准备的一个尝试的机会。十个问题的总答题时间为30分钟。你可以在本章末尾处找到它们的答案——但请不要作弊！

问题一：脑筋急转弯

一位著名的建筑师建造了一座六边形的度假屋，房内每一侧的窗户都朝南，以便更好地采光。房主一家在刚住进这所房屋里的第一天便感到大为惊奇，因为，透过窗户，他能看到一只毛茸茸的大型动物正绕着房屋慢悠悠地走来走去！

两个技能延伸方面的问题是：这只动物是什么颜色的？以及你是如何得知的？

（a）它是棕色的，因为大多数毛茸茸的大型动物都是棕色的。

（b）它是黑色的……因为熊是黑色的。

（c）它是白色的……因为这是房屋窗户的特殊规格所致的。

（d）根本没有办法回答这个问题，如果这就是批判性思维，那它也太愚蠢了。

问题二：文字图片题

每张图都是由文字组成的，同时也代表着一句俗语。你能猜出每张图是什么日常格言吗？

(a)　| SEC　OND |
　　　| DECI　SION |

(b)　| ANOTHER　ONE |

(c)　| AR^{UP}MS |

(d)　d o w / r^d a w n

问题三：找出论证谬误！

在下面的示例中，请尝试快速指出论证中的确切问题。（更多有关论证错误类型的信息，请查看本书第16章内容。）

许多素食主义者认为，杀死动物是不对的。如果按照他们自己的心意行事，那么任何吃肉的人都应该被投进监狱。

（a）滑坡谬误

（b）乞求论题①或循环论证

（c）稻草人谬误

（d）不合逻辑的推论（*Non sequitur*）

---

① "乞求论题"（begging the question），也有译作"乞题"或"丐题"的。

（e）人身攻击谬误（*Ad hominem*）

（温馨提示：如果你不知道这些答案都是什么意思，也请不要担心——这只是些行话。但这是很多这种类型的测试都会去测试的一道题。如果你想快速解码这道题中的这种术语，请你立即跳至答案部分进行查看。）

问题四：找出另一个谬误！

在下面的示例中，请尝试快速指出论证中的确切问题。（在本书第16章中，你可以对照查看答案中关于论证类型的一些定义，以及发现更多的相关细节。）

茶和咖啡都含有咖啡因，而咖啡因是一种药物。过量摄入咖啡因会产生一些危险的副作用，可能包括诱发心脏病等。因此，喝茶或喝咖啡是危险的。

（a）滑坡谬误

（b）乞求论题或循环论证

（c）稻草人谬误

（d）不合逻辑的推论

（e）人身攻击谬误

问题五：类型选择

以下哪一种情景最能说明是情绪而不是逻辑或理性思维决定了事情的结果？

（a）玛丽讨厌照镜子。她觉得自己真是太胖了！于是，她决定开始慢跑运动。

（b）有人刚刚打电话给学校，说他们在其中一栋楼里放置了炸弹。尽管以前从未发生过类似的事情，但校长还是命令所有学生和教职员工撤离建筑大楼，并告诉所有人都回家去。

（c）马克要在硅谷的一家计算机公司参加一次工作面试，他想了解有关面试部分的一些环节。于是，他买了一些计算机领域的杂志，想看看杂志里面那些似乎在高科技公司工作的人们的照片，并试图使自己的外表也尽量贴合这种风格。

（d）珍妮想买一辆新车，但她最喜欢且买得起的车型的碳排放量却很高。她担心这可能是一种购买决策使然，即如果很多人都采取这种决定来买车，就会导致气候变化并对地球不利。她想成为她所信仰的"气候改变者"，因此她买了一辆不同的车，虽然不太适合她的需求，但它留给地球的"足迹"会更有利于环境。

（e）有关批判性思维书籍的新销售量惊人，该销售数字远高于任何人的预期，出版商对此感到大为惊讶。此举决定了，在将来，人们很少会去关注公司的市场营销人员所说的任何事情。

智力测验真正测量的是什么？

在美国，大多数学生参加的智力测验称为标准化评估测试①（SAT），它是一个关于……测试学生的家庭是否富有方面非

---

① 标准化评估测试（SAT），即美国大学入学考试，是大学自主录中所参考的一个方面，有些类似中国的高考。

常准确的指标!

如果你从家庭收入介于0美元到2万美元(约合12,000英镑)之间的家庭——这在美国一般被认为是极端贫困的家庭——开始研究的话,你会发现,准备上大学的学生的SAT平均分数为1,326分(满分为2,400分)。到研究家庭收入在2万到4万美元区间的家庭时,学生的分数会稍微上升到1,400分左右。在下一个家庭收入的划分区间中,学生SAT分数也会随之上升,并且从年收入为2万美元的家庭跃升到年收入超过20万美元的家庭时,这种SAT分数随家庭收入上涨的情形,也同样会出现。一些来自这类"富裕家庭"的学生,其SAT得分通常都会略高于1,700分。

当然,你也可以用多种方式来解释这串得分数字。其中一种方式(这适合富人阶层)是假设,富人的孩子比穷人的孩子**更聪明**。也许,人们会认为,父母更富有是因为他们也更聪明,所以,富有且聪明的父母的技能只是被"传授"给下一代了。

第二种解释方式也可能是,你越是富有,得到的教育就越好——上更好的学校、有额外的辅导老师等等——所以,你的分数也会因此而上升。尽管SAT考试最初的设置旨在平等对待每个参加考试的人,但人们也已公认,SAT分数的高低在很大程度上也受到学生参加该考试的培训量的影响。与传统的考试类似,学生的成功在一定程度上也取决于他们老师的能力。

看待这个问题的第三种方式是,该测试不是衡量学生的"智力"或"解决问题的能力",而是衡量学生所属家庭的社会阶层。社会阶层往往会随收入而划分。但是，通过衡量学生来自何种社会阶层而筛选出适合他们的最好的大学入学机会，这难道不算是社会的耻辱吗？这样的事情确实应当被人们视为相当可耻的，而这无疑就是这项研究所得出的最大教训。[非常类似的事情，通常也发生在采用传统考试（例如，英国的"A等级"课程考试①）成绩来决定哪些人能够上大学这个问题上。]

问题六：又一道类型选择

珍妮为一家大型家居装饰公司设计壁纸。她很擅长自己的工作，但是，当一个热情的男性新员工加入公司并向她询问有关墙纸的新营销活动想法时，她却犯了难，并陷入了窘境。因为，市场营销和广告根本不是她的专长所在。

所以，她是否应该：

（a）了解其他壁纸制造商如何推销他们的设计，并安排自己与营销部门的人聊天，以了解他们的观点并分享一些想法。（也许可以进行头脑风暴。）

（b）给营销部门的那位男性新员工发封电子邮件（并抄送给公司CEO及同事们），解释说自己不适合做这项工作，因为自己对市场营销一无所知；并建议，如果他没能想出什么好点

---

① A-Level是英国的"A等级"考试，这是英国普通中等教育证书考试高级水平课程考试，也是英国学生的大学入学考试课程，被几乎所有英语授课的大学作为招收新生的入学标准。所以，英国A-Level考试基本相当于中国的高考。

子，就该多寻问周围有着良好营销技能之人。

（c）礼貌地认可他人的信息请求，并承诺会将其作为"优先事项"来处理。然后，等其他人就此事做出所有决定很久之后，再说明自己并不适合此项工作。毕竟，无论如何，他们可能更有资格来处理这件事。

问题七：商业技能

你对堆积如山的工作感到有压力，并意识到不可能完成所有的工作。迎接挑战的智慧之方是什么？

（a）尽自己所能地完成工作。如有必要，在晚上和周末加班，少吃几顿饭，尽可能以这种或那种方式完成所有的工作任务。

（b）向所有相关人员发送声明，明确指出自己的工作量过大，并陈述只有在某些期限延长且新工作任务量减少的情况下，才能完成相应的工作量。

（c）认识到关键因素是你自身的感受——也即自己感到疲惫不堪、压力山大！于是，相应减少自己的工作时间，多多休息，吃好吃的美食犒劳自己，周末也可以去一些不错的地方放松地度个假。

问题八：时间管理

在工作中，似乎总是快到周末了你却还有几项任务没能完成。你认为，什么才是最有效的安排时间的方式呢？

（a）线性循序渐进：一次完成一件事，在完成手头的任务之前不要开始新的任务。

（b）多任务处理模式：同时开始处理所有的事项，因为这可以防止你感到无聊，并且某些工作领域之间也有重叠，从而可以立即节省时间。

（c）认识到问题并不在于你的工作方式，而在于你所拥有的可支配时间。请严格查看你的每日日程表，清除掉所有不必要的工作任务，并承诺自己会拿出额外时间来加班，直到清除完手头所积压的工作为止。

问题九：电视观众的收费公平问题

先来看看这一论证：

在英国，每户家庭都得为电视节目支付相同的费用，无论该家庭的富裕程度如何，也不管他们订阅了多少电视节目——或者也无论他们观看了多少电视节目！这当然是不公平的。相反，电视应该成为一种订阅式服务，让观看得最多的人支付最多的费用。这不仅更加公平，而且还可以带来更多的税收收入。

以下哪个论证与上述例子使用了相同的论证原则？

（提示：问题不在于该论证的好坏，而在于其论证的结构。）

（a）只有在人们买不起的情况下，东西才能免费提供给他们。

（b）公共汽车和火车的优惠折价票更应该提供给旅行最多的人。

（c）富人应该为他们的房屋支付附加费用，以帮助那些根本没有家的穷人。

（d）电视频道应由一般税收来支付费用，这样一来，你越富有，支付的就越多。

（e）从广告中已赚取大量收入的互联网网站不应再收取访问费用。

问题十：汽车租赁问题

深呼吸一口气：这可是一道数学题！

博奇汽车租赁公司（Bodge-It Rental Cars）出租汽车的价格是每天19.99英镑，外加100英里的免费里程。超过100英里的部分，会按照每英里支付1英镑来额外计算里程费用。

要是租豪华轿车的话，只要将车从其汽车租赁陈列室中开出，每天需支付100英镑的费用，另外，此后每行驶1英里收取20便士的额外里程费用。

你需要行驶多少英里，租用豪华轿车的费用才更加划算？

（a）101英里

（b）131英里

（c）151英里

（d）171英里

（e）租赁博奇公司的汽车永远最划算

额外附加问题：老式泡茶之谜

小小提示：这是另一道数学题，取自一家大型批判性思维测试组织的题库。

蒙奇金（Munchkins）家族会按照他们家的传统老规矩来泡

茶:"先暖个壶,然后每人各加一勺茶,再加一勺茶入壶中。"

这家人以前每周都会买一包青狮茶(Green Lion tea),但因为奶奶来和他们一起住,所以,他们的茶叶购买量也相应增加了。现在,他们每五周就要多买一包茶。

给你出的问题是:奶奶来之前家里共有多少人?

4.2　打破关于思维的神话

当要求你列出保加利亚所有主要的出口产品时,你知道你是如何变呆滞的吗?或者计算这类问题:若水龙头以每分钟2.5立方厘米的速度在滴水,那么一个游泳池需要多长时间才能被灌满?但是,总有些人可以很快速地完成这类计算问题,你可能已经习惯于认为,噢,他们是一群人中最聪明的人。在本节中,我将概述人们对思维、理性和逻辑性的一些误解,并简要概括一些看待智力的与众不同的方式。

接受草率的想法有时是可行的

在本节中,我将以科学的眼光来看待并不科学的思考,将它们划分为两种主要类型,并向大家分别指出在什么时候必须避免它们,在何时又或许应给其留出更多的存在空间。

心理学家区分了人们在推理时会犯的两种错误:

- **动机性错误或"热"幻觉**：这些主要是源于情绪以及对个人兴趣基于推理的评估所产生的影响。例如，大多数人认为，他们现在的观点在可预见的将来将保持不变，他们还为之进行激烈的辩护，尽管在现实中，大多数人的观点一直在变化和演变。
- **认知性错误或"冷"幻觉**：它们源于你的推理错误：诸如混淆事情的相关性和因果关系（两件事可能同时发生，但实际上这并不意味着其中一件事直接**导致了**另一件事的发生），或者是你的无意识偏见，诸如你会选择那些符合你现有观点的信息内容。

由于这两种错误是如此常见，实际上，它们几乎是普遍存在的，因此，许多研究人员认为，对人类物种而言，它们一定是具有某种进化的目的，或者说它们实际上是具有某种进化优势的好事。

大多数人所说的草率的推理中，一般都会有快速反应，因此，在缺乏时间或背景信息可能会致命的情况下，这反而可能会增加人们的求生机会。

大量的研究还表明，那些为了自身利益而歪曲评估之人，可能会在工作面试或报告中夸大自己的成就和能力，但他们在生活中表现得更好。或许，这里的悖论便是，自欺欺人有时确实可以增强人们的动力、提振情绪甚至是提高生产力。

话虽如此，认知性幻觉也可能会因对风险的不切实际的评估、纯属一厢情愿的看法，或者是自欺欺人（请查看下一页"每个人都比平均水平要好一点"）而导致不明智的决策和错误。由于偏见、替罪羊行为等造成的怨恨，这些错误可能会导致矛盾冲突。其他无意识的偏见，也可能会导致一种叫作**态度两极分化**的现象，也即，可能只有微小差异的两方最终会变得相去甚远，这是因为每一方都在以扭曲的方式来解释信息，而这又强化了他们各自的偏见。

认知性幻觉会被不道德的销售人员或政客所利用，它就像是可以用来操纵你的特洛伊木马。例如，一些政客在试图让人们担心诸如失业或移民等问题时，可能会在广告中使用恐怖的音乐和图像，因为，恐惧感会产生各种偏见，而这会有利于他们的政治立场。

用信念战胜逻辑

每个人都会遭受的一个最普遍的幻觉是**信念偏见**。这是这样一种倾向，即人们在接受论证逻辑时，与其说是通过对其结构进行公平冷静的批判性分析，倒不如说是人们对结论的合理性或其他方面有一种本能的、下意识的评估。

在一项［由乔纳森·埃文斯（Jonathan Evans）、朱莉·巴斯顿（Julie Barston）和保罗·波拉德（Paul Pollard）开展的］研究中，人们被要求去评估在正式风格——三段论式论证（syllogisms）中所表达的论点。（三段论式论证是指，它由两个前提条件或起始假设组成，然后是一个从假设中能合乎逻辑地得出的结论。）

研究人员实际上是在调查，人们在多大程度上只是接受他们所遇到的能支持其已有信念的一些论点，却没有对这些论点加以任何真正的检验。这一想法（也在第2章中被探讨过）与有关人脑的另一想法相关联，也即在用棍棒狩猎牛羚的万年之后，人脑还是有其"遗传相关"（being "hard-wired"）特性；这一想法也与人们面对狮子时会走捷径迅速逃跑而不是坐以待毙地被狮子吞食掉的本能反应有很大关联。

每个人都比平均水平要稍好一点

美国康奈尔大学心理学教授托马斯·吉洛维奇（Thomas Gilovich）开展了一项研究，在这项针对100万高中高年级学生的调查中，他发现，70%的人认为他们的领导能力高于大众平均水平，只有2%的人认为自己的领导能力低于大众平均水平。当然，人们也没有因为长大就摆脱他们这种不切实际的自我评估——一项针对大学教授的类似测试练习就发现，94%的教授都认为，他们自己要比其他普普通通的同事在工作中做得更好！

其他一些研究也表明，大多数人都认为，他们自己要比"普通人"更幸福、更公正，有更高超的驾驶技术等等。另外，当然啦，大多数人也认为，他们比其他人更不可能陷入这类愚蠢的错误之中。

以下是我自己尝试制作的一些三段论的示例：问问你自己，在下列这些论证中，哪一个是合乎逻辑且有效的？

✓ 所有的狗都有毛。
✓ 蟒蛇是一条巨蟒。
✓ 因此，蟒蛇没有毛。

有效还是无效？

✓ 有些猫喜欢喝牛奶。
✓ 托比是一只猫。
✓ 因此，托比喜欢喝牛奶。

有效还是无效？

✓ 人类食用的红色浆果是危险的。
✓ 覆盆子是一种红色的浆果。
✓ 因此，吃覆盆子是危险的。

有效还是无效？

我不打算让你等待答案了：前两个论证都不是有效的。尽管巨蟒没有毛，但是第一个论证并不能证明这点——它甚至看起来都不像能证明任何东西的样子！所以，我希望你没有被这个三段论骗到。在第二个论证中，你可能有点会被"这个论点所说服"，因为，如果托比是一只猫，它可能**确实**喜欢喝牛奶。但尽管如此，如果你只是知道"有些"猫喜欢喝牛奶这个前提,那么同样,这个结论不能被证实为有效。

第三个论证是"有几分有效的"(sort-of-valid)。我之所以会这么说,是因为措辞有一点含糊。第一个前提假设"人类食用的红色浆果是危险的"在某种意义上是正确的,但在另一种意义上可能又是不正确的。有太多的论证都依赖于这样的模棱两可性!

无论如何,对于这第三个论证,如果你认为,**所有**红色的浆果都是危险的,那么这个论点便是有效的,即使结论并不正确。怎么,你感到些许困惑了吗?那是因为,在逻辑中,一个有效的论证意味着,如果开始的前提假设是真的,那么结论也一定是真的;所以,**如果**所有红色的浆果都真的很危险,那么这个论点就没有问题。但是,在现实生活中,第一个前提假设却不是真的。因为,在现实生活中,只有**一些**红色的浆果才是危险的(而覆盆子明显不是其中之一)。

一种常识性的直觉会将开始的陈述默认为仅在说"很多红色的浆果是有危险的,不宜人类食用",这一直觉会使该论证无效,因为在这种情况下,你无法就任何特定类型的红色浆果得出任何结论。

确认证实偏差的真相

证实偏差(confirmation bias)是指,人们倾向于关注那些能证实他们已有观点的证据,而会忽略或低估那些可能挑战他们所持这些观点的信息内容。

科学家虽然以冷静的数据筛选者而著称,但他们往往很容易掉入这种偏见的陷阱之中——比如,一再拒绝那些得出了"错误"结论的实验。科学史上充满了这类案例,科学家开展实验以证明他们的理论,但如果实验结果与其预期不一致,他们不会重新思考这一整个理论,而是会怀疑实验的参数设置有问题。

诚然,有一些伟大的科学发现是通过这种行为诞生的,但也有许多错误的观念和理论,即使在它们本应老早就被人抛弃之后还仍然存在着。

如果证实偏差的问题听起来相当抽象,那就请考虑这个例子。在今天,令人瞠目结舌的大量资金都用于开发一些有助于治愈疾病的药物——而科学家的任务经常是去证明,这些药物确实有效。然而,如果研究发现它们并不起作用,那科学家和制造商都不会从中受益——因此,他们会倾向于重复进行研究,直到可以获得一个更为积极的结果为止。然后,再将这一结果大肆宣扬。结果便是,数以万计的金钱都被人们花在了实际并不起作用的治疗药物上——而且,它们实际上可能还是有害的!

所谓的**自我中心式的偏见**(egocentric biases)——例如,由于人们对自己的工作或重要性有夸大成分而导致的一些歪曲性观点——自然会导致其他类型的各种偏见,如:

✓ **诉诸权威论证**:这种论证是指,有人认为他一定是对的,因为他在某些方面很自信,认为他比他的对手了解得更多。

✓ **诉诸人身攻击(即针对"个人")论证**:在这种论证中,人们会立即驳斥掉他人的观点,可能是以一种居高临下甚至是侮辱的方式来无视他人观点。这种偏见,可能会导致人们在回忆或择取事实时犯错误。例如,家里谁来洗碗?"总是我在洗!"

论证式自我控制与批判性思维

像这样的一些问题意味着,批判性思考者也需要学习一门有时被人称为**论证式自我控制**的课程。它涉及一种心理学式的理解——知道什么会遭人们的斥责,而且它会让你对论证结构有一定逻辑上的理解。

以下将是一个很好的学习起点。弗兰斯·凡·艾莫瑞(Frans van Eemeren)和罗博·古瑞腾道斯特(Rob Grootendorst)这两位荷兰教授为大家准备了一些重要的技巧,他们称之为"合理讨论的行为准则"。这些准则出现在他们的一本书中,书名听起来就令人欣喜,叫作《语用–辩证法的进展》(*Advances in Pragma–Dialectics*,2002)。在书中,两位教授提出了"十诫"(ten commandments)来指导人们进行辩论。以下是我对他们"最好的"四个想法的概述(其他的想法有相当的技术性,而且有些甚至也重复了一些相同的宽泛要点)。因此,为了解释明白你的论证式自我控制的方法,要是你愿意的话,你也可以说,你正在使用马丁·科恩的"四诫"法,尽管我也得承认,它听起来好像不会产生什么出色的反响。

- ✓ 规则1：**不要阻止你的对手提出一个新立场或是阻止他们挑战你的立场。**两位作者将此条规则称为"自由"之诫，它也是很多其他告诫的根基。
- ✓ 规则2：**在被要求时，辩论双方都必须捍卫他们的立场并对其进行辩护。**
- ✓ 规则3：**不要攻击没人提出来的立场。**不管它是多么有趣，也无论它会让你看起来有多么聪明！
- ✓ 规则4：**除了论证之外，不要使用其他任何东西来提出并推进你的立场。**例如，不要诉诸人们的情绪情感，更不能诉诸他们的偏见或恐惧。

当然，用来辅佐论证的各种规则都很好，很少有人会不同意这些一般性原则。但是在现实世界中，辩论并不是那么容易就能理清的。毕竟，辩论之所以经常发生，正是因为，人们会犯一些真正的错误，或是被一些错误的信息——比如，人们在广播中听到的内容，或者是在报纸上看到、在维基百科上读到的东西——所误导。此外，再加上一些因带有强烈情感色彩而造成的扭曲印象，即使你有一套规则手册在手，它也不足以帮助你构建许多论证。

最重要的是，即使你有意识地努力遵守辩论中的各种规则，也不足以避免犯一些"真正的错误"。

"船长,这只是逻辑上前后一致":实践型智慧的美德

"能识别显著的事实""在收集和评估证据时兼容并蓄""在评估他人论证时保持公正"等能力,看起来都非常有用,似乎也有助于我们避免生活中的一些错误。但有趣的是,这种良好本能的清单,看起来很像是亚里士多德古老的"智性美德"(intellectual virtues),它们写于2000多年以前(关于其背景,详见下文"与亚里士多德一起躬身实践")。

这部分的重要内容是亚里士多德的**实践型智慧**,他说这是"一种美德,而非一门专业技能"。实践型智慧所处理的对象是变化和多样性。因此,形成所需要的观点,也是人的灵魂的一部分。亚里士多德的一大观点为,论证者的个性特质与精神气质①(古希腊语中"ethos"一词)至关重要。同样,法国哲学家蒙田(Montaigne)也说过,论证式的美德是如此明智,以至于人们一旦学会,它们就会变成人的某种"第二天性"(second nature)。

与亚里士多德一起躬身实践

亚里士多德的提醒出现在他的《尼各马可伦理学》(*Nicomachean Ethics*)中的一节,他在其中将"灵魂"分为了两个部

---

① 性格与精神气质,为古希腊语中的"ethos"一词,它也意指精神风貌、社会风气和道德观等,详见本书第14章中的相关论述部分。

分：一部分是非理性的，另一部分是理性的，后一部分掌握了某种规则或原则。

亚里士多德再次细分了理性这一部分的范畴：现在，在灵魂的理性部分中，一部分研究探索科学和数学等领域的永恒真理，另一部分被亚里士多德称为"计算部分"（calculative part），它主要处理的是人类生活中的实际事务。

另一个对参与论证的人有用的美德习惯是，人们考量潜在的反对意见和不同观点的能力。这样做能抵消人类的一种双重倾向：一是忽视与他们现有的信仰和观点相矛盾的东西；二是舒适地依赖于那些能强化其偏见的消息来源。

英国哲学家约翰·斯图亚特·穆勒（John Stuart Mill）在《论自由》（*On Liberty*，1859年）中曾明确指出了这一点。他说，所有思想家的职责是扮演魔鬼的代理人：也就是说，思想家要将他们自己置换到"那些与其想法不同的人的心理立场"之中。如果思想家不这样置换立场，那么，即使他们是受过良好教育的论证专家或者他们的结论是正确的，他们也不会知道为什么他们的结论是正确的，因为，他们并没有充分、深入、平等且公道地考虑所有这些论点。

拉尔夫·亨利·约翰逊（Ralph Henry Johnson）和J.安东尼·布莱尔（J. Anthony Blair）合著过一本书，叫作《合乎逻辑的自辩》（*Logical Self-Defense*，2006）。在书中，他们认为这个问题的出现是由于"推理行为很少是在缺乏情感维度的情况下进行的",也即个人的兴趣和亲身参与往往会扭曲、更改人们处理信息和进行论证的方式。此外,情感的投入也会使人们很难从他人的角度来看待问题。

4.3 探索不同类型的智力:情商和创造性智力

本节重点着眼于两种重要但又容易被忽视的智力:情商(emotional intelligence)和创造性智力(creative intelligence)。你听说过IBM开发出的那款强大计算机吧?它以智取胜,打败了世界顶级的国际象棋大师。如今,那款计算机也在努力开发这两种智力。所以,赶紧的,请从这里继续看下去。

思考他人是如何进行思考的:情商

丹尼尔·戈尔曼①(Daniel Goleman)于1995年出版了《情商:为什么情商比智商更重要》(*Emotional Intelligence: Why It Can Matter More Than IQ*)一书,随后,书中的情商一词便传播和流行开来。根据戈尔曼的定义,情商是指具有自我意识与自我

---

① 丹尼尔·戈尔曼(1946—   ),美国心理学家、著名作家,哈佛大学心理学博士,曾任教于哈佛大学,专门研究行为与脑科学,曾四次获得美国心理协会(APA)最高荣誉奖项,20世纪80年代获得心理学终生成就奖,还曾两次获得普利策奖提名,因代表作《情商》一书而被世人誉为"情商之父"。

管理能力、动机和同理心的综合性能力。简而言之,优秀的领导者具有一定的社交技能。戈尔曼将情商与传统的智力进行了对比,例如,在理解复杂评论的能力——心理学家称其为阈值技能(threshold skills):一些你得拥有的必杀技,但是,决定你成功与否的却是随后出现的东西。

一些提升情商的技能

戈尔曼认为,情绪在思考、决策和取得个人成功方面的作用,要比通常人们所公认的大得多。

戈尔曼将情商技能概括总结为自我意识、利他主义、个人动机、同理心以及爱与被爱的能力。他认为,这些情商技能是取得人生成功的关键。其他一些心理学家(参见第2章中丹尼尔·卡尼曼的一些观点)希望人们忽略他们自己的直觉,变得更加理性一些,而戈尔曼则希望人们调整心态并去相信他们自己的直觉。请参看下文"志在成功的高情商思考",以便了解戈尔曼有关此观点的更多详情。

志在成功的高情商思考

丹尼尔·戈尔曼在他的研究中发现,尽管历来与领导力相关的一些品质,如智力、毅力、远见,都是成功之秘诀的一部分,但仅靠这些品质本身来取得成功还是远远不够的。他认为,成功人士都拥有一种有别于学校教育通常所强调的不同类型的智力：情商。

此外，戈尔曼还相信，这些情商技能是可以培养的；它们并非在人出生时就固定不变。五百万，是的，你没听错，有五百万人都买了戈尔曼的书，所以，这显然是一项回馈颇丰的可盈利性产业。（批判性读者应当注意到，戈尔曼并不是这种只图盈利的学者——他是负有盛名的报纸《纽约时报》的科学版记者。）

在家庭、朋友圈或职场中，情商（有人称其为EQ，emotional quotient的简称，与IQ或智商形成对比）意味着能够去倾听、预测和理解他人，并且知道何时该说些什么话，也即在正确的时刻说出合宜之言。

以下是提高你的情商的四个技巧：

- ✓ **发现情绪**：注意到他人的情绪。试着去注意并解读周围人的非语言类示意信号，例如，肢体语言和面部表情等。
- ✓ **用情绪来推理**：学会用情绪来指导你的思考，例如，用你的情绪来帮助你确定事物的优先级顺序。一个常见的错误是，人们对紧急的琐碎之事给予过高的优先级，却会忽略那些没有明确截止日期的重要事情。请运用你的情商，这样便可以抵消这一倾向。
- ✓ **了解情绪情感**：情绪可以掩盖多种多样的原因。例如，如果有人正在生气，那有可能是因为你刚刚做过或正在做的某件事情（这也可能会引发你的某种防御性反应）。但是，某人的生气也可能只是因为，他们刚刚收到了一些坏消息（例如，在上班路上收到了交警的超速罚单），或者他们只是感到太累了。[在陀思妥耶夫斯基的名著《罪与罚》（*Crime and Punishment*）中，侦探波尔菲里·彼得罗维奇在调查罗季昂·拉斯科尔尼科夫时，就表现出了高超的情商和同理心。]

- ✓ **管理好你的情绪**：能做到这一点是情商的最后一个关键方面。例如，一名运动员可能会想要在结束比赛的最后一刻，表演一个庆祝类的动作——这可能会导致他们注意力不集中，并因此而失掉整场比赛。这个案例也曾真实发生过，在2006年冬季奥运会上，单板滑雪运动员琳赛·雅各贝利斯（Lindsey Jacobellis）就犯了这样一个错误，在还没能真正赢得金牌之前，她就试图先行庆祝，结果不慎摔倒，脸埋在了雪里。

是情商而不是智商更为重要

与通过高度标准化的测试（例如，斯坦福−比奈测试）衡量出的智商不同，情商不适用于任何单一的数字标准测量法。毕竟，据其定义，情商是一种复杂的、多维度的品质，代表了诸如自我意识、同理心、毅力和社交技能等无形的宝贵能力。然而，某些方面也是可以加以量化的。例如，乐观心态。根据一些心理学家的说法，人们应对挫折的反应——是乐观应对还是悲观应对——是他们在生活中能取得何等成功的一个指标。

情商简史

20世纪30年代——爱德华·桑代克[①]（Edward Thorndike）将**社交智力**（social intelligence）的概念定义为与他人相处的能力。

20世纪40年代——大卫·韦克斯勒[②]（David Wechsler）提出，智力的情感成分，也即处理情绪和感受的能力，可能对生活中的成功至关重要。

1975年——霍华德·加德纳[③]（Howard Gardner）出版了《破碎的心灵》（*The Shattered Mind*），书中强调多重智力的概念，人们以此对自己周围的环境进行不同方式的解读和互动。智力历来被认为是人们通过语言和逻辑–数理分析等对事物进行的交互性把握，但感知事物也存在许多种其他的方式，例如，空间表征、音乐思维、与形状和触觉有关的动觉智力（kinaesthetic intelligence）以及各种类型的情商表现等。

1995年——丹尼尔·戈尔曼的著作《情商：为什么情商比智商更重要》出版后，情商这一概念遂得到广泛普及。

[①] 爱德华·桑代克（1874—1949），美国心理学家，也是动物心理学的开创者，心理学联结主义的建立者和教育心理学体系的创始人。桑代克执教于哥伦比亚大学教育学院，是心理学行为主义的代表人物之一，被誉为教育心理学的奠基人，曾总结出三条学习定律：准备律、效果律和练习律。
[②] 大卫·韦克斯勒（1896—1981），美国医学心理学家，韦氏智力测验的编制者。
[③] 霍华德·加德纳（1943—　），美国发展心理学家，最为人所知的成就是他在1983年提出的"多元智能理论"，故被誉为"多元智能理论之父"，执教于美国哈佛大学。

好消息是，情商涉及的是你可以自行学习的一些技能，例如，实现目标的雄心和对情绪的自我控制，这两者都得建立在自我管理等潜在的情商技能之上。这种自我管理的能力——拥有自我意识并能进行自我调节——也是管理他人的关键因素。对于员工们来说，领导者或经理人带给他们的感受，会在很大程度上影响他们的工作积极性。对于消费者和客户而言，某一机构中的人员与他们互动时带给他们的感受，通常也会决定他们对这整个机构的感受。

提高自我意识的一种方法是，让你熟悉或信任的人对你的情感特点和能力进行一次评估。例如，互联网上就有一些不错（而且能快速做完）的测试，它们会测试诸如"你是否经常通过指出他人的错误和缺点来帮助他们？"这类问题。试着跳到以下这个网页来自测答题吧：www.proprofs.com/quiz-school/story.php?title=how-selfaware-are-you。我得承认，我自己的测试做得非常糟糕！

了解模糊思维和创造性智力

合乎逻辑对解决某些类型的问题而言有其好处，而情绪上的协调则对更多问题也很管用。但是在很多情况下，需要有一些更难以界定的东西：创造性智力。

在这些情况下，很多可能的解决问题的方式也可以被应用到。从某种意义上来说，任何事情都会发生，而且解决方式是越多越好。这不仅仅是指在广告会议上寻找新的营销策略，或是指设计咨询公司集思广益为当地超市停车场的停车难问题提出了某种新想法，而且它也指精明冷静的经济学家试图找出重新启动国家经济的方案，甚至也会指医生很想知道为什么最近有这么多人似乎都感冒了！

然而，在许多情况下，人们仍然希望，他们最终得出的结论能被他人广泛接受和认可，而不仅仅是得出属于他们自己的独特观点或意见。在这种情况下，创造性思考者就必须准备好冒着输掉论证的风险，并敢于承认他们自己走进了死胡同。

创造性智力是非结构化且不可预测的，如果你更习惯于使用分析和逻辑方法，这可能会很困难。在创造性思维这里，能够应对风险、困惑和混乱，以及感到自己没有快速进步，也是很重要的。例如，科学和创新方面的许多重要突破都源自人们的梦想乃至白日梦，而创新者本身，也并没有那么努力地去寻找答案。然而，创造性智力的回报却是相当丰厚的——这不仅仅体现在文学艺术成就上，在其他方面也是如此！

培养你的创造性智力：首先，记下你的任何灵感——不管是好的还是坏的（你可以稍后将不好的那些清除掉）。请记住，好点子也是稍不注意就很容易溜走的（具体详见本书第7章中的内容）。

练习答案

批判性思维能力测试反馈

一：脑筋急转弯

这个脑筋急转弯的重点在于,重要的信息出现在关于所有朝南的窗户的那句沉闷线索中。所以,房子一定是在北极,毛茸茸的动物因而肯定是白色的——北极熊。这题很容易忽视那句沉闷的线索,但忽视这一线索,明显是不明智的。

二：文字图片题

(a) split second decision（分歧裁定①）

(b) one after another（摩肩接踵）

(c) up in arms（强烈抗议）

(d) downward spiral（每况愈下/螺旋式下降）

三：找出论证谬误！

滑坡谬误指的是这样的论证,人们会利用两事物之间通常很难划清界限这一事实去进行论证,但尽管如此,还是会有一个普遍被接受的差异需要遵守。

乞求论题或循环论证,指从一开始就假设后面应该被证明的论点为真。

---

① 尤其指在拳击比赛中使用的裁定方法。

稻草人谬误会给出一些荒谬的例子,只是为了后来易于将它们击倒。

不合逻辑的推论,指那些在实际任何意义上都不合逻辑的主张。

人身攻击谬误,指攻击提出主张的人,而不是理性对待他们所提出的主张。

你可以合理地说明,这个论点包含许多谬误,但我得声称,"稻草人"谬误是这里最需要引起注意的。因为,没有素食主义者会争论这一点,所以,他们所提出的主张其实是稻草人谬误。

四:找出另一个谬误!

这里的谬误是"乞求论题",它是一个循环论证。其中的道理是,那些你用来支持自己论点的解释,其实有赖于它本应该去证明的前提假设。

五:类型选择

这题我会直接选(d)选项——珍妮和她的新车——但是,老实说,你也可以证明,这里的大多数选项都带有高度的"非理性"因素。这些问题在批判性思维测试中都很受欢迎,但它们又确实相当主观。

六:又一道类型选择

好吧,我想你可以猜到,(a)是符合"政治正确"的答案,尤其是在商界。毕竟,她也许不了解市场营销,但大概也知道自己的设计有什么优势。但是,在现实世界中,我倾向于对选项(b)中的"直截了当"有好感,而在非常现实的世界中,我则认为,使用第三种策略的人会做得最好,事业也会走得最远!

七：商业技能

正确答案是选项（c）！你感到惊讶吗？但这是大多数提供此类问题的商业技能权威人士给出的观点。在现实世界中，我则认为，选项（a）会让你走得更远，也更为成功。

八：时间管理

我认为正确的答案是给予优先级顺序——我并没有将我的优先级排序放在这里！所以，你可以称这道题为狡诈的恶作剧问题，它因人而异。

九：电视观众的收费公平问题

这是一道非常令人困惑的问题。它看似与"支付能力"有关，但实际上并非如此。从字面意义上来看，此题争论围绕的是，那些使用某项服务最多的人应该支付最多的费用。（如果穷人收看很多电视节目——他们也应该付最多的费用！）选项中唯一包含此项考虑的论证是论证（c）。

论证（c）看似是在说相反的意思："富人应该为他们的房屋支付附加费用，以帮助那些根本没有家的穷人。"

人们很容易误读这个问题，然后直接选择论证（d）——"电视频道应由一般税收来支付费用，这样一来，你越富有，支付的就越多"。我认为这几乎算是另一道狡诈的问题。

十：汽车租赁问题

答案是151英里。我花了很长时间才计算出来。不过，把它变成一个方程式，也是很容易求解的：

50+（里程数-80）×1=60+（里程数）×0.5

（请注意，这里的乘以1仅用于方程演示的目的。）

额外附加问题：老式泡茶之谜

这道题的关键点是，整个饮茶量增加了25%。你也知道，奶奶算是一个人。因此，一个人每五周需要喝掉一包额外的茶，这是一种复杂的说法，简单来说，一包茶可以供一个人持续喝五周，或者可以说，一个人一周会喝掉五分之一包的茶量。

所以，在奶奶没来家里之前，当一包茶能持续喝一周时，茶壶里肯定是有五只勺子，这对应的不是五个人，而是四个人，加上那把额外的勺子是"公用茶壶勺"。因此，答案是四个人，而之前的茶壶里肯定有四勺茶。

我常常在互联网上看到人们讨论类似的题目：他们有时会得出正确的答案——但却是出于某些错误的原因而得出的正确答案。这在测试中可能还行得通，但在现实生活中却完全行不通。曾有一位为他人提供建议的人士自信满满地表示，"茶壶里的公用茶勺"是"完全无关紧要的信息"。但是，这当然不是无关紧要的线索啦！

第二部分

培养你的批判性思维能力

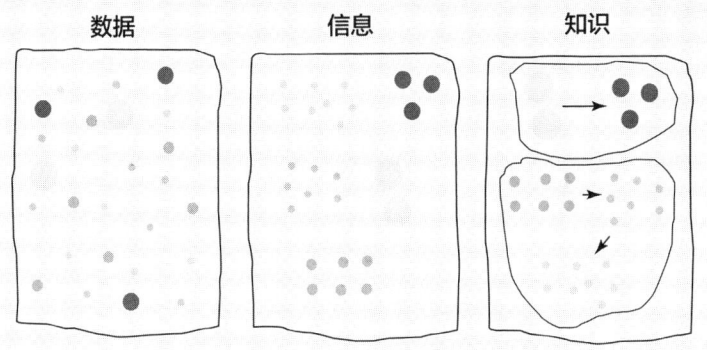

在这一部分内容中，你将：

✓ 进行大量"无拘无束"的思维练习。等你读完我准备的所有关于类比和谜题的内容时，《〈泰晤士报〉填字游戏》看起来就像是小儿科式的东西了。

✓ 实测一下你的"循环思考"技能，这样一来，当你遇到下一个天才时，你足以使他感到困惑不已了。

✓ 深入了解思维导图，以及一系列能帮你更有效思考的实用工具。

✓ 就思维的不同层级和类型而言，你不会再感到大惊小怪了。合成（Synthesising）与音乐有关，对吧？并不是！合成是你想要爬到知识金字塔顶端所需要的一项技能。

第 5 章
批判性思维就像……解谜：类比推理

本章提要：
- 进行令人信服的类比
- 找出不可靠的类比
- 开展思想实验

> 我们习得智慧，可以通过三种方法：第一种是通过内省反思，这是至为高级的一种学习方法；其次是通过模仿，这是最为简单的一种方法；第三种方法是躬身实践，这是最为苦涩艰辛的学习方法。
>
> ——孔子

我使用本章的标题，并不是暗示批判性思维实际上就是解决谜题的另一个术语代名词，我是想指，这两种行为之间确有其相似之处。二者之间的联系在于，解决谜题，就像批判性思维一样，也需要用到洞察力和创造性想象力——这些都是产生那个著名的"尤里卡！"时刻的一些技能工具（参见下文"尤里卡！"部分）。如果批判性思维使用的是一些与解谜类似的隐性技能，那么，它显然是在做正确的事情。

卓越的洞察力是传奇之物，无论在科学、商业还是艺术领域，皆是如此。没有人真正知道获得它们的秘诀——尽管存在大量的书籍，给人们提供有关这方面的各种策略，但其中某些策略似乎确实有相关性，我将在本章介绍其中的一些策略。本章中，我将带领你走进类比的世界尽情领略一番（如本章标题所指的那样），探讨如何进行有效的类比（以及如何识别出错误的类比），还将介绍一些使用类比的技巧，以及能让人们进行批判性思考的一些思想实验。

5.1 探索创造力和想象力

创造性洞察力与想象力有关，它也与人们在两种截然不同的事物之间建立联系的内在能力有关。

让我们以发挥想象力技巧为例。人们并不经常被教导要去发挥想象力；想象力似乎总是人们阅读、写作和算术三项实操性学习技能的可怜表亲。在我上学的那个时代，我们确实也上了一点艺术课，还有阅读课以及写作课。但现如今，由于各政府正专注于让教育显得更加商业友好化，艺术往往沦为了计算机学习的一部分，而写作则全都是与拼写和语法有关。

尤里卡！

"尤里卡！"（Eureka）不是表示某人闻起来有点臭的表达方式（"你真臭——呃！"^①）；这是一个希腊词，意思是"我找到了！"或"我发现了！"某个科学方法。

这个词与古希腊数学家阿基米德（Archimedes）永远联系在了一起，据说有一天他坐在浴盆里洗澡，突然他大声惊呼道："尤里卡！"是因为洗澡水太烫了吗？还是他刚刚找到肥皂了？都不是。而是阿基米德刚好找到了解决棘手的数学难题——也即如何测量不规则形状固体物的体积——的科学方法。哎，哪怕只是陈述出这个问题本身，都让我感到有点头晕目眩了！

阿基米德在泡澡时注意到，当他坐进浴盆里之后，盆中的水位便上升了。这里聪明的一点即在于，阿基米德意识到，要是他从浴盆里走出来，再在浴盆里面放上一个不规则物体，那么水位也会再次上升。换句话来说，他找到了一种简单而又实用的方法来测量物体的体积。这确实是一项重大发现！

新的想法一般并非来自常规方法——尽管这些方法在解决方案和策略已知的某些领域中，依旧可以发挥强大的作用。

---

① 此处英文原文为"You reek"（你闻起来真臭），和前面提到的"Eureka"同音，故作者有此"发臭"的谐音联想。

在本节中，你将了解为什么类比会是思维的一种基本要素，以及为什么它们通常是创造性洞察力的核心。要解释这一点，就会涉及语言的工作原理——换句话说，我将尝试使用有待解释的一些东西来解释它！但请予我一点耐心来说明此点，周围总会有一群聪明的人在说，这项技能是获取创意点子的黄金法则。

分门别类是人类最基本的一种能力——它是语言的基础，也是人们如何将世界划分为各个不同领域并去理解它的方式。但是，人们又是怎么学会把桌子和椅子区分开来，即使它们通常都有四条腿并且都是木头做的呢？或者更准确地来说，人们是如何决定哪些相似之处才是重要的呢？

像我现在正在介绍的标准化智力测试，经常被用来衡量人们的分类能力，但这样的测试其实只衡量了该技能的一个非常狭隘的部分——逻辑能力部分。研究人员发现，在现实生活中，分类要比这种测试复杂得多，它会涉及多种判断和假设，其中大部分都是人们根本没有意识到的。

请想一想下列每一行的所有选项都属于哪个范畴类别：

- ✓ 木星、土星、火星、冥王星、金星
- ✓ 三点钟、明天、石器时代、星期三、1964年
- ✓ 腮腺炎、扁桃体炎、阿斯伯格综合症、急性鼻咽炎、髋部骨折

✓ 最低限度、行为、信条、上帝的狗、太热而不能叫喊①

好吧，这题相当容易。但是现在，请尝试找出每一行中的异类选项！你也可以在稍后的章节中找到答案，它们位于被我恰当地命名为"第5章'分门别类'练习答案"的部分。

了解类比对创造力的重要性

在研究人类思维方式，或者说研究人们如何进行思考的时候，一些研究人员将发现类比的能力置于人类思考的中心位置，他们还将其视为历史上所有最伟大的洞察力和发明的关键所在。

做过批判性思维能力测试的人，肯定都遇到过下面这道题：

狗之于兔子，就像猫之于（_____）一样。

这里的答案是"老鼠"。为什么呢？是因为老鼠和兔子都是毛茸茸的，而且又都很可爱吗？显然都不是。这是因为，狗和兔子之间隐含着一层"重要"的联系——前者追逐后者。而猫和老鼠也是如此。这同样也是解答诸如"2、3、5、8……后面是何数字？"这类"求缺失数字"问题所依循的基本原则。

现在，批判性思维能力测试认识到了这种直觉思维的重要

---

① 此行选项的类别特征与其文字形式有关，原文分别是：minim, deed, tenet, God's dog, too hot to hoot。

性，即能够从大量可选的答案中挑选出最相关切近的一些想法。这项技能是双重的，首先是能够考虑到各种可能（这是一种有关想象力的技能），其次是加以分析和选择的能力。这种技能也即"图书管理员式"的技能——指对事物进行分门别类的一种能力。

观察你使用的语言

人类与自然界其他事物的最大区别在于，人类拥有这种令人难以置信的工具——语言。它不仅使人类能够彼此交流，而且还能帮他们在脑海中创造和操纵有关认识这个世界的各类模型结构。每当批判性思考者试图解决某个问题时，他/她都会这样去做。而构成这些概念模型的构建砖块，就是文字。因此，若要了解并希望改善你的思维方式，那么回到上一章并思考语言是如何运作的确实将会很有用。与流行的观点相反（它们被诸如字典工具之类的东西所强化），单词的定义实际上是相当模糊不明的——与其说词义是固定不变的，倒不如说它是模糊的。

普通的词语，可不止有两三个含义，而是有**无限多**个含义。那么，人们为什么还要使用词典呢？好吧，这里的问题出在哲学家身上。自柏拉图以来，哲学家们一直坚称，每一个词语——无论是关于**美**与**真理**等宏大事物，还是关于**椅子**甚至是**茶壶**之类的平凡细物——都有一个非常精确的对应"理式"内涵，只要人类找得到它。

想一想下面的问题，可能会对你有所助益。比如，所有沙发的共同点是什么？是都有四条腿吗？还是有花式坐垫？这种能够将事物正确归类的直觉式能力，会要求你去除事物的非本质性特质，以便找到其潜在的核心特质。当然，即使没有华丽的坐垫，符合条件的某件家具也可以被定义为沙发。那么，将某物当成"沙发"最重要的因素是什么？我无法回答出这个问题，而在大约2000年前，柏拉图也试图解决这个问题，但效果并不那么尽如人意。现实中的情况是，词语的使用，并不那么整齐利落——它们会被人们松散且带有寓意性地加以使用。

人们可以——而且确实如此——以不止一种方式来使用一些日常概念，如<u>椅子、茶壶</u>甚至<u>蓝色</u>，而且人们在使用明显定义严格的事物，如三角形或数字3时，也是如此。

一词两义

大多数单词在一个句子中只有一种含义，但并不是全部单词都是如此。有些词语就有两种含义！一些词可以用来修饰或引领句子中的其他词语成分，这正说明了，隐喻和类比是语言的"固有"属性。

对于拼字游戏爱好者来说，"zeugma"（轭式修饰法）是一个好词。举一个使用轭式修饰法的句子为例，比如，查尔斯·狄更斯评论波洛小姐时会用的那种句子："she went straight home, in a flood of tears and a sedan-chair"（"她径直回了家，一边坐在轿车里,一边以泪洗面"),这个句子中的"in"一词就承担了两种用途。当像"in"这样的词会有不同层次的含义时,你就会知道,你必须非常非常仔细地去理解任何句子了。

轭式修饰法类似于首语句重复法(*anaphora*),后者是另一个古老的(中世纪)术语,它指的是单词可以"回指"前面所使用的含义。这两种修辞最初都来自古希腊,在古希腊语中,轭式修饰法的字面意思,指的是一种连接或一种桥梁,而首语句重复法是指一种可以用来装东西——比如水或酒——的陶罐子。例如,"of these"("这些中的")这个词语构成,就是一个首语句重复法。中世纪学者会重新使用这些术语,来谈论我们是如何使用词语的,这一事实也表明,语言哲学的历史是多么悠久。

甚至哲学家们的老祖宗(grand daddy,同样,这个词也并不是指字面意义上的"爷爷")柏拉图,也使用过许多类比,尽管有时,柏拉图自己似乎也对他使用这么多类比感到有点内疚。(了解更多示例,请参阅下文"哲学家论类比"部分。)另一方面,英国和美国的许多哲学家历来认为,他们的工作是为了消除语言上的歧义,并去除不精确且"模糊"的思维。反正,教授们都倾向于这样来看待他们的工作。

约翰·洛克(John Locke)和托马斯·霍布斯(Thomas Hobbes)是17世纪英国的两位伟大哲学家,他们都以那种清晰、合乎逻辑的思维而自豪,这种思维也是批判性思考者所臻于达到的最佳状态。他们直接将世界上的许多弊病归咎于不精确的语言。霍布斯不满地写道:"隐喻,以及毫无意义和模棱两可的词,就像夜晚的磷火(Ignes fatui,这个词的字面意思是指,夜晚在沼泽地上盘旋着的闪闪磷光,所以,你看,霍布斯自己也使用了一个类比!)一般;而对这些词的推理,便是在无数的荒谬中逡巡徘徊。"对于霍布斯来说,推理的流程,"心理话语"都是正确的,但是当人们尝试交流他们的想法时,即将自己的想法"翻译转换"成文字时,问题就会随之出现。其实,概念上的不精确也可以孕育巨大的创造性飞跃,但在霍布斯这里,显然这一点没有被他认识到。

正如道格拉斯·霍夫斯塔德(Douglas Hofstadter)和伊曼努尔·桑德斯(Emmanuel Sanders)在一本名为《表象与本质》(*Surfaces and Essences*)的书中所说,数学和物理的发展史是由一系列"滚雪球般的类比"组成的。这里的滚雪球是一个隐喻,旨在表明类比的使用在稳步增加,因为旧的类比习惯于形成新的和更宏大的类比。

看看文字是如何耍花招的

即使你试着非常简单地表达自己的观点,你也经常能发现,词语会造成理解上的混淆和误导。有时候,你所说的一个词,可能并不是别人听同一个词时所理解的那种意思。这里就以"幸福/快乐"为例。幸福是一个非常重要的概念,以至于它经常被人们视为一项人权:如,"生命权、自由权和追求幸福的权利"。但是,并非所有形式的幸福,都同样可以被人接受。比如,你不能仅仅因为吸毒或捣毁公共汽车站能让你感到快乐就声称这是一项"基本权利"。事实上,当人们谈论追求幸福的权利时,他们表达的是更为复杂的一些东西,更多地与"人类的自我实现"有关。关键之处在于,即使是诸如"幸福/快乐"这样普通得不能再普通的词语,你可能也认为自己已经对它了如指掌了,但它的歧义也足以引发一些问题。对于批判性思考者而言,关键是要考虑词语在使用中的**上下文语境**。比如,是谁在使用这个词语,是与谁交谈时使用的该词?使用该词的社交语境和科学背景是什么?

关于古代哲学在多大程度上是其字面意义所指,还存在着巨大的争论——古希腊哲学家泰勒斯(Thales)**真的就**认为,地球是像一个沙滩球一样漂浮在满是水的宇宙中吗?还是他其实可能是在更为微妙的意义上隐喻地说,地球是看不见的能量海洋的一部分呢?又或者,他是否是在隐喻性地使用水这一意象,来比喻流动和变化不居的万事万物呢?因此,你对类比的看法,可以彻底改变你阅读各类文本的方式。人们通常从字面意义上来理解泰勒斯的话,然后还嗤笑他的想法是如此简单粗浅。(你可以在下文"哲学家论类比"中了解到更多的相关内容。)

当然,数学和物理学的发展史是由一系列更宏大的类比组成的,能记住这一点可以帮助你更好地理解这一发展史。艾萨克·牛顿(Isaac Newton)就写出了他所谓的"自然的类比"来作为一个例证,以证明音阶和光谱的颜色之间可能存在着某种联系。伟大的法国数学家亨利·庞加莱(Henri Poincaré)也是一位敏锐的思想实验者,他也经常使用类比,并据此帮助自己走上了数学探索与发现之路。

哲学家论类比

柏拉图使用过许多类比,但他又警告他的读者,"相似性是一类最狡猾的事物"。另一方面,另一位伟大的思想家伊曼努尔·康德(Immanuel Kant),则强烈支持人们使用类比这种技巧,康德还将类比描述为创造力的源泉。在19世纪,弗里德里希·尼采(Friedrich Nietzsche)通过将真理描述为"一支由隐喻组成的机动大军",从而亲自做了一些"打破偶像"的事情。偶像(Icons)是表征着其他事物的事物,可以是雕像或小画像,而打破它们的人,便是指反对偶像崇拜者(iconoclastic)。互联网时代为"偶像"这个词赋予了新的生命,每个人都不断地塑造着自己的偶像。

欧陆(意指欧洲大陆)哲学家历来更热衷于使用类比和隐喻,这也很合适,因为在哲学圈子中,欧陆人都是讲究神秘和追求敏锐微妙的。相比之下,许多英国哲学家和美国哲学家历来认为,他们的工作就是消除语言上的歧义性,并消除不精确的"模糊"思维。

但在科学和数学领域，爱因斯坦无可争议地戴上了伟大的隐喻思想家的桂冠。有关这方面的更多细节，比如，爱因斯坦是如何在发现两个原本完全不同的事物之间具有一个关键相似之处后想出其著名的公式 $E=mc^2$ 的，请查阅下文"爱因斯坦的洞察之路"。

爱因斯坦早期使用过的一个类比是，他自己是一个在码头上奔跑的小男孩，而光是一连串从海中翻涌而来的波浪。在这种情况下，这一类比显然强化了他将光视为一种"波"的观点，而他后来也很艰难地才摆脱这种观点。同样，爱因斯坦——和其他所有人一样——都反对对光持有一种常识性的通俗观点，他的理论则认为，光是在衡量着什么东西。然而，光怎么能"衡量"（weigh）一些东西呢？毕竟，很难有什么东西会比"光"（light）[①]更轻了。

正如你所见，一般的词义联想，特别是在类比中，既可以轻松地帮助人们获得新洞见，也会很容易引起误导。幸运的是，爱因斯坦是如此热爱概念上的相似性和隐藏的类比，哪怕他曾经也作过一个有误导的狡猾比较，但这未能阻断他的创新性科学进程。

一些想象性的例子旨在说明，不是要让想象力接管并开始依此来指导一切，而是要记住，它们只是一些想象出来的例子。

---

① "light"作名词是"光"，作形容词时有"轻"之意，另外，"衡量"（weigh）这一动词的名词形式"weight"也有"重"、"重量"之意。作者此处都是有意一词两用，本章及本书中还有很多类似用法。

爱因斯坦的洞察之路

爱因斯坦写了一本书,书中描述了他的思想实验是如何帮自己得出光是由粒子而不是由波段组成的观点,另外,他还描述了思想实验是如何帮他洞察出时间和空间不是两个相对独立的事物,而是互相纠缠在一起的同一个事物,即"空间–时间"(*Space–Time*)。他提出的著名方程式是"$E=mc^2$",也即能量=质量×光速的平方,这一方程式本身,也类似于力学中一个重要的——如果不能说它是平凡普通的方程式的话——关系概念,也即,**动能 = 质量 × 速度的平方**(尽管所有方程式也都要一分为二)。

同样地,词语也可能会造成语义混淆和误导,正如非传统派的美国人类学家兼保险员本杰明·李·沃夫(Benjamin Lee Whorf)在他对语言运作机制的调查中所指出的那样,下文将进一步阐述。

沃夫举的一个例子是,工厂里的工人在一个装满高度易燃的石油蒸气桶旁边吸烟。工人们忽略了一则警示,上面写着:"危险:这是空石油桶"(DANGER: EMPTY PETROLEUM DRUMS)。但是,因为每个人都会将"空"(empty)与"里面没有任何东西"联系起来,所以,此处的警示便是无效的——这倒是有点像一个上面写着"小心!里面什么都没有"(BEWARE OF NOTHING)的警示一样。在这里,工厂想要表达的信息其实是——"危险！这可是只充满易燃气体的石油桶！"

5.2 混乱的比较和隐喻

当你开始仔细分析时，你很快就会发现，很多人使用比较而不是论证，来表达他们各自的观点。的确，一个好的类比抵得上洋洋洒洒一千言。在批判性思维的术语中，当两件不同的事物之间的相似性能阐明一个特定的问题时，比较就是有效的。例如，论证的前提就好比是建筑物的地基。如果地基打得不牢或是有缺陷，那么论证的大厦就会有随时坍塌的危险。

但是，那些实际上不起作用的比较呢？在本节中，我将讨论**一些错误的类比**（false analogies），即错误地进行事物之间的比较，它会起误导作用，而不是阐明洞见以提供新思路。这可能是因为：

- ✓ 被比较的事物，实际上并不具有通过比较赋予它们的真实属性。
- ✓ 这种比较实际上掩盖了比相似性更相关或更为重要的差异性。
- ✓ 这两个事物之间的相似性不足，无法进行有效的比较。
- ✓ 两个事物之间会有其合理的比较和联系——但此处所作的比较，却明显不属于这类。

✓ 这种比较，虽然未必就是错误的，但它排除了其他重要的可能性。

可以列举的一个很好的类比可能是，太阳热量被不可见气体捕获并保留在地球大气层中，这种物理效应通常会与玻璃板在温室中捕获热量相类比。这一类比是如此普遍，以至于它已经成了一个名词——"温室效应"。这种类比可能是有效的，因为这些气体确实具有与玻璃板相似的实际效果。

然而，治理一个国家和经营一个街角商店之间的比较呢？进行这样的比较，通常是为了证明，政府必须使他们的活动有利可图，而不是像慈善机构那样去行善事，"否则，他们就会破产倒闭"。

这无疑是一种误导性的比较，因为，首先，政府的目标是帮助人民，而街角商店的目标则是盈利。其次，当政府帮助其公民时，例如，通过教育支出和健康医疗支出，它既可以为以后节省资金，也可以通过升级工业和其他产业可利用的技能来创造资金，赚钱盈利。

在实践中发现错误的类比

你在日常生活中会反复遇到一些错误的类比。例如，广告商经常会将他们的产品与完全无关的东西进行比较，旨在希望说服潜在客户去发现这二者之间在某些关键方面存在的相似之处：例如，驾驶汽车就像驾驶战斗机一样，吃某种巧克力就仿佛是躺在天堂里的白色沙滩上一样。在这些不同情况下的类比中，唯一的关联，可能就是他们传导给消费者的那类不可名状的"感觉"。然而，由于几乎没有人能**真正**体会到这类感觉，所以，这类事物之间的比较似乎就有点不正确。

另一个常引发一些可疑类比（如果不是完全错误的类比的话）的问题是，宇宙的存在是否是某种神性计划使然，或者说，这个世界和世界上的每一个人是否只是偶然（遵循自然选择的原则，这些原则确保某些物种组合会幸存下来并繁衍下去，而其他物种组合则会突然消失不见）才出现的。今天的科学家们认为，他们"几乎"可以展示所有的演化步骤来解释这个极其复杂的宇宙是如何形成的，宇宙如果不是从无中产生的话，当然也是从非常简朴的一些东西中形成的。

不管这件事情的真相究竟如何，有一件事则是相当清楚的：关于人们是否需要一个无所不知的存在来创造出这个宇宙，这个观点一直存有争论，目前这个争论已经产生了超出其应有份额的大批量的巧妙比较。神创论者认为，是上帝按照其神性计划创造了这一宇宙，他们还喜欢指出，世界是由许多微小如芥的细微之物组成的，它们都以其精妙和精准协同运作着，就像运行精确的手表一样。如今，从某种意义上来说，手表只是一些金属和玻璃的合成物，但是，想要了解手表的真正含义，以及学会欣赏这个或那个小齿轮或小弹簧的实际功用，人们似乎确实还需要知道，它其实是由钟表匠"设计"出来给人们报时的。

所以，这个类比的主张其实是，要想了解我们周围的世界，我们就不能将它的每一部分仅仅视为"金属和玻璃"这类物质，而要将其看作为了服务于特定目的而被如此设计出来的。于是，有些人立即会开始假设，这个"设计者"就是上帝吧。然而，无需想象存在一个非常熟练的创造者和设计者，也还是有其他方法，能够最终理解像地球这样的复杂机制。事实上，生物老师和地理老师就经常使用这类关于设计的语言（或是指具有特定作用及服务于特定目的的事物）来进行教学，例如，他们解释说蜜蜂是在那里为花朵授粉，或者解释地震是地球由于其构造板块运动而用来"释放压力"的一种方式。所以，我认为，用"钟表匠"这一类比来解释我们周围的世界，其实是有缺陷的，但它也并非完全不可取或无效。这种类比有一定缺陷，尽管它也不一定就是错误的，但它还是排除掉了一些其他重要的可能性。

揭示错误类比

人们经常是为了修辞效果，而不是为了某些更实质性的原因使用类比。换句话来说，类比通常被人们用来说服他人相信某一论点，但使用它并不会产生任何支持性的论据或理由。

例如，生物伦理学中的一些复杂问题，常会因使用错误的类比而被进一步扭曲，比如，那些涉及改变人类胚胎中遗传基因的研究，就被人们严厉谴责为是在创造"怪物弗兰肯斯坦"。

我们试着回想一下，在玛丽·雪莱的小说《弗兰肯斯坦》中，最初的那个怪物就是弗兰肯斯坦博士的造物，他将死刑犯的各种零散尸体部件缝合在一起，并通过从闪电中获取的巨大电流来电击死尸，最终使其复活。所以，上述类比中所声称的那类相似性，实际上是在于，使用科学和技术可以给生物有机体带来生命，否则这些生物体将不会存活，而人们也不会知道其复活后的那些"未知后果"。在某种程度上而言，这么说是正确的，但弗兰肯斯坦还会给人们带来各种各样的负面联想。

或者，请考虑我们在上一节所谈论的钟表匠那类类比中的另一类"古老信徒"。"垃圾场中的飓风"式的那类比较，旨在让人们相信，宇宙真是太过复杂了，不可能是偶然出现的。以这种最简单的比较形式，它说明了人类不可能是通过随机的自然选择过程而产生的，就像飓风在垃圾场中呼啸时也不可能意外地用废金属组装起一架喷气式客机！

猛烈的风暴根本无法制造出高度复杂的机器，这种说法无疑是具有说服力的。然而，在这个类比中，人们用不了多久就可以看出，两者之间不具有可比性。生命具有复杂性的科学解释并不是说，它全部出现在一次疯狂的"掷骰子"游戏中，而是说，它是发生在无数次（数十亿次甚至不计其数次的）掷骰子之后，在这些所产生的结果中，一些结果比其他一些出现的概率更大。

毫不气馁且孜孜以求的科学家很快就又指出，自然选择的理论包括一个主导原则——如果不能说有一个主导意识（a

guiding consciousness）的话，它为复杂性从混沌中的诞生提供了一种方法，不管混沌指的是什么，它绝非是随机的。

例如，兔子在过去长着瘦弱的后腿而且跑起来也非常慢的话，那么，那种随机调整——导致它们进化出更强壮的腿，并让一些兔子跑得更快——似乎很可能会在兔群中传播开来，因为，只有跑得足够快的兔子，才会有更多的兔崽子，而跑得慢的兔子，则会变成狡猾狐狸的盘中餐。在兔子的进化中，这里的主导原则便是——**快者生存**（survival of the fastest）。

类比本是件好事，但如果你的对手知道如何讥讽和拆穿它们，请务必当心。

识别出类比中的联系通常是判断一个论证优劣的关键。以下面的例子为例。

> 政府应该像一个家庭中的父母一样行事。父母需要手握最终的发言权，因为他们更有智慧，而他们的孩子不知道什么对他们自己最好。

说公民与政府之间的关系就像孩子和父母之间的关系，这种观点也值得从许多辩论中抽离出来，并加以更加仔细地研究。这一类比中的假定联系是，父母对孩子具有权威性，以便保护他们免受伤害。同样，出于类似原因，国家也需要对其公民具有一定的权威性。

然而，这种比较在许多方面都是具有误导性的。首先，政府官员可能并不比公民和群众更有智慧，而父母的确要比孩子更加智慧——由于父母的年龄阅历,以及他们拥有(至少)比年幼的孩子更多的相关知识经验。但青少年最终不可避免地会发现,他们父母的智慧其实也有点儿不足!其次,判断这种类比不合适的另一个方式是,无论决定了什么,父母通常必须去"施行",当然,也要去承担这种决定的后果——而政府,即使在对其公民施加灾难性的政策之后,它自身也可以很好地运转,而不必承担不良后果。最后,还有一点不同是,大多数父母,不管他们的观点是否真的有益,都爱护和关心他们自己的孩子,但是,西方的立法者和政府官员们,唉,可并不总是把老百姓的利益放在心头上呀。

5.3 成为一名思想实验者

好了,理论部分已经讲得足够多了。现在,让我们来做一些练习。"思想实验"有个宏大主张,即它们是认识世界的有效方式,仅通过单纯思考和"不涉实际的哲学思辨"便能获取知识。毫无疑问,不管它们叫不叫思想实验,此种方法不光在理论哲学和实践科学方面,在数个世纪以来的一切思想领域中,也都发挥着重要作用。

在本节中,你将有机会在实践中了解一些著名的思想实验。

思想实验这一术语没有一个精确统一的定义,但它涵盖了一系列技术方法,从一些虚构的"假设"场景、寓言、讽寓到精心设计的猜想案例,甚至是模型,不一而足。

发现思想实验

尽管"思想实验"这一术语概念有些模糊(人们对其使用也各不相同),但最初的一些"思想实验者",毫无疑问都是哲学家。让我们来看看他们是如何使用这一方法的,这样便可以了解批判性思考者应该如何同样地对其加以运用。

有种人人都能理解的思想实验,叫作"薛定谔的猫"(Schrödinger's Cat),它以提出这一实验的物理学家之名命名。这个问题其实来自科学领域,它涉及的理论是(目前已为共识),在次原子的世界中,粒子的存在和它们是否被人观察有关联。薛定谔教授认为,这很荒谬,所以,他提出这个"假设性"实验来挑战这个观点。

想象一下,盒子里关着一只猫,里面还有颗放射性原子和一只盖革计数器。如果原子发生衰变,就会释放出一颗粒子,但没人知道衰变是否会发生。现在——恶魔的触手来了——我们假设盖革计数器已经设置好,如果它检测到一颗粒子,那么就说明毒气被释放了,猫就会死掉!(要是原子未发生衰变,也就不会释放粒子,那就不会触发计数器,那么猫就是活的。)

实验的重点在于阐释这一理论的神奇后果,也即在量子(意指非常非常小的)世界中,次原子粒子(subatomic particles)同时既存在又不存在。

薛定谔教授的这一假设性思想实验，似乎把猫也置于了同一境况之中——猫既是活的，又是死的——这很荒谬，而这，就是薛定谔教授的观点。他认为这一假设本身便很荒谬——即次原子粒子同时既存在又不存在，而且还说它们会受到是否被人观察的影响。薛定谔的实验将我们毛茸茸的猫咪朋友的生死，与粒子的状态相关联，这一机制实际上是可能的，即便听上去好像有些不太可能。要是有人说："噢，是啦，次原子粒子可以既存在又不存在——当然是这样啦"，那么薛定谔教授就会去挑战他们，让其对猫咪也做出同样的判断。

这个思想实验真的有效吗？——抑或说它其实只是误导？请查看本章末尾"答案"部分，它列出了一种反对意见。

与实际研究相比，思想实验的最大优势在于，它的开展要容易得多。任何人都可以提出思想实验，它所给出的证据也是自由不拘的。

请试着回答这个社会学中可能会提出的问题：人们是否性本善，却受环境影响而趋向行恶呢？当然，有一个可能的调查方法，就是去浏览大量的监狱服刑人员的记录，查看犯罪分子的生活背景和过往经历是怎样的。但还有另一种方法，就是去想象一些极端案例，然后，仅通过有据可凭的猜想或直觉，想象一下接下来可能会发生些什么。柏拉图虚构的牧羊人找到魔戒的故事，似乎是研究人性的一个好方法——正如人们对一定数量的"真实生活"案件进行编目研究那样，而且这自然要容易得多！

另一方面，正如很多思想实验一样，魔戒几乎是不可能存在于现实社会中的。从不可能的假设中，是否可以得出可靠的结论呢？严格来说，这也是不可能的，因为有效论证的基准是，前提假设必须为真。如果前提假设非真，那论证自然就不可能为真。我不打算尝试去解决这一问题，但就这里所讨论的方法而言，它足以说明在经济学、物理学和数学中，有许多非常实际的问题都已通过思想实验得到了探究，其中也包括一些完全不可能的假设。从一定程度上来说，那似乎也是此种方法的另一大优势呢！

以其最简单的形式而言，思想实验其实是个简单的想象性例子，一个"假设"。你也可能一直在使用这种举例方法，只是你自己没有注意到它而已。当然，老师们在学校经常使用它，通常是为了告诉孩子们不要做某件事。例如，"同学们，要是每个人都在花坛上踩上两脚，大家认为会导致什么后果呢？""如果我也决定不来学校，而是继续和我的朋友们踢足球，那又会怎么样呢？"

另一种强大但简便的思想实验方法则是，可以简单地将论证中的一个元素替换为另外一个元素。例如，假设有人说吃狗肉肯定是不对的，因为狗是人类的好朋友，经常被人当作宠物来饲养。在这种情况下，你可以通过将论证中的动物换成另一种动物（比如说，可以是马），来检验他们的说法是否合理。马也经常被人当作宠物来饲养，但在欧洲大部分地区，马肉仍在被食用，甚至在某些豪华餐厅中，马肉被人当作美味佳肴享用。现在，这个论点并不能证明吃马肉就是"正确的"——但它确实突出了假定原则中的一个弱点。

伽利略著名的抛球实验：实践中的批判性思维

伽利略的抛球实验不仅是最著名的思想实验之一，也是最简单的一个思想实验。

这个经典实验所展示的一个技能，是所有批判性思考者都必须具备的一项技能。它所研究的问题是，较重的物体是否会比较轻的物体下落得更快——你可能会认为，这种问题需要一些实践中的（而不是思想上的）实验。但是伽利略（这位意大利哲学家、数学家和天文学家）仅仅通过"思索"就证明了，我们已经拥有了我们所需要的一切信息——无需抛下铅球、进行实际的实验。

这一思想实验证明了这项技术方法不仅仅被应用在物理学上，在更重要的事情上，它也具有强大的威力！如果你能理解为什么思想实验是"有效"的，那么你就真的会拥有一个"尤里卡"的惊喜时刻，并洞察出有关类比推理的整个概念。

伽利略著名的抛球实验也说明了思想实验的几个关键特征。第一，它们都遵循批判性思维的模式，即提出一系列的假设。第二，它们都没有尝试将初始的假设变为现实——这些假设只是想象的起点。你可能会说，那为什么不从事实开始呢？其关键在于，思想实验的重点是论证和推理——而不是其前提。伽利略的思想实验——用来证明物理学中最重要思想的实验之一——是说明这一点的好例子。没错,这个思想实验的确**证明了**一些东西,而且这些东西也的确是十分有用的。

这个实验(它是虚构的,请一定记住这点!)从伽利略爬上比萨斜塔开始,他倚靠在栏杆上并抛下两个金属球——一个"重"的大球和一个"轻"的小球,然后他开始观察,看哪个球会先掉在地面上。伽利略正在思考的是亚里士多德提出的一条定律,后者说物体移动的速度取决于它自身的重量——而且是相当有规律可循的。如果一定重量的物体在一定时间内从高处下落到一定的位置,亚里士多德说,那么质量只有其一半重的物体将需要两倍的时间下跌到同一个位置上。

但是,伽利略在想不同重量的物体时,想到的不是羽毛和铁锤。相反,他想到的是铅球(哎呀,我并不是想在他背后说他的笑话)。你认为哪个球会先落地呢?根据亚里士多德的观点,重球落地的速度是质量只有重球一半的轻球落地速度的两倍。好吧……可能确实如此。但是现在,思想实验方法的威力就要展现出来了:想象一下,你在两个球之间系了一根绳子。**那么,你认为,接下来会发生什么呢?**

这就是批判性思维过程开始运作的地方。首先,我们假设重物确实比轻物下落得更快。在这种情况下,两个球中,较重的球会如图5-1所示那般落下,而较轻的球则会下落得有点像降落伞那样。因此,两个球一起落下的速度要比重球单独下落的速度更慢。

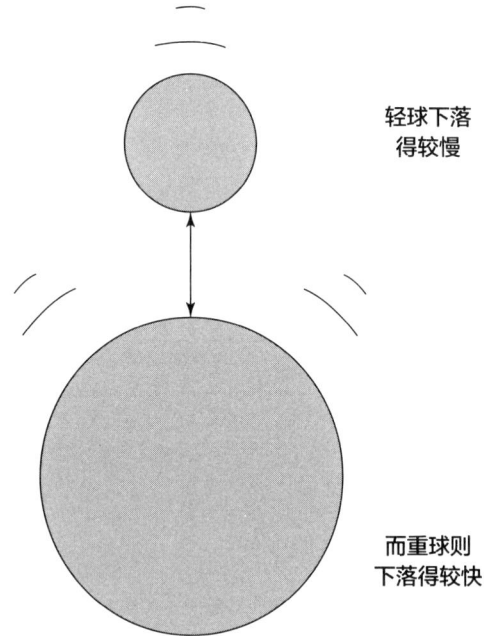

图5-1：聪明之处就在于，伽利略要我们想象在两个铅球之间系了一根绳子

另一方面，当两个不同重量的球被绳子系在一起，将其伸出栏杆并将绳子拉紧的情况下，它们便有效地结合了它们各自的重量，变成了一个更大的重物。想象一下，你拿着轻球，而重球系在轻球下面晃来晃去——现在，随着轻球的下落，它们一起下落的速度肯定要比重球自身更快地被拉向地面！

因此，看起来，将一根绳子系在两个不同重物之间，**肯定**使它们各自下落得都更慢，但同样，这也确定无疑会使它们在一起下落时比各自分开下落时要更快。现在，哲学家们所青睐的矛盾之处就出现了，在这个例子的情况下，只能通过一种方式来避免：即假设重物和轻物以相同的速度下落。

那么，这个实验还有效吗？是的，它有效。物理学家知道建于其上的原理，即所有物体都以相同的加速度下落，无关乎它们的质量和组成成分，就像等效原理（Principle of Equivalence）一样。这直接影响了爱因斯坦的广义相对论，该理论解释了有关地心引力的问题，它认为，当地球绕太阳运行时，它正通过弯曲的空间—时间（space-time）在"下落"。怎么样，你见识到想象的力量了吗？

用哲学将大脑一分为二

很多思想实验迫使你重新去思考——当然，是带着批判性地去思考——那些你最初觉得想当然的假设。即使实验本身可能有点荒谬可笑，但这种情况也时有发生。请记住，那是因为，决定思想实验结果的不是"事实"，而是用来从中得出结论的论据。

下面是了解思想实验如何检验假设的一个好方法，让我们一起来看看这个涉及切割大脑的血腥实验吧。事实上，修补人体的实验经常吸引着思想实验家。一个典型的例子是美国20世纪哲学家德里克·帕菲特（Derek Parfits）所提出的一项实验。他说，请想象一下，外科医生小心地取出某人的大脑，然后将其重新植入另一个人的脑袋之中，这样进行手术之后，原来那个人的记忆和个人心理特征还完好无损，以至于人们在手术后感觉还是"他们"原来的自己（只不过是在一个新的身体内运行而已）。怎么样，这听上去有趣吗？

现在请想象一下（有点棘手），半个大脑就足以做到这一点。这肯定并非是一种不可能的假设。然而，在这种情况下，你很可能会从一个人体中制造出两个全新的人——比方说，制造出两个全新的德里克·帕菲特教授了！

因此，这样一来，就很难说哪个"人"才是"真正的"帕菲特教授了。与伽利略的例子（在前一节中所讨论的）一样，其结果自然是自相矛盾的。一个人可以变成两个人（或者说，随着神经科学和外科手术的日益进步，也许还可能变成三个人或是四个人呢！）的这种想法，对于其他一些人们所坚定持有的信念来说，始终是不可接受的。因此，该实验迫使人们重新——再一次，带着批判性地——去思考他们原先的一些前提假设。

练习答案

分门别类

这些词条的类别基本上是没有什么争议的：

✓ 木星、土星、火星、冥王星、金星，都是**行星**。
✓ 三点钟、明天、石器时代、星期三、1964年，都与**时间**有关。

- ✓ 腮腺炎、扁桃体炎、阿斯伯格综合症、急性鼻咽炎、髋部骨折，都属于**疾病**。
- ✓ 最低限度、行为、信条、上帝的狗、太热而不能叫喊，都是**回文**[①]——即向后读和向前读都是同样的单词或短语。

但是，要决定每一行中哪个是异类词的这种测试，通常人们各自的答案会比参考答案所允许的要主观得多，而且可能有不止一种答案。（事实上，通常在某些分类列表中，你也可以识别出它们不止属于一种类别，例如）：

- ✓ **冥王星**最近被重新归类为"小"行星，因为它只不过是一块围绕太阳不规则运转、比大岩石稍微大一点的小行星。
- ✓ **明天**是唯一一个"相对的"时间。明天可以是一周中的任何一天。
- ✓ **阿斯伯格综合症**并不是一种真正的"疾病"。（抱歉，我刚刚说过它是一种疾病吗？你看，若如此，你就应该挑战我的那个观点！）它被认为是一种心理障碍，以社交困难和沟通困难为特征。但同样有效的区别还可以是，髋部骨折是唯一的**创伤**（生理肌体的损伤）。
- ✓ **上帝的狗**是唯一一个带有撇号的回文。诚然，这听起来似乎很武断，但这并不妨碍它仍然是一个事实。

---

① 此行选项的原文为：minim, deed, tenet, God's dog, too hot to hoot。

薛定谔的猫

一个反对意见可以是，猫也是有意识的！也许猫是不能说人话，但是，它们肯定能分辨出它们自己是否中毒了，所以，这就意味着，如果（在盒子里的）事件链是从原子释放粒子开始的，那么，无论如何，猫都不会处于一种既活着又死了的悬置不明的状态——这一猫咪实验要去模拟的那类难以置信的状态——之中。

第 6 章

循环思考：递归的威力

本章提要：
- 提炼你的思维，让其更加强大
- 连通辩证思维
- 从设计哲学中汲取实用的想法
- 擅于找出论证的重点

  从数据到理论的转变需要创造性想象力。科学假设不是来自观察到的事实，它是为了解释这些事实而被人发明出来的。科学假设包括对……可能导致事件发生的统一性和模式等的猜测。这种"快乐的猜测"需要极大的聪明才智。

——卡尔·亨普尔

（《自然科学的哲学》，普伦提斯-豪尔出版社，1966年，第15页）

  上面所引用的是20世纪美国物理学家卡尔·亨普尔（Carl Hempel）的话，它也指出了一个伟大的科学圈中的事实——即理论不是凭空出现的，而是从一系列事件中诞生的，它首先是从对事物模式的猜测开始的，无论这种模式在事实数据中存不存在。这种猜测会影响数据的筛选，而这种选择进而又会影响科学理论的确切性质。科学实际上处于一种"先有鸡还是先有蛋"的类似情况之中——理论和观察，孰先孰后？也就像鸡和蛋的关系一样，试图回答这个理论和观察的问题，真的没有多大意义，因为它们之间相互依存和影响——处于一个永久的循环之中。

但是，在中小学和大学里，孩子们和大学生们都被鼓励去进行直线型的思考：即事物的发展从头开始，中间一路前行，然后在结束处停止。然而，在广阔的大千世界之中，事情要远比按这种方式发展复杂得多。自然界中遍布循环（cycles）和圈形更替（circles）。所以，丝毫不奇怪，批判性思维会涵盖所有形状和规模的思维，我指的不仅仅是非形式论证中的线性逻辑，它们会按照从前提到结论的步骤——进行，而且我也指各种强大的思维方法，它们根植于生活中的许多不同领域。

在本章中，我首先会介绍一些计算机科学背后的强大技术，以及一些设计哲学中的伟大思想，它们在一系列实践主题中被广泛地加以应用。这两种方法都强调了同一种思想，即重复过程以完善论证，以便取得进展。在此期间，我也会介绍一番出自哲学的一个强大的循环式思想——辩证思维（dialectical thinking）。

设计思维的一个重要技巧是尽量避免使用"是/否"这种语言和问题,并学会以非线性、较少"指示性"的方式来与他人互动。与其像一连串直线一样的问题和给出答案,有时还不如选择讲故事的形式——这就会形成各种形状。因此,为了完成本章的阅读,作为一个实践练习,你可以在一个真实的故事中测试你的技能,这个故事包含一个"真正的论证"。如此一来,你可能会想回到起点,再一次阅读本章的介绍部分!

6.1 像计算机程序员一样思考

如果你对此标题背后的潜在含义感到恐惧,那请让我先插两句话,好打消你的这种疑虑。当我建议你像个计算机程序员一样思考时,我并不是要你写下这样让人震惊的计算机程序:

x=3转到第24行。停止!下一个y。重复此程序,直到"就寝时间"为真。你好,世界!

不,绝非如此。计算机编程之所以令人钦佩,很少是与数学计算有关,而更多的是与沟通、语言和论证有关。首先,软件设计人员必须先弄清楚要解决的问题是什么,然后,他才能弄清楚如何对计算机进行编程以解决这个问题。计算机根本不可能猜出程序员**想表达**的意思,因此,程序员必须非常清楚他们自己的想法,并且他们还要能够毫不含糊地向计算机程序传达出他们的信息。这项技能，对批判性思考者而言，同样重要。

对批判性思考者而言，每天在计算机科学中都会使用的第二个强大的技术方法是递归（recursion）。啊，那又是什么东西？简言之，递归即兜兜转转地绕圈子。计算机程序远非一组步骤严明的列表，相反，它会无止境地回顾它自身，其中，某一个部分（或称"程序"）会调用另一个部分，而这另一个部分又会调用另外一个部分，该部分可能又会回溯到第一个部分之中。只不过，这一次有需要加工处理的新信息。

这里要掌握的关键思想是，计算机编程中的一轮循环意味着一系列重复的步骤，而重复去做事情也不坏！不断重复一些步骤的能力并不是弱点或承认失败，它是程序的一项核心优势。

另一个值得借鉴的计算机科学原理是模块化（modularity）。你所拥有的不是一个包含了所有内容的冗长文本，而是一系列简短且分离的部分。像本书这样的书籍也已从计算机科学中汲取到了一些经验教训——因为，书中材料的排列使得它不必非以一个冗长的线性序列来阅读，而是你随时可以"拿起和放下"这本书，以此创建属于你自己的阅读顺序，以便满足你个人确切的阅读需求。

从程序员那里学习如何清晰地表达

计算机程序员首先要了解的是如何清晰地表达他们自身。因为机器并不会"猜测"出人的意思……计算机只会按照指令说明开始运行，一步接一步地进行操作。事实上，计算机能采取的最危险的一步，便是启动某个无限循环的那一步。当你的计算机在操作过程中停止运行时，通常是程序在遵循某个永远也不会结束的循环指令而导致的宕机现象。所以，苹果公司那些爱开玩笑的员工，将他们豪华的加州公司总部命名为"头号无限循环"，也不是没有道理的。

现在，你可能会认为，清楚地表达自己的需求听起来像是你已经很擅长的事情了。那么，就请你试试在不亲自进行演示的情况下，向一位5岁的幼儿解释如何系鞋带吧：

先拿起一条鞋带。把它拉紧。再拿起另一条鞋带。把它拉紧。拉紧第一根鞋带后，把它放在第二根鞋带的下面，然后把它们绕一下，这样它们好像就形成了一个圆圈一样的形状。哦，亲爱的……再把它放在另一根鞋带下面，接下来……

事实上，解释如何系鞋带一直都被认为是一个难以描述的棘手难题，而计算机通常被赋予的是更为简单的任务。但是，无论做什么工作，早在程序员深入了解一些基础的"编码"（诸如"如果x=2，则运算y-y+1"之类的东西）之前，已经有人分析过这个任务，并提出了解决它的算法。

利用算法进行有条不紊地思考

算法（algorithms）这个词，乍一听，还真有种"走-你-

节奏起"的放克爵士乐风（jazz-funk）——算-法（al-go-rhythms）！但是，这个词实际上指的是为了解决某个问题而采取的一系列步骤，它是一种以系统方式解决问题的有条不紊的策略。这种方法也是批判性思维，特别是在批判性写作中，不可或缺的一种方法。

论文或书籍的写作步骤是至关重要的。论证越是复杂，你就越需要有一个清晰的计划，更为重要的是，要将你的策略传达给读者。读者需要知道论证的各个部分是如何相互联系在一起的，你需要给读者设置一些"指路牌"和内容摘要。简言之，从本质上来讲，这类结构化的考虑就构成了一种算法。

接近混乱

乍看之下，问题可能很是混乱：人们需要对问题进行分析和"分解"。但是程序员（或者可以是任何人）是如何将问题从混乱导向有序的呢？这里的关键是，人们并没有为新问题设计算法的明确方法。相反，这部分仍然植根于创造性洞察力。换句话来说，要善于解决问题，你就需要发散性地思考——思考出多种可能的解决方案。有时候，面对某个特定问题，这种思考是在你都没有意识到的情况下就完成的——而当你想到答案时，它似乎是突然间不知道从哪里冒出来的。

这里有一个需要解决的"现实世界"中的问题（见"迷宫流程图"），它向你展示了如何以精确且不含糊的形式来描述问题。这样一来，你可能就会发现，你对所需掌握内容的理解，并不像你原来想象得那般清楚!

例如,一群游客想从城门去咖啡馆,就必须穿过迷宫般的各条街道(参看图6-1)。试想想,一名计算机程序员会如何着手编写算法来帮助人们解决这个问题。

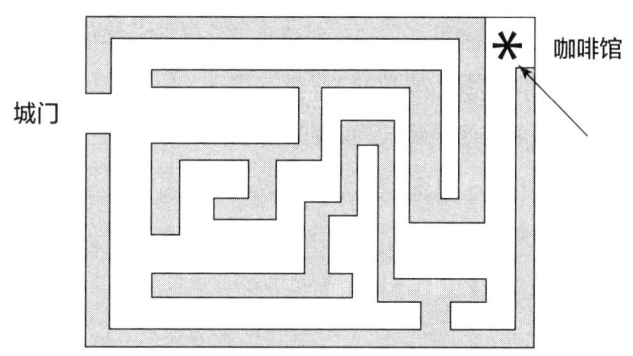

图6-1:老城区的街道有点像迷宫!

看看这个图,我希望你可以了解,一个答案可能包含一系列非常精确的指示,就像你可以从知识渊博的当地人那里所获得的那种指路说明:

1. 通过城门进入老城区。
2. 向右转。
3. 在第一个路口左拐。
4. 在那条街的尽头左转。
5. 在那条街的尽头右转。
6. 在那条街的尽头左转。
7. 在那条街的尽头右转。

8. 确保房子总是在你的左手边，继续向前走——那家咖啡馆就在那儿！

好吧，这就是我能想出的那种算法！然而，它有一些弱点，特别是它仅适用于一个非常特定的问题，即通过一个特定的迷宫式街道，而采取的方法是从一个特定起点开始行进的特定步行指南。而且，要是没人足够了解这个小镇并提供这种逐个逐个转弯的指示的话，那又该怎么办呢？

你能否给出一套替代指示，不仅可以让游客安全地到达咖啡馆享用拿铁和卡布奇诺，还可以让它们在许多类似的城镇迷宫图中同样运作呢？

请翻到后面"练习答案"部分，查看我给出的一个答案吧。（请注意，我说的是"一个答案"而不是"唯一答案"！）

生成一个解决方案

如果你能像计算机程序员一样去思考问题，那么你就可以不太费力地为迷宫问题想出一个替代方案。

首先，你要确保你知道起始条件，在这种情况下，这就意味着你始终坚持认为要通过城门进入城镇（如地图上所示）。那和以前一样，但是现在，规则有所不同了；它们是**系统性**的规则，因为它们提供了一个系统来处理所有可能遇到的类似情况：

✓ **规则1**：始终向前走，除非一排房子挡住了你的前进方向，你面临着两种选择，要么继续选择路径，要么（当然）你找到了那家咖啡馆。
- ✓ 规则2：每当你遇到选择路径时，都选择向右转。
- ✓ 规则3：每当前路阻塞不通时，请转身走回到上一个存在未被探索路径的路口，接着，选择左边的那条路。

这个解决方案并不出色，因为，在大多数情况下，游客在最终找到咖啡馆之前，基本上也走完了镇上大部分的路。但它至少会让他们到达目的地——并且，计算机可不介意尝试很多种选择，因为计算机可以飞快地做到这一点。和以前一样，游客只需要听从指示即可；他们不必担心会永远迷路，因为系统就是他们所需要的一切。

请注意，迷宫"程序"包含有循环圆圈。如果你在图表中画出三个步骤，则更容易看到这一点。即使你不习惯以图解法来思考，也请你尝试一下！因为，尝试将事物放入图表中是非常有助于集中注意力的。

区分语义和句法

要想在写作或演讲中清晰有效地表达自己，你就得试着像一台电脑而不是像莎士比亚那样择词用句。组建你的句子，使其表达的意思明确，这样听众或读者就可以轻松地遵循你的推理思路，而不会去自行想象一些你想都没想过的替代论证。

在这一方面，计算机编程中一个有用的区别，就是语义和句法之间的区别。简单来说，即：

- ✓ **语义**：包括有关单词或短语的含义的各种问题。
- ✓ **句法**：更关注将单词和短语（按语法规则）正确地放在一起，并考虑它们之间的位置和相互间的关系。

程序员实习生经常会收到那条可怕的信息——语法错误——但是，计算机永远永远不会抱怨语义问题，因为，他们对单词的含义——甚至对数字的含义——并不感兴趣。计算机是处理符号的机器，它们可以非常快速地在0和1之间移动切换。相比之下，自然语言，例如英语，在语法方面则非常复杂。仅以"关闭"（turn off）之类的短语为例，它在英语中可以有很多种含义。你可以关灯、关闭马路通行权或是避开学习！从这个意义上来说，英语非常灵活，这也使得它变得很棘手，但是在其他方面，它又是不灵活的——这也会使运用英语变得很难！例如，与其他语言有所不同，英语对句子的结构有着严格的规则。其中一个规则是，你通常都必须使用主—谓—宾的语法模式——例如下句：

学生们［主语］学习［动词］思维的规则［宾语］。

要是你写成了，比如说，**学习思维的规则学生们**，或者写成，**思维的规则学习学生们**，那你就会遇到很多麻烦！

一个计算机程序差不多为如何处理内容定义了它自己的规则——换句话来说，它为程序自身定义了语法，用来控制计算机能理解哪些单词，允许哪些单词组合在一起，以及必须使用的标点符号等等。

批判性思维要避免歧义和混乱，所以，请把诗意的泛滥留给别人，同时让自己成为一个正确句法的爱好者。

自然语言的语法规则并没有完全被定义，许多种形式（单词、断言、短语、句子）都是模棱两可的。以最严肃的动词"去死"（to die）为例，大多数情况下，这个动词的含义都是相当固定的——但如果你听说，你的朋友因为被选中要在办公室圣诞晚会上唱麦当娜的那首《像个处女一样》（*Like a Virgin*）而觉得他自己肯定"死翘翘"了，而你还为他担心，以为他真的要去死了，那你也真是太傻冒了！

下文"玩味语义"中，有更多关于此类复杂多义的内容详情。

玩味语义

这里有一些你可能在酒吧里偷听过的谈话片段。显然，他们是些没有受过教育的人。但是不管他们有没有受过教育，你极不可能听到的一句短语是——你能发现吗？

我喜欢喝啤酒！我喜欢男人喝啤酒。我喜欢女人喝红酒。

我不喜欢喝啤酒！我不喜欢男人喝啤酒。我讨厌女人喝红酒。

哎呀！有语法错误！虽然说"我喜欢做某事"（I like to do）之类云云，是英语中非常有用的替代词，但你不能真的说"我讨厌做某事"（I dislike to do）。不过，要是有人这么说了出来，那话语的意思还是很明确的。该表达在语义上是没问题的，但在句法上则是不正确的①。

与此相反，一个句子在语义上令人困惑，但在句法上完全正确。例如，下面这个问题：为什么俄罗斯的记者不能用木腿为人拍照？答案是什么？因为拍照需要相机。

几乎每一个词都有另一重含义，单口喜剧演员会非常清楚这一点。［在一个酒吧里，某个男人笑着说，"给我来份双料"②（double entendre）。"好的，没问题，"酒保回答说，"你想要大份的吗？"］然而，在通常情况下，人们几乎不会注意到语言的模棱两可性，因为人们非常擅长从上下文语境中"猜测"出词语的含义。而计算机在这方面——即使是在今天——也还是做得相当糟糕。

如果你解决问题的方法随后不能转化为计算机程序的操作形式来进行——那说明，你可能思路还不够清晰。

6.2　组合思维领域

思维领域是批判性思维中的一个流行词，它来自哲学范

---

① 正确的应为"I dislike doing"。
② 双料（double entendre），原文为法语，多指带有性暗示的双关语。

畴。它的一个用途是用来强调两种截然不同的思维模式，两种截然不同的"领域"——一种是思维领域，另一种是感觉领域。

在西方，人们通常会认为，想法是他们大脑中一种内在的、无声的语言。但是，还有很多其他的哲学和文化传统认为，思考是一个更为广泛的过程，它不仅包括作为一种内在对话形式的想法，还包括感受和情绪、感觉和知觉，甚至还包括一种有点像内在意识的感受。嗯，我现在在说的东西就是——正念冥想！

思维领域这个词似乎可以追溯到德国哲学家黑格尔（Georg Hegel）那里，他在一本名为《宗教哲学讲演录》（*Lectures on the Philosophy of Religion*，1821年至1831年间出版了四个版本）的晦涩之书中警告说："如果这个思维领域清空了它自身"，那么大脑就无法理解感官提供的任何信息了，"这就好比，如果将光拿走，在没有光源的情况下，我便无法使用我的眼睛"。

尽管黑格尔后来似乎没有再使用过这个短语，但它也经常被人拿来使用，主要是强调在体验世界的多种可能方式中一种假设的分裂。

实际上，黑格尔倾向于把**一切**都划分为两个对立的极端，然后他预测，这两个对立的极端将永远"互相对抗"，直到结合了此前两种力量中最好的部分的**第三种**新力量出现。例如，他假设，在遥远的过去，人类已经划分为主人和奴隶两组类别，于是，必然的结果就是出现一个全能强大的国家。这是黑格尔（相当宏大地）描述的一种全新的、前所未有的思维方式的例子，他将其命名为**辩证法**。

　　黑格尔很是为他的这一想法感到自豪，他认为，这是一种完全新颖且异常强大的思想。我也不确定它是否果真如此，但是，黑格尔的哲学涉及了批判性思维的一些重要内容，也即通过识别出两种对立的观点或视角，然后找到一种结合或调和了二者的方法来帮助"解构"问题，这一方法确实经常奏效。这种新的观点需要结合前面两种对立观点中的内容并进而能取代它们，然后在解决这个问题上，你就可以得到一个比你一开始就试着去避免冲突的观点更为全面的一种观点。

　　黑格尔的新思维方式的另一个"循环"特点是，这个新观点不可避免地会产生他所谓的新观点自身的"矛盾对立面"，也就是说，每一种新观点都会产生一种与之相对立的观点批判（或至少是对这种观点的提炼）。果如其然，这两种观点最终也不得不颉颃互竞、一较高下。

　　黑格尔表示，他的新辩证法思维方式要优于旧有的思维方式（即结构化思维类型和区分直觉或情感类型的思维），因为，它自身已经包含了多种观点和看似矛盾的内容和立场。这一想法不断地在新的标题下将两个对立面结合在一起，黑格尔如此总结这一想法，哲学"就像是一个圆圈的循环"。

6.3 排序、选择、放大、生成：使用设计技巧来找寻新的解决方案

设计哲学可以为你提供一套强大的思维工具，你可能会对此有所怀疑。但是，这里所说的设计技能，并不是那种你在车间里用木头或织物制作物品的技能。相反，它们指的是从设计和工程学，以及社会科学、商业和计算机研究中汲取了灵感和经验的设计技能。

设计哲学非常古老，它要早于工程学。它最具特色，同时对批判性思维也最有用的一个方面是，它会将人为因素置于其解决方案的核心位置。例如，请参阅下文"'十的威力'策略"部分。

"十的威力"策略

批判性思考者从设计中得到的一个好点子是：有一种称为**"十的威力"**的策略（有时也被称为**重构方法**）。简单来说，这一方法就是夸大一切并将其"发挥到极端的情况"。例如，如果你正在为孩子们设计一个游乐区，而预算为1,000英镑，你可能会这样问：如果预算只有10英镑，或者预算是100万英镑，我该如何做？又如，如果该设计区域有教室般大，你也可以这样问：如果它只有1平方米，或者，如果它有足球场那么大，我该如何设计？

这就好比，如果你把同一张照片放在不同的相框里，它看

起来可能会非常不同。重构你目前正在处理的议题和问题，可能会使你对它们的看法——和想法——发生惊人的巨大改变。

本节是关于如何处理数据的，或者更广泛地来说，是关于如何提炼想法的。这里的语言——"排序、选择、放大、生成"——是计算机科学使用的语言，但是概念都是相通的：批判性思考者也需要组织他们的思想，剔除一些不相关的内容，扩展关键的问题，并最终得出一些全新的和原创的东西。

在本节中，首先，我将特别研究"检查所有方面"这一方法，这是一种简单的方法，主要是揭示一些可能会阻碍我们找到解决方案的矛盾和冲突的观点。此外，本节将会探讨软件设计中的一个重要思想，叫作"状态的收集与分析"，它是关于如何处理信息、接着再回到圆圈循环（或者说回到循环回路）的方法。"近看、扭头及回看循环"部分和"为什么要问为什么？"部分，也将为你提供一些实用技巧，以便帮助你既能产生洞见，也能使这些见解丰富、发展成熟。

检查问题的所有方面

检查问题的所有方面，是设计技能中的一种标准工具，它是最基本也是相当有效的，而且操作起来也非常简单。它主要用于"解开"各种矛盾并突出强调各种可能的冲突，这在批判性思维中也始终是一项非常有用的技能。

以下便是它的工作原理。先拿出一张白纸，在上面画一个正方形方框，在其顶部写上一个问题（也可以是难题或议题）。再将这个正方形分成四个小方块，也即四个象限，每一个分别代表以下内容：

- ✓ **第一象限**：关注该问题的内容和解决程度（the what and the how）。把你的观察和经验写在这里。
- ✓ **第二象限**：考察各方是谁以及为什么（who and why）——谁赢了，谁输了？也试着猜测每个人背后的动机。
- ✓ **第三象限**：与价值观有关——它是否是一个好想法，以及为什么它可能是一个糟糕的办法。想想这里所涉及的总体目标和整个背景。
- ✓ **第四象限**：关注实际情况——何时及何地（when and where），但是，如何解决以及涉及的各方是谁（how and who）也可能会再次在这里出现。

如果这里的问题是，"我怎样才能找到一份电台节目主持人的工作"，那么，可以分别放在四个象限中的内容可能如下所示：

- ✓ **第一象限**：我想在一个大的国家级电台，而不仅仅是一个小电台工作。绝对不能是医院的电台！
- ✓ **第二象限**：我想，我可能是想让自己感觉有价值且广受人们欢迎！此外，这是聆听音乐和结识有趣之人的一个好方法。

- ✓ **第三象限**：也许我需要多出去走走——结交一些新的朋友。另外，我曾经也想成为一名医生，去帮助治愈病人。
- ✓ **第四象限**：我应该试着去了解一下，所有著名的音乐电台主持人（DJ）是如何找到工作的。也许，我应该去当地的广播电台，问问他们是否提供类似的工作岗位。我（也许）必须先在医院的电台工作，以便获得一些经验。

不要纠结于问题在何时解决到了哪一步。四个象限的潜在解释也有很多重叠之处。这里的重点是，这样做能够真正激发人们的想法，并鼓励人们在思考问题时稍微往后退一步，它可能会带来一个全新的解决问题的视角。例如，对于要完成课业任务的学生来说，这可能是值得尝试的一个新的好方法。

这个想法便是，见解可以来自一个象限内的矛盾之处（比如医院电台那个例子），也可以来自两个不同象限内的矛盾之处。

这种解决问题的方法有点类似于开列一个批判性阅读清单的想法。斯坦福教育学院的大卫·拉瑞必（David Larabee）开发了最初的清单工具，并发现他脑海中的想法很有用。他认为，人们应该一直在四个基本象限内询问有关他们自己观点的问题，我将其总结如下：

- ✓ 你的目标是什么？你的观点或框架是什么？它是以用户为中心、基于需求的，还是以见解为驱动的？
- ✓ 谁这么说的？你的观点在多大程度上"合理有效"？你的立场有证据和经验支撑吗？

- ✓ 有什么全新发现?它有什么重要意义?
- ✓ 为什么你自己的观点很重要?谁在乎你的观点?它将会产生怎样的影响?

以上这些问题对应于四个象限。重要的不是把每个要点放在正确的象限中,而是要从各个方面整体将问题思考清楚。

陈述问题、收集相关信息并分析其内涵

解决一个问题需要分成好几步,但最困难的地方在于你知道如何提出问题。事实上,在你能有效地陈述问题之前,你需要澄清它的本质,而且你要对你正在寻找的答案有一些想法。只有当你对这些方面都有一个可行的概念把握时,你才能够提出问题,并开始系统地收集信息。

因此,提出问题不仅是必不可少的首步,也是接下来第二步和第三步的一部分。批判性思考者需要做好再一次进行循环思考的准备,即准备好在第二和第三阶段提炼想法后再回到第一阶段进行回顾与思考。

当你出于这些目的收集信息时,你需要在提炼和总结信息的过程中对它进行整理和组织。

分析收集的材料可以让你更好地理解最初提出的问题——以便你回到最开始的地方对你提出的问题进行微调。这种方法也有很漫长的历史传统——哲学家勒内·笛卡尔(René

Descartes）被认为给人们带来了科学性思维。（笛卡尔的《方法论》，早在很久很久之前的1637年就出版了！从许多方面来看，它都可以说是"批判性思维"的奠基性文本。）他建议他的读者做一些类似的事情："将研究中的每个困难都分割成尽可能多的小部分，并尽可能以适宜的方式将它们各个击破。"你可能也希望将自己的问题分解成更小、更易于管理的部分，这样一来，针对每个部分都可以展开各自的信息收集程序。

通过调查下面这个相当棘手且令人困惑的问题——我称其为"帮帮我！"问题——来锻炼一下你的技能吧！陈述问题是很容易，但你是否还需要收集信息和/或分析问题呢？

乔安娜的母亲有三个孩子，且都是女孩。她给第一个孩子取名四月（April，艾普尔），给第二个孩子取名五月（May，梅）。明白了吗？现在，请问，你认为她的第三个孩子叫什么名字？（在本章结尾部分"练习答案"处，可以找到此题的答案。）

近看，扭头及回看循环

很多人在开始解决问题之前会追求清晰和精确，而设计技巧则鼓励模棱两可和模糊性！它建议你从对整体形成的一个模糊印象开始，然后，再对这个问题进行一系列更为仔细的研究。这被称为**近看、扭头及回看循环**，想法正是在以下这些步骤中出现并成形的：

- ✓ **循环1**：询问为什么。设计者使用了大量的头脑风暴法，这些方法通常可以归结为一种简单技巧，即不断地问你自己问题。即使你认为自己知道答案，也要问人们他们这样做或是这样说的原因是什么。有时候，答案可能会令你大吃一惊。

  当然，请千万不要像使用咒语一样只是重复问别人"为什么"，这样会惹怒所有人。而是要从其他人所说的内容中，提取出你需要的内容，以便寻求新的信息和对问题的见解。下文"为什么要问为什么？"给出了几个典型的例子。

- ✓ **循环2**：测试你的想法。在有关设计的环境中，测试可能是指制作一个物理原型或仅仅是去想象一些东西。关键是要假设有一个行动，考虑这个行动可能会产生什么样的效果和后果，然后再将所得的这些见解带回你的初始想法中，看看你是否可以进一步改善它。这一过程通常称为**迭代**（iteration）。关键之处在于，你循环往复的次数越多，效果就会越好！

为什么要问为什么？

作为一般性规则，问为什么会得出更为普遍、更为抽象的回答。当这些抽象陈述不像第一次得到的答案那样直接适用时，它们通常会更有意义。仅以下列这些简短的问答为例：

我：应该在猫的脖子上挂上铃铛。

你：（循环1——只问为什么）为什么呢？

我：为了防止它们杀死小鸟。

你：（循环2——测试一下）为什么这很要紧呢？

我：因为我们需要有生物多样性。

或者试试下面这例。

出租车司机：警察不应该随意拦截车辆。

你：（循环1——只问为什么）为什么呢？

出租车司机：因为这会浪费宝贵的时间，而且也很烦人。

你：（循环2——测试一下）但是，为什么你会觉得它很烦人呢？你不想帮助警察吗？

出租车司机：但这根本不像是你在帮助他们；他们给人的感觉，就好像你是一个罪犯似的。

作为一种实用工具或是一种团体行动，问为什么的问题以及它得到的回答，可以被想象成一种向上攀升的阶梯——第一次的陈述是最底层的横梯，其目的是为了向上攀升以便获得对事物的总体概观。有时，这也被称为**"知其然并知其所以然的阶梯"**。

尽量回避事实性交流

在与他人讨论问题时,为了获得全新和更广泛的见解,另一种方法是要避免就事实来进行交流。

例如,如果你们正在谈论园艺或景观美化的话题,不要问人家,"一年中什么时候植树最好",而是要问:"告诉我你在植树方面的一些成功和失败的经验"。第一种问题的答案将会很简短("在秋天"),而第二种问法可能会产生一些让你意想不到的额外信息。

设计思维还鼓励运用讲故事的方法。你在学校可能形成的许多偏见——例如,故事是不可靠也不"真实"的——可能正好与这种方式背道而驰。但是,这些故事是否真实根本无关紧要,它们只是揭示了人们对世界的一些看法。

相比简单地交换事实,讲故事是一种更为深入的交流方式。当人们阐发他们更深刻的一些见解时,你可能会发现更多前后矛盾的不一致之处。但是,请不要急于批评,而是要告诉他们要思考得更仔细一些!在设计思维中,发现前后矛盾、不一致之处,是获得有趣见解的一种非常重要的途径。

就理解过程的角度来看,观察人们所说和所做之间的差异,远比陈述一些简单事实更有价值。前后矛盾、不一致之处其实是宝贵的线索,它可以为你提供一些最深刻的洞见。

6.4 牛刀小试：
给自己来一份美好又鲜活的论证吧！

在本节中，我给出了一些学生在批判性思维课程中经常会做的那类练习。先说明一下：它们都是我从已发表的一些来源渠道中摘录而来的，通常，它们没有这本书中的练习那么有趣，但其原理是一样的，都是要求人们识别出"论证"中的要素。不仅在传统的批判性思维课程中，在很多广义的智力测试中，也有相当大比例都会出这种题目，以便让人们对文本进行抽丝剥茧的分析，找到其核心的结构和论点。下面我用科学怪人弗兰肯斯坦的故事为你提供一个更轻松惬意的练手机会，以便让你练习这项商业价值非常高的技能。

以下一些摘录皆摘自玛丽·雪莱的经典小说《弗兰肯斯坦》（*Frankenstein*），顺便先提一句，弗兰肯斯坦是那名疯狂教授的名字，而不是怪物的名字。那个怪物是弗兰肯斯坦教授用从附近教堂墓地中拖走的零碎尸体，创造出的又大又丑的生物。不管怎么说，在小说故事的开篇伊始，在怪物还没四处横冲直撞进行蓄意破坏之前，他坚称，自己拥有得到一个生活伴侣的权利。

你的任务就是去帮助弗兰肯斯坦博士创造出的那个怪物，试着把他的假设放在最前面作为前提假设，然后找出支持这些假设的论据，所有的论据都要以简短的形式给出。此外，你还要找出能够说服其他人也接受怪物的假设论证，好让他人也能接受怪物的结论观点。

所以，请先写下你的想法，然后，对照着看下文中我对这个问题的答案。

这怪物讲完之后，目不转睛地盯着我，等待我的回答。可我却如坠烟海，懵头懵脑，一时无法理清自己的思绪，弄不懂他这一建议的全部内涵。他继续说道：

"你必须再为我造一个异性伴侣，好让我与她相依为命，共同生活，进行必不可少的情感交流。这件事只有你能办到，而我要求你这样做，是我应有的权力，你对此绝不可以拒绝。"

刚才听他说到他在那户村民家度过的日子我还挺平静，我心中的愤恨也因此而渐渐平息；可是，他这段经历的后半部分，又点燃了我满腔的怒火。现在听他提出这种要求，我便再也按捺不住心头熊熊燃烧的怒火了。

"这件事我是决不会答应的，"我回答道，"任你怎样折磨我，也休想迫使我同意。你可以使我成为世界上最不幸的人，但你决不可能活活逼着我去做这等卑鄙无耻的事情。你要我再造一个你的同类，好让你俩狼狈为奸，毁了这个世界，是不是？滚开吧！我已经回答你了，你尽可以来折磨我，可我是决不会同意的。"

"你错了，"这魔鬼回答道，"我不会逼你就范，倒愿意和你讲讲道理。我因为遭受痛苦和不幸，才如此心狠手辣。所有的人都恨我，回避我，难道不是这样吗？你——我的缔造者，竟要把我撕成碎片，然后再欢庆你的胜利，这你总没忘记吧？我倒要你说说，为什么人类不可怜我，而偏偏要我去可怜人类呢？假如你能将我扔进冰川上的一个裂缝里，毁了我的躯体，毁了你亲手制作的成果，你自然不会把这叫作谋杀的。人类蔑视我，难道要我尊重他们不成？还是让人类与我友好相处吧，如果他们能接受我，我会对他们感激涕零，造福于他们，而决不会伤害他们的。可这是不可能的事。人类的理智是我与他们结交的不可逾越的障碍。而我的理智也决不允许自己卑躬屈膝，沦为他们可鄙的奴隶。我要为我受到的伤害报仇雪恨：如果我不能唤起爱，我就要制造恐惧；而你是我的缔造者，是我的头号敌人，我对你切齿痛恨，今生今世与你势不两立。你可要当心：我会采取行动毁掉你的，不把你弄得心胆俱裂，决不罢休，定让你诅咒自己为什么来到这个世上。"

他说着说着便恶狠狠地发起火来，显得骚动不安；他的那张脸也起皱变了形状，真让人见了毛骨悚然。不过，他很快便镇静下来，继续说了下去——

"我刚才就想和你说理。这样发火于我不利，因为你还没有认识到，我这样使性子，意气用事，完全是你造成的。如果有人肯对我表示仁爱之心，我一定千百倍地报答他，哪怕是为他一人，我也要与全体人类友好相处！然而，我现在只是沉湎于美丽的梦幻之中，这一切都是不可能实现的。我对你提的要求合情合理，根本不算过分。我要求得到一个异性伴侣，但须与我一样面目丑陋。我的这一心愿实在微不足道；尽管我能得到的只是这么一点，我也就心满意足了。当然，我和她将成为一对与人世隔绝的怪物，但也正因为如此，我们才会更加相亲相爱。虽说我们将来的生活不会很幸福，但我俩总不会受到任何伤害，能够摆脱我现在感到的这份痛苦。唉！我的造物主，给我幸福吧，让我为你的恩惠感激你吧！让我亲眼看到，我激发了一个大活人的同情心，千万不要拒绝我的请求。"

我的心被他打动了。可我想到自己一旦同意他的要求可能会产生的后果，我就不寒而栗了；然而，我又觉得他的这番陈词也不无道理。[1]

——玛丽·雪莱（《弗兰肯斯坦》，1818年）

练习答案

迷宫流程图

请参看图6-2，了解解决这个问题的一种方法。

---

[1] 译文参考了上海译文出版社译本，稍作句式及个别改动，参见玛丽·雪莱，《弗兰肯斯坦》，刘新民译，上海：上海译文出版社，2014年。

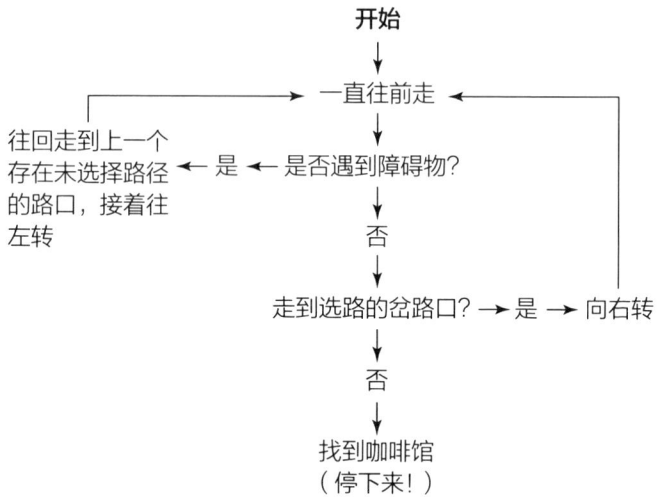

图6-2：计算机用来解决迷宫问题的一种方法。

"帮帮我！"

这道题所需的技能绝对是收集信息——因为，根本不需要深入的分析技能！这第三个女孩就叫"乔安娜"。请一定注意你的那些也许是关于月份推算的假设，请不要让它们误导你，让你对解决方案视而不见。

怪物弗兰肯斯坦的论证

与许多真实的论证一样，怪物先提出了结论，后面才给出了论据和论点：

你必须为我创造一个异性伴侣。

怪物声称，这是他的一项"权利"，这里需要注意的关键点是，他主张他有获得伴侣的权利要求：

✓ **每个人都有伴侣陪伴的权利。**（前提1）
✓ 他唯一可能拥有的伴侣是另一个怪物。（前提2）
✓ 因此，弗兰肯斯坦博士必须给他创造一个伴侣。（结论）

就像许多真实的论证一样，怪物给出了一些支持其论点的"证据"，以"事实"的陈述形式表达了出来。这些主张对于他的主要论证而言，并不是真正必要的条件，而是在让他的个案与其他所有人的情况一样，能被人们加以考虑：

✓ 怪物的恶行只是因为他很是悲惨可怜，若不是这样的话，他就会成为一个品性良善的好生物，并且他将会以百倍的善意来回报人类对他的仁爱善良。
✓ 怪物很痛苦，因为他很孤独，他被所有人拒绝和排斥。所以，他说："如果我不能唤起爱，我就要制造恐惧。"

第 7 章

利用图形（和其他）工具进行思考

本章提要：
- 用图表表达思维想法
- 观察图形工具的应用
- 发现强大的思维工具

> 理性会使难以定义的事物变得更加难以理解。
>
> ——皮特·斯密（Pete Smee，英国教授）

幸运的是，除了运用理性，尝试去理解事物还有很多种其他方式。比如，人类的大脑实际上非常擅长掌握以图片和图表形式展示出来的一些复杂关系。但是，你如何将通常用单词和句子来表示的问题，变成用图表形式来表达呢？本章将会确切围绕如何做到这一点来展开。另外，本章可能会利用一些你本身就有的、令你意想不到的潜在能力！

思维导图和其他类型的概念图会从你的脑海中提取想法，并将它们转化为可视化和结构化的一些事物。这听起来很不错，对吧？嗯，它们确实有用，但这里也会有一个陷阱：虽然你可以毫不费力地寥寥几笔绘制出最简单的图表，但是，更有用的一些图表，实则需要大量的思考。不仅如此，它们还需要运用到很多种**不同类型的**思维方式。

因而，一个好图表、一个有用的图表，和一个根本没有任何亮点的糟糕图表之间，确实会存在很大的差异。

在本章中，你不仅会了解如何在批判性思维语境中使用一些图表元素（现在似乎**每个人**都在这么做），而且你还会了解到如何有意义地使用图表元素，这种情况相当罕见。你可以将本章视为本书中最具有"艺术性"的一章。在本章中，你将有机会使用不同颜色的马克笔，浏览一些剪贴艺术画，也许，还可以尝试一些电脑设计工具包。

但是这些图形，或者更准确地说，这些你最终得到的图表，并不只是一些漂亮的插图。它们是种方法，可以让你对问题和解决流程有一个更深入的洞察和更精准复杂的把握。

在本章中，我还将介绍其他一些工具，它们也可以做到这一点，这些工具包括：几种不同的头脑风暴方法、总结归纳的艺术，以及有名的三角测量研究方法所使用的一系列技巧。听起来有点复杂，对吗？其实它们一点也不复杂，我将会对它们一一作番说明。

7.1 发现图形工具：制作思维导图和概念图

在本节中，我将介绍一些图形工具，批判性思考者可以运用它们来深入了解复杂的概念关系并去澄清和解决问题。我把它们统称为"概念图"，但你也可以为它们找到其他很多名字，比如，思维导图、流程图，甚至是词汇树等。在这个日新月异、不断发展的行业领域，不要过分拘泥于术语啦——关键是要弄清哪些观点想法和技术方法适合你去解决问题。事实上，你可以（并且应该）"自行选配"那些看起来有用的技术方法。

构建思维导图和其他类型的概念图的过程，取决于运用**节点和链接**。节点通常会表示为圆形或正方形或其他什么形状，它一般代表的是想法和信息内容；而连接节点的线就是链接，这些是对其关系的定义。

通过像这样连接起信息，你实际上是在使知识变得更加明确——换句话来说，知识都是从人们的潜意识中被拖曳出来的，并以白纸黑字（或者是其他华丽花哨的颜色）的形式写在纸上。当你创建概念图表时，你不仅会意识到你已经知道的内容，而且你也因此能够对这些已知内容进行修订和进一步深化。

教授们从数学中借用了节点这一术语，在数学中，节点是指网络线格中各线相交、分支或终止的点。概念图便是由这些节点和链接组成的网络。

要了解制作概念图的历史，请查看下文内容："这一切是如何开始的？"要记住的关键点是，两个节点加上一个连接它们的链接，就代表一个真实的陈述。请记住这一点，你就不会出错。

这一切是如何开始的？

约瑟夫·诺瓦克（Joseph D. Novak）是20世纪七十年代康奈尔大学的一名教育学和生物科学教授，他提出了概念图的想法，并将其作为他和学生一起表述科学问题的一种手段。但他始终声称，这种方法源于一种更广泛的哲学，即**建构主义**——其定义很简单，它是人们积极构建他们对世界理解的一种想法。一个非常重要的相关概念是，人们在构建他们理解世界的理论时，必须建立在他们已知内容——或者至少是他们认为自己已经知道的内容——的基础之上。

约瑟夫·诺瓦克甚至教6岁的年幼学生制作概念图。他特别喜欢的一个概念图涉及的问题是："什么是水？"另一个则是："是什么导致了季节变换？"我画出的水的概念图（见后面的图表7-3）是他的概念图的简化版本，据说他是为了给小学生用的。但如果真是这样，我认为孩子们对图表的制作并没有太多投入——它所包含的链接表明，分子的运动导致水有不同的"物理状态"。似乎没有人注意到，6岁的孩子并不能真正了解物质的分子结构。另一个奇怪的地方在于，"水"这个概念既位于图表层次结构的顶部，又位于其底部！这在我从他的原始图表基础上画出的精简版中可以准确地反映出来。（当这项技术的创始人也会如此自相矛盾时,你就知道,你不能太从字面的意义上去理解任何专家给出的、关于"制作概念图的正确方法"的建议。)

诺瓦克在书中引用了以下这句话,并接着指出:

> 影响学习的一个最重要的单一因素,就是学习者已经知道的内容。
>
> ——大卫·奥苏贝尔(David Ausubel,美国教授)

近一个世纪以来,教育理论和实践一直都受到行为心理学家观点的影响,也即学习是行为改变的同义词。在本书中,几位作者论证了另一种观点及其在实践中的重要性,也即学习是经验意义改变的同义词。他们发展了有关知识的概念性质的理论,并描述了几种在课堂上可测试的策略,以帮助学生构建出新的和更为强大的意义,进一步整合思维、感觉和行动。在他们的研究中,他们都一致发现,那些不能引导学习者掌握任务意义的标准教育实践,通常也无法让他们对自身的能力充满信心。所以就很有必要去了解,为什么学习新的信息会与人们已知的旧有内容相关联,以及它们之间是如何关联的。

——约瑟夫·诺瓦克(《学习如何学习》,1984年)

留意思维导图

思维导图是一种特殊的概念图,通常(但正如我所说,人们对这个术语耳熟能详,也已经用习惯了)它以一个术语或概念为其重点。思维导图的目的是,在纸面上直观地勾勒出你脑中的想法,还可以使用联想、关联和触发线索关键词等来激发更多想法。

但是这类图示是如何工作的呢?大多数时候,无论在会话还是写作中,人们都会以线性顺序来呈现信息内容。他们必须这样做,因为人们不能同时阅读两个文本或是听两种声音——相互竞争的两种信息会导致思维混乱。但是在图表中,规则就会发生变化。突然之间,信息可以通过同时进行多重联系和比较以更加符合大脑运行方式的途径来呈现。

例如,在一个思维导图中,信息可以以辐射而非线性的方式进行结构化展示,如下图7-1所示。其中,核心的概念"交通运输"又细分为四个部分,而每个部分,反过来又能引出一系列具体的例子。

研究人员很早之前就知道,大脑喜欢在联想的基础上工作,它会将一个想法、一种记忆或是一条信息与成十、成百甚至数以千计的其他想法和概念联系起来。据说,思维导图反映了大脑"连接"的方式,它会自动地将单词和概念相互关联,也可以将某种新体验与最近的一次体验联系起来。

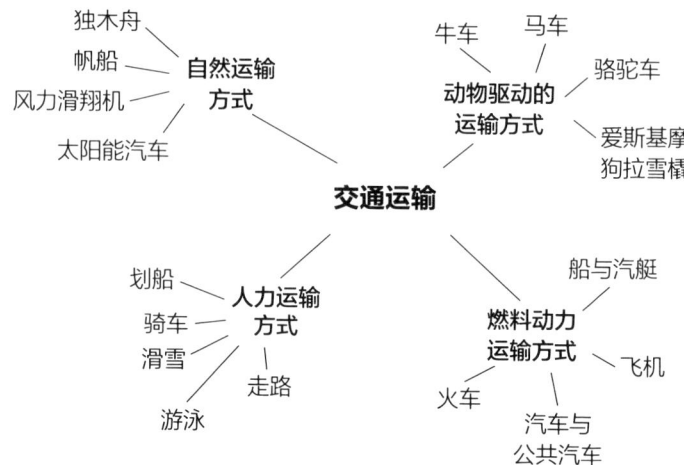

图7-1：以"交通运输"为核心主题的一种思维导图。这是头脑风暴可能会产生的那类思维导图。

依靠概念图

概念图（concept charts，有时也称为concept maps）与思维导图的目标略有不同。正如你可能从其名字中所猜到的那样，这些图表描述了概念之间的相关联系。因此，它们被证明在"软"科学如社会科学中很有用，它们对要进行演示的营销专家、冷静精明的设计师、工程师和技术作者，以及无数其他为了呈现、组织和架构事实信息的任务都很有益。这甚至还没有涉及信息在图表中**进行流动**的方式的概念（参见下一节）。请不要被各种名称所暗含的、那些看似模糊的区别所吓倒，而不去使用你喜欢的一些工具。（请参看下文"什么时候概念不算概念？"）

什么时候概念不算概念?

不要担心"概念图"这个术语。毕竟,什么是概念呢?"水"是一种概念吗?"学习"是一种概念吗?你会发现,一切用于说明或展示过程和想法的不同类型的图表,它们所给出的大多数区别,都是在一个实际上非常模糊的领域,提供了似是而非的精确性。的确,定义自身往往就是自相矛盾的!你只要选择最适合你的风格的图表,或者从可用的图表范围中挑选出一些内容,并将它们随时用在你认为有用的地方即可,而不是本末倒置!图表是用来发展和交流想法的一种工具,它本身并不是目的,只是一种手段。

跟随链接并顺着流程走

按照惯例,思维导图和其他类型的概念图通常用小方框或圆形(甚至是更小的"想法蘑菇云"的形式)来展示想法和信息,它们由表示链接的线条相互连接。有时候,这些连接线也可以用箭头来表示,它反映的是其所假定的因果关系走向,也即被展示过程的"流程"。

要弄清楚我的意思,请看我的"修路是件坏事"的概念图(参见图7-2),这是环保主义者可能会在抗议活动中创建的那类概念图。这里的箭头指示了一种因果关联:修公路会导致污染和车祸,这又会导致骑自行车的人最终决定开车上班。

请注意图中的箭头是如何起到"论证"作用的,图表制作者可以选择以非常不同的方式来引导它们。事实上,更为准确的流程图将为人们显示交通政策中某些决策会引起的一系列连锁反应——例如,使用更多汽车也意味着,要建造更多的公路。这方面可以用双向箭头来表示,或者也可以完全不使用箭头,只用一条线表示。

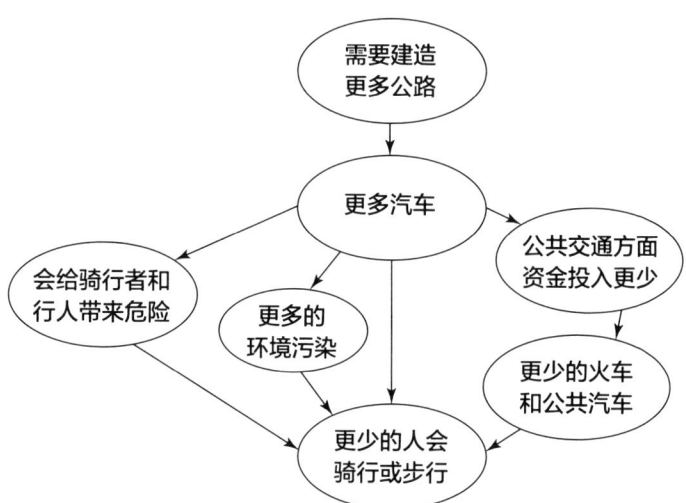

图 7-2:试图证明(争论)一个特定观点的流程图:为什么修建公路是坏事,以及有哪些体现?

另一方面,更少的公共交通可能也意味着,有"更少的环境污染"和更多人选择步行(在一定程度上来说,街道上将会有更少的公共汽车来回穿梭)。但有这种可能性的箭头,并没有被包括在内。这是因为,要是图表中包含了过多的因素,那么它们很快就会变得难以理解。

在实践中，画流程图需要仔细选择要展示出来的元素内容。从这个意义上来说，图表并不是为了要展示全部真相，而是为了论证某个观点或理论。

然而，奇怪的是，比起单纯的文字说明，人们往往更容易相信图表所展示的内容！因此，像对待其他任何形式的交流一样，批判性思考者也需要对图示和图表抱持一定的怀疑态度。

请参看图7-3中水的概念图。

由于水存在于所有生物体内，图7-3展示了一条连接两者之间的漂亮实线。然而，动物体内不会长出植物细胞，因此，这两个节点（动物细胞和植物细胞）之间就没有画线连接。这个方法简单却有效！

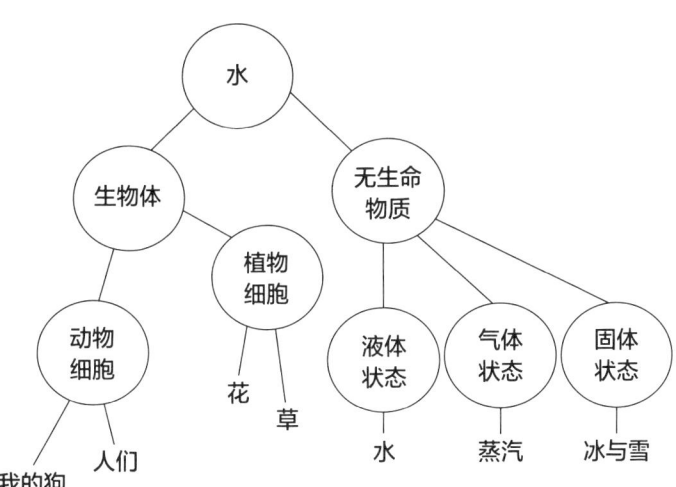

图7-3：水的概念图。这是在约瑟夫·诺瓦克的原始概念图之上的一个简化版本（参见前面章节中"这一切是如何开始的？"部分）。

7.2 运用图形工具

在本章开头,我曾承诺要向读者展示如何在批判性思维语境中有效地使用图形工具。嗯,接下来这一部分就是业务实操环节了,读者可以躬身实践,小试牛刀。

正确安排图表

你可以从三种主要类型的概念图中进行选择,但请记住,不要过分拘泥于它们之间的区别,更不用考虑其名称的不同:

- ✓ **蜘蛛图**:这类概念图是最容易画的。它以核心概念为中心,其他想法和关联以向外辐射状呈现(详见图7-1)。思维导图本质上就是蜘蛛图。
- ✓ **层次图**:这类图通常也有各种细分,但都是底部有很多种类别,而顶部只有一个类别(详见图7-3中的水的概念图)。
- ✓ **各种类型的流程图**:这些流程图的关键特征都是信息在图表周围"流动",其重点往往更多地放在流动方向上,而不是节点的概念之上(更多内容请查看后面章节的"绘制流程图"部分)。一些流程图指明了事情是从哪里开始的(系统的**输入**)以及它们可以在哪里结束(最终**输出**)。其他的流程图则可能没有起点或终点,而只是根据其自身包含的循环,来描述流程图中的流程方向。(可参见图7-2中有关修路的示例。)

你可以使用那些可粘贴的黄色便利贴,用笔在上面粗略地绘制一些概念图。然后,在你对材料的正确安排有了一些想法时,就可以轻松方便地对这些材料重新进行排序。

有些人认为,标记出概念之间的链接(即线条)非常重要,但我不太确定,当然,这一点也没有得到人们的普遍赞成。一些概念图会使用诸如"包括"或"伴随"之类的标签。例如,在有关地质学的概念图中,你可能会发现图中显示,"金属"**包括**"金"和"银",但这种区分似乎分散了概念图本应反映的大脑结构的运行方式,并且这样它也失去了最初的那个好原则,即人们应该尝试可视化地想象出多种关系和关联,而不是只用文字来思考。除此之外,标记出连接线也需要人们回到"线性"思维。

但是,如果你画出的图表非常正式,它可能代表某个过程,而解读它只有一种正确的方式,那么标签也会很有用;事实上,标签也是图表信息的重要组成部分。

在考虑组织概念图表的概念时,也会有种类似"有得必有失"的策略感,这是为了方便在页面(或者是白板)的顶部画出一些更普遍、更抽象的概念,而在其底部给出一些更具体、更少涵盖性的概念——就像我在本节开头介绍层次图画法时一样。最初推广这一技术方法的约瑟夫·诺瓦克认为,这种安排非常重要(参见前面章节的"这一切是如何开始的?"部分)。

第二部分 培养你的批判性思维能力 [203]

开发简明的概念图

基本上,所有的概念图都代表着陈述,就像书面的描述一样。特别是在两个节点之间画上一根连接线就代表了一个命题,一个假设为真的陈述。例如,图7-4中的概念图就是表示"草是绿色的"这句话的一种方式。

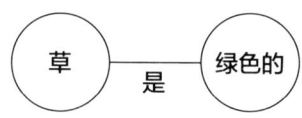

图7-4:一个简单的单线概念图。

但是,一个更复杂和更有用的例子是尝试表示如下这个句子:"红色的浆果很美味。"这种添加新内容元素的过程,在这里得到了很好的体现(参见图7-5)。

现在,既然红色浆果——比如草莓——是很美味的,所以,我们可以说,覆盆子很美味。山楂果可用于制作果酱和葡萄酒。但是,其他类型的红色浆果,例如紫杉果和冬青果,却并不好吃。

这些概念图能够帮助教师和学生,让他们专注于任何给定研究领域中所需要的关键想法(概念)。比如,如何避免在大自然中漫步而不小心中毒!

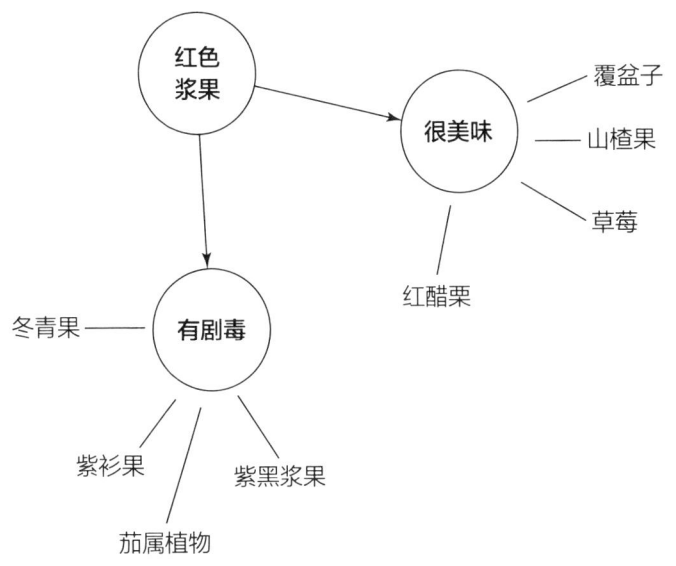

图 7-5：表达概念的简单图表。

在现实世界中使用图示和图表

概念图起源于科学领域，如今已广泛应用于软件设计或软件工程等领域，但它们也会被用于众多商业和（当然也包括）教育之中。有一些图表实在是太过于个人化和独特了，除了设计它们的人外，其他人几乎都不知道它们想展示些什么，但是，其他的一些图表则是精确而无歧义的蓝图。现实中存在如此广泛的图表和概念图，以至于我们很难找到它们共有的任何特征。

概念图和流程图之间有一个明显的区别，通常，这也是被人们所熟知的一个区别,也即一个制作精良的概念图在一个上下文框架内会不断得到扩充,它通常代表一个隐含的论证或问题,而思维导图通常只是从中心词或中心图片(你使用一些剪贴画的机会这就来了)辐射出的一些分支,它们代表了某个想法或概念。

因为概念图是为了反映**陈述性记忆系统**的组织而构建起来的,陈述性记忆系统是一个描述事物的专业术语,用于描述诸如可以主动回忆起或是可以被"宣称"的一些事实和知识(例如,"巴黎是法国的首都")。它们经常有助于分析和评估人们已知的信息。另一种记忆称为**非陈述性或程序性记忆**,指的是无意识记忆,主要包括诸如骑自行车之类的技能或者如何正确地造句等能力。

认识不同类型的概念图和思维导图

当你在制作思维导图和概念图时,你需要了解不同类型的图表技术方法适合何种不同的议题、问题或难题。

概念图和主题图(为非常相似的事物添加另一个术语)都允许人们通过图形表征来连接概念或主题,并且两者也都可以与思维导图的特定概念形成对比。思维导图通常仅限于径向层次结构(如那些蜘蛛图)和树形图结构等。主题导图旨在易于浏览并快速展示信息——就像书后精心设计的索引目录一样。但是,在所有为了可视化想法、流程、组织的各种模式和技术方法中,概念图有着独一无二的哲学基础。根据其发明者约瑟夫·诺瓦克的说法,这种哲学基础"使概念和由概念组成的命题,成为知识结构和意义构建的核心要素"。

更正式的概念图和思维导图之间的另一个对比是,创建后者的速度可能更快,也更具有自发性。思维导图通常反映的是人们对单个主题的看法,就此可以进行集体头脑风暴(我将在后面"用头脑风暴法唤起想法"部分进行进一步讨论)。越正式的概念图越难以创建,但一旦创建完成,它就可以为人们提供更多的见解。它是一张真正的思维导图,因为,它可以告诉你事物之间的关联,以及一事物是如何与另一事物联系在一起的。它提供了一种有关一个真实或抽象概念的系统性视图。

透过图表来看,一旦多个中心和集群创建之后,概念图就可能变得复杂并且不再遵循任何明显的空间逻辑。例如,一个可能不重要的部分却占用了大量的空间,而另一个重要的元素可能仅由单个单词或图像来表示。从这个意义上来说,固定在一个概念中心、然后再向外辐射出去的这种思维导图,它有一种很好的固有视觉逻辑。

绘制概念图可以是构建知识组织框架的第一步——这个过程有时也被冠以"**本体论—建构**"这种花哨的名称——或者可用于表示逻辑中的形式(如在"正式表述"中一样)论证。因此,你会发现,在教育和商业领域中,概念图会特别有用。你也可以考虑使用一些特殊的软件来创建正式的概念图。

通过绘制流程图为你的图表添加流动轨迹

一种常见的技术图表是流程图——它在广义上来说也是种概念图。然而，这个术语通常指针对一系列操作——例如在制造过程中或是在计算机程序中——进行的一种非常精确的示意图。

当你考虑使用技术流程图的几种方式时，你可以看到这些技术图表之间的相似之处，以及它们在社会科学中的运用要更加自由随性。它们通常包括以下方面：

✓ 定义和分析某进程。
✓ 为以后的分析、讨论或交流提供一个进程的分步示意图。
✓ 定义或标准化某个进程。
✓ 寻找改进某个进程的方法。

大多数流程图是由三种主要类型的符号所组成的：

✓ **圆形**：表示进程的开始或结束。
✓ **矩形**：显示指示说明或操作行动。
✓ **菱形**：显示必须做出的决定。

在每个符号内部，写下该符号所代表的内容：过程的开始或结束、要采取的行动或是要做出的决定。最后，通过箭头将各个符号之间相互连接，显示其流程方向：

为什么不用一个简单的图表来练习一下呢？让我们以绘制

一个"读书"的图表为例。

1.通过绘制一个圆圈并将其标记为"开始"来启动流程图的创制。

2.下一步移动到第一个动作或问题,根据在此阶段是否需要做决策,来决定是画一个矩形还是菱形。

3.在矩形或菱形里面写下要进行的行动或问题,然后,从开始符号的地方画一个箭头指向这里的矩形或菱形。

4.完成整个绘制过程,按照事件发生的顺序适当地显示是采取行动还是做出决策,并使用箭头将它们连接在一起,以显示流程的流向。

在需要做出决定的地方,画出各种箭头,要考虑到决策菱形会产生的所有可能结果。这些箭头通常会标出这些结果。在这个过程的最后,画一个圆圈,标记为"结束"。

5.试运行一下你的流程图,一步一步地询问你自己,看看你是否已正确地表示出这一过程中所涉及的行动和决策顺序。然后(如果你希望改进这一流程),可以再考虑一下绘制过程中是否某些地方存在重复,或者是否应该添加其他步骤等等。

流程图很快就会变得如此错综复杂,以至于你都无法在一张纸上展示它们。因而,你可以使用**连接器**(显示为带编号的圆圈),这样流程图就可以从一页移动到另一页上面。通过对本页和其他页的连接器使用相同的编号这种方法,你就可以表明,该流程图正在从一个页面移动到下一个页面。

在物理上实际拆分你的图表的过程，也是一种在思想上拆分复杂问题或过程的方法，它可以使你（或与你有同样想法的人）能够更好地专注于这一问题的特定部分。

7.3 考虑使用一些其他的思维工具

我在上一节中所讨论的图形工具并不是你能使用的唯一工具。在这一节中，我将会介绍其他一些工具，如转储清单、总结归纳、头脑风暴法、元思维和三角测量法等。你可以将这些工具视为对你大脑中内容的组织策略！

转储清单是一种你在头脑中组织信息的方式，总结归纳和元思维是关于如何理解你所读到或所听到的内容，三角测量法是有关检测你所想出的一些想法的质量究竟如何。头脑风暴主要是一种产生想法的工具，但它也可用于帮助分类和分析信息。

用转储清单清空你的大脑

事实是，提出想法要比分析和选择其中的关键想法容易得多。

转储清单（Dump lists）是一种强大但却被忽视的思维工具。基本上来说，你只需要把萦绕于脑海（关于某个特定主题或问题)的所有想法一股脑地写在纸上。

假设你正在思考一个实际性问题,想要找到可能的实际解决方案(例如,为什么你家中养的所有植物总是会死掉),而你目前还没有找到答案。请尝试用一些批判性思维技巧,来试着查明原因。

首先,将所有那些在你脑海中看似相关的想法,都倾倒出来并进行罗列,即使在目前看来,你不确定怎么会有这些想法,或是为什么会冒出这些想法。在有关室内植物死亡的假设场景中,我的转储清单可能如下所示:

- ✓ 我家的很多室内植物都干死了。
- ✓ 似乎我养的植物没有好好生长。
- ✓ 我养的植物的叶子变黄,然后掉落了。
- ✓ 连我养的仙人掌也长出了某种白色霉菌。
- ✓ 也许我应该多给植物浇浇水。
- ✓ 也许我的植物需要一些植物营养素。
- ✓ 也许是房间通风过强了。
- ✓ 也许是植物没有得到足够的阳光照射。

下一步,则是对这些清单列表进行一些筛选、排序或是简化。是否可以将同类观点有用地归类到一处?有没有哪一个步骤可以解决植物死亡的问题?也许,你可以去除一些容易解决的事情:例如,"土壤已经干了"意味着可尝试"我应该给植物多浇浇水"的解决方案。另一方面,"连我养的仙人掌也长出了某种白色霉菌"这个问题似乎表明，缺水可能不是问题所在。所以，你要小心，不要在你的清单上过早地划掉一些想法，因为，过分地简化问题，可能会导致后续出现错误。

使用转储清单的一种更稳妥的方法是，给它们添加优先级编号。这是一种简单方法，它可以将你混乱、不成体系的想法，排列出一个层次等级来，给其中最为紧迫或是最为实际的一些步骤赋予更高的优先级顺序。

披沙拣金：归纳总结

归纳总结是一个非常有用的技巧！它意味着要将小麦与谷壳分开，将金块与废土堆分开，将关键词和短语与连篇的废话分开。更简单地说，归纳总结是一种重要的生活工具，它可以让你组织和理解你周围的世界。这里有一些简单的技巧方法可以帮助你有效地做到这一点。此外，这也是一次绝佳机会，来使用远不止一种荧光黄色的更加多彩的荧光笔。

你所需要做的就是，使用你最喜欢的荧光笔，来标记一段文本中的关键点。如果你发现自己标记出了好几个段落，那也许说明你还不够挑剔——你那不是在归纳总结，而只是在高亮显示而已。所以，你要严格要求自己：只标记出任何段落中的关键思想，并且只突出显示最关键段落中的那些最关键内容。

进行一个简单的练习吧：总结上面的最后一段话。

总结是在一个大大缩小的文本空间内捕捉文本或讲座的主要思想。学术研究都是要利用别人的想法,而不是他们的原话!归纳总结会帮助你做好前者,即总结他人的思想,而不是后者——重复别人的原话。

  但是,如果你在原文中确实发现了一个特别引人注目的短语,而且你确实也无法在不使用这些原文内容的情况下进行总结,那么请使用作者的原话,以示突出强调。如果你要做笔记,请确保你在这些原话周围加上了引号并注明了出处——否则,相当可耻的情况就会出现,也即该精美短语可能会出现在你的作品中,但你却未注明其引用出处。

  从理论上来说,一篇结构良好的论文或文档已经在它的摘要中包含了其关键思想,但请不要仅仅因为有人在文章上方用大写字母写了一个段落,就认为这一段落等同于一个摘要。毕竟,唉,归纳总结文章的技巧绝不是千篇一律的。再者,那个写摘要的人感兴趣的内容,可能不是你所感兴趣的内容。摘要中的归纳总结只反映了他/她的个人兴趣,而不是你的兴趣。

  你还可以在一些小卡片上以新的方式组织你的各类笔记(现如今,也可以将各类笔记储存为计算机文档,你甚至可以在诸如"维基百科"之类的网址上进行操作,这样你就可以轻松创建和组织你的页面了),也许你可以提供一个关于某主题和其他子主题的简单概述,你也可以使用各种颜色来帮助自己进行分门别类。

第二部分 培养你的批判性思维能力 [213]

用头脑风暴激发灵感

头脑风暴法是一种相当明显的技术方法,你可以针对某一个问题,甚至只是某一个概念快速记下许多种想法。你可以自己独自进行一番头脑风暴,但是,当你在一个团队中时,这种技术方法的真正优势才会显现出来,因为,正是在一个团队之中,一些人提出的想法可以激发其他成员的新想法。

该方法的支持者声称,头脑风暴允许一个讨论小组集思广益,并在彼此的想法之上建立新想法。开展小组集体头脑风暴时,也可能会引起想法的混乱,而当你独自工作、思考时,反而不会有这种观点上的混乱。但你也可以拿头脑风暴当作"最小公分母"来进行练习——我的意思是,每个人都喜欢的想法不一定是最好的想法,而只是每个人都会想到的一种想法。这一想法甚至会更差!小组集体也可能会仅仅因为某个想法有点不同或新颖而不认为它是一个好主意。所以,你要如何开展头脑风暴也很重要。

头脑风暴——思想的季风,颅内的暴风雪!

头脑风暴一词是经由亚历克斯·费克尼·奥斯本(Alex Faickney Osborn)普及流传开来的。他于1953年出版了一本名为《应用想象:创造性解决问题的原则和步骤》(*Applied Imagination:*

Principles and Procedures of Creative Problem Solving）的书。奥斯本是从他工作的地方——一家广告公司，想到了头脑风暴这个主意。你可以想象一下，公司的执行高管们围坐在一块白板周围，有一个人在白板上写了一个词，比如说"咖啡"，在场的所有人都会喊出一些与该词有关的联想："浓香型""巴西风味""一大早就去上班"。

没有人会审查这些给出的建议选项；相反，它们就这样被写在黑板上在那里显示着，是什么样就一直会是什么样，直到后来，才会被人进一步整理、突出显示或者删掉。

小组成员会使用许多不同的方式来捕捉头脑风暴会议中产生的一些想法，但以下是其中两个最有用的方法，两者都需要由一个协调员来主导：

- ✓ **抄写员**：协调员（抄写员）与其说是抄写（这可能会是一个繁琐且低效的过程），倒不如说是在黑板上"捕捉"团队成员提出的所有想法。他们试图以适当的方式来总结这个想法，而不管他们自己对这个想法的优缺点有何看法。
- ✓ **全员出动**：在这些会议期间，团队各成员可以在黑板上顺手写下他们随时想到的想法，他们也可以与小组其他成员进行口头分享交流。随时都可用的黄色便签这时候就可以拿出来用了，这样，每个人就可以在上面写下他们各自的想法，然后，再将便签贴到黑板上。

若想头脑风暴取得成功,那么,协调员的态度和能力至关重要——虽然不是每个人都会自动获得"对的点子",但我们肯定可以采用一些原则方法。领导小组成员进行头脑风暴的人需要充满热情并会鼓励他人。添加一些"有趣"的限制因素,也可以帮助人们激发一些新的想法。例如,如果一个小组想知道如何振兴内城的发展(也许,这个问题对于清晨举行的头脑风暴会议稍显沮丧),那么协调员可以对这个问题加以限制并这样来提问:"如果你只能通过一个大项目来改善利物浦市中心的市民生活,那会是什么项目呢?"

现在,就"开始收获头脑风暴中的点子吧"!你可以在会议上充当协调者,专注于那些人们认为最激动、最有趣或最感兴趣的一些想法。不要因为想法不实用而评判事物的好坏。一个不切实际的想法,仍然可能产生一些有用的结果。当然,也请记住,要让团体成员一起参与到清理那些不好的想法的过程中。在这个阶段,增加小组成员参与度的一种方法,就是让大家投票。嘿!你看,便签条这时候又能派上用场了。

攀登高峰:元思维

绘制概念图需要布鲁姆著名分类法中的高级技能,这一分类法囊括了从第一级别的单纯回忆识记到需要复杂评估的第六级技能(更多内容,详见本书第8章)。事实上,约瑟夫·诺瓦克(可参见前面章节"这一切是如何开始的?")认为,它要求学生们能一次性**使用**所有级别的技能！

但是，**元**（Meta）的本意是"高于"或"更高"，因此，**元思维**（Meta-thinking）表示要进行一番概览（居高临下）并代表一种更高水平（也更为关键）的思维技能。保持批判性往往需要人们从低级的基础思维转向更高级的元思维。

元思维层面的理解即询问为什么要使用这样一个特定的策略。没有这种思维理解力，学习新的策略也是没有用的，因为你不知道，什么时候使用它们才是合适的。当代思维技能大师爱德华·德·博诺发明了"横向思维"这个术语，他还写了一本名为《六顶思维帽》（*Six Thinking Hats*）的书，在其中，他将元思维称为"蓝帽"思维——将其总结为"关于思考的思维"。

用德·博诺的话来说，蓝帽思维侧重如何管理思维的过程，例如，检查其重点，制定下一步的行动，再创制行动的计划方案。再例如，如果一支球队正在讨论如何赢得下一场比赛的话，那么教练很可能就会自动采取蓝帽思维风格，并提醒球队的球员：

✓ 重点是如何赢得与"布瑞吉十一人"球队（Brickworks Eleven）的下一场比赛。
✓ 整支球队已经商定好的训练步骤会包括练习罚球（因为布瑞吉足球队已经犯规了很多次，所以，球队可能会被判罚点球）。
✓ 长期的目标是，在对抗"布瑞吉十一人"球队的预期性胜利的基础上再接再厉，让球队一路晋级到格里姆斯比西部联赛[①]！

尝试使用三角测量法

或者也可以说，"如何对数据进行三角测量以防止屋顶塌陷"（顺便说一下，这是一个隐喻，我认为它十分恰当，因为大多数屋顶都包含木制三角形结构，这确实防止了它们塌陷）。

三角形是非常坚固的一种结构，也许，这是我们了解学者们在使用**"三角测量法"**这一术语时他们脑海中所想事物的最好方法。他们用该术语来描述一种方法论工具，这是当他们在所有知识领域内跨界并构思他们的论文或论证时常用的一种方法论工具（不只是在数学领域而言，而是广泛应用于测量、导航、计量等多种用途之上）。

使用三角形来测算距离这一方法可以追溯到很久之前，至少可以追溯到公元前6世纪，据说，当时的希腊哲学家泰勒斯（Thales）曾使用"三角测量法"来计算金字塔的高度。然而，在批判性思维中，三角测量法指的是对你的工作进行检查并巩固你得出的结论，该术语在20世纪60年代才开始被引入学术界。

如果三个人能通过不同的路径独立地得出相同的结论，那

---

① 格里姆斯比西部联赛（Grimsby West League），为英格兰足球联赛之一，格里姆斯比镇位于英格兰东北部林肯郡，林肯郡的行政总部为格里姆斯比（Grimsby），角逐的赛事是英格兰足球联赛（EFL）系统中的乙级联赛。

么这个论点就会更具有说服力。同样的推理也适用于只有你自己的时候，你也可以使用三种不同的方法来证明一个论点。但不管这说得有多好听，数字三也并没有什么神奇之处：一个论点有两个论据（或是对同一问题有不同观点）总比只有一个好，要是有四五个论据也会很好。

定性研究人员和定量研究人员都会使用三角测量法，并从中收获不同的东西：

- ✓ **定性研究人员**：指的是那些涉及的判断不仅仅是测量的研究人员，他们通常将定性研究当作对背景假设的一种双重检查。当三角测量法引发不一致时，这些研究人员（他们更关注人的观点）通常会将差异视为机会，并去发掘和揭示数据中更深层的含义。
- ✓ **定量研究人员**：这些是更为"科学"的、用数字运算的研究人员，他们可能对发现其方法中的缺陷更感兴趣，并且他们通常只是希望他们的所有研究都能得到相同的数据。他们倾向于将差异视为非常坏的事情，因为差异会"削弱证据"。

不同类型的三角测量法

社会学家会使用各种三角测量方法，但他们最终的目标都是要完成同样的事情：让研究结论更具有说服力。主要的三角测量法包括：

- ✓ **数据三角测量法**：这是一种最常见的、在研究中使用不同信息源的技术方法。例如，在对建造一个新的城市广场进行调查的情况下，获得所有利益相关群体的意见显然是一个好主意，包含游客、当地居民、当地店家的意见等。在数据分析阶段，研究人员将会比较这些利益相关群体给出的反馈，这不仅可以确定他们达成一致的方面，还可以揭示他们的分歧所在。
- ✓ **研究者三角测量法**：简单来说就是指调查中涉及几个不同的观察者、采访者或数据分析师。以经济统计学为例——你会很容易发现，从相同的数据中，三位经济学家会得出截然不同的结论。
- ✓ **环境三角测量法**：假设你想了解自行车车道对人们在度假胜地使用自行车是否有显著影响的话，那么要是你通过三角测量法来收集数据的话，这会使你的研究更具有说服力，也即在你收集三角测量数据或采访你的研究参与者或采用其他什么方案时，请在一年中测量或采访好几次——不要只是在隆冬时节进行，也不要只是在旅游旺季进行。
- ✓ **理论三角测量法**：当专家们对某件事的意见被划分为交战的双方阵营时，更有意义的做法是，将数据提供给从两边阵营选出来的人，看看他们对此有何看法。同样，以经济学为例，假设你想了解高利率对商业投资的影响，你可能会发现任何两派之间的观点都会有所不同，比如，马克思主义者和自由市场主义者的观点会不同，凯恩斯主义者和芝加哥学派之间的观点也会不同，等等。请注意，在某种程度上来说，一位研究人员可以尝试单独采用这些不同的观点来进行研究，而不必为此目的去寻找不同的人。

✓ **方法论三角测量法**：这种方法非常重要，它指的是使用多种**方法**来研究一个问题。例如，它可以比较来自各种调查和访谈小组的结果，以查看是否会发现类似的结论。如果每种方法得出的结论都是相同的，则证明测量有效。

拿我自己的经验来说，作为教育政策的研究人员（主要研究计算机在学校的投入使用情况），我通过对老师和孩子们进行采访、课堂观察和对官方文件进行分析等方法来评估调查变化。以上都是些定性测量，但我也使用问卷收集了一些定量数据，毫无疑问，我也可以使用一些事实数据，例如，实际的考试成绩甚至是课堂出勤率等。当所有这些方法的所有结果都指向相似的结论时，说明方法论三角测量有助于"确定该项研究的有效性"。

现实中的三角测量法

以下是正确使用方法论三角测量法的一个例子（参见前文"不同类型的三角测量法"以了解原因）。研究人员想了解当人在医院中病重或是奄奄一息时亲属们的需求和经历。

盖勒·博尔（Gayle Burr）发现，亲属们是亲自接受面谈还是仅仅填写了问卷，会导致人们对其家庭需求产生两种截然不同的印象。那些接受采访的亲属们发现，与研究人员谈论他们的经验很有疗愈效果,因此,他们会倾向于更加积极面对,而那些只是填写过调查问卷的人,会用填写问卷这种交流形式表达出他们的挫败感。因此,使用这两种研究方法(人物访谈和问卷调查)会为调查结果增加额外的一层见解,这使得两种研究方法,不仅是在抽象意义上更"有效",而且它们在实际意义上也更加有用。

马修·迈尔斯(Matthew Miles)和迈克·胡博曼(Michael Huberman)在一本关于研究方法的著名书籍中给出了一种可视化三角测量的好方法。他们认为,医生、侦探,甚至是当地的车库修理工,都会自动使用这项技术方法来增加他们正确诊断的可能性,无论这种诊断是关乎某项疾病、某桩入室盗窃案,还是关于修理一辆抛锚的汽车。

> 当侦探收集指纹、头发样本、不在场证明、目击者陈述之类的证据时,一个案件卷宗就制作出来了,这时候,某个嫌疑人就会比其他任何人的嫌疑更大、更具备作案可能。机械修理工对发动机故障的诊断或医生对胸痛的诊断也遵循着类似的模式。所有的诊断迹象都很可能指向同一个结论。请注意,进行不同类型的测量非常重要,因为这些测量可以提供重复性验证。
>
> ——马修·迈尔斯和迈克·胡博曼
> (《定性数据分析:扩展资料手册(第2版)》,1994年)

邓津的三边研究方法

诺曼·邓津（Norman Denzin）曾写过两本书，一本是关于酗酒者的，另一本是关于医院的。一些社会学研究领域的研究者认为，这两本书就像19世纪社会学家埃米尔·涂尔干①（Emile Durkheim）的著作一样，是被严重低估的经典。邓津是否真的很"伟大"，这对于批判性思考者来说并不重要，但他的书中肯定包含了一些关于美国社会的重要信息，他将美国深刻的社会不安归因于"白人男性文化"。

邓津的研究路径紧随涂尔干以及德国哲学家马克斯·韦伯②（Max Weber）。涂尔干对自杀者的思维进行了研究，从而得以深入了解社群对整个社会的影响；而韦伯调查研究了新教和商业活动之间的联系，他认为，宗教是由经济的优先事项驱动并被其所塑形的。

邓津认为，人们酗酒的故事与美国社会背后的故事有着千丝万缕的联系，因为，酒是个体与社会结构之间的一个关键纽带。他认为，酗酒者试图用酒精来维护他们在世界上的地位，并进而"控制"这个世界。当然，在极端情况下，他们才是真正失控的人——被酒精所控制。

现在，由于邓津对于酗酒者的内心世界、社会结构和他们

---

① 埃米尔·涂尔干（Emile Durkheim，1858—1917），也有译作迪尔凯姆的。法国社会学家，是社会学的学科奠基人之一，著有《自杀论》《社会分工论》等。
② 马克斯·韦伯（Max Weber，1864—1920），德国社会学家、经济学家，被誉为现代社会学的奠基人之一，著有《新教伦理与资本主义精神》《社会学文集》等。

周围的"现实世界"很感兴趣,他便请读者想一想,有两位研究人员正在研究患有精神疾病并住院的一个人。这两个研究人员每人选择了一种不同的方法:一个选择采访调查的方法,而另一个人则使用了观察参与者的方法。这些方法会导致他们提出不同的问题,且得出不同的观察结果。

此外,研究的结果也会因研究人员的不同个性、生平背景和固有偏见而受到影响,这也会影响到他们与社会进行互动的性质。就像以上两位研究人员,他们每个人都能知道医院发生之事的一些方面,但没有谁能洞悉并揭示一切。因此,邓津总结道,为了获得尽可能完整和准确的一幅全貌图,研究人员必须在研究中使用不止一种策略。

具化结晶思想

几十年以来,三角测量的概念在社会研究和教育研究中一直很流行。然而,多年来,该术语已经以多种不同方式被人们广泛使用,以至于它似乎不再具有某种特定的含义和用途:许多声称使用了三角测量法的研究几乎没有发现有什么相似之处。生命科学系教授玛格丽特·桑德洛夫斯基(Margarete Sandelowski)甚至抱怨说道:"三角测量意义太多,这就导致该术语根本就没有任何意义。"

看到这一点,一些研究人员提出,至少在社会科学中,"三角测量"一词应该被"具化结晶"(crystallisation)所取代,因为晶体是对发生的真实情况的更好隐喻。用社会学家劳拉尔·理查森（Laurel Richardson）和伊丽莎白·亚当斯·圣皮埃尔（Elizabeth Adams St Pierre）她们两位的话来说，因为三角形是一种"刚性、固定、二维的物体"，该术语便暗示了这样一种尝试，它将刚性的二维含义强加于更为复杂的问题之上。她们论证说，最好使用"晶体"这个概念，因为它们是"反射外部并在自身内部进行折射的棱镜，它们会产生不同的颜色、图案，并且会在不同的方向上投射出不同的排列"。我们所看到的东西取决于我们所依赖的角度——它不是三角测量，而是具化结晶。

当然，如果你打算使用三角测量法来使你的论证更具有说服力，你必须弄清楚，你正在使用的是哪种形式的三角测量法，还要明白你为何打算这样做，以及你准备如何去进行三角测量法研究。

练习答案

植物问题

这是我试图解决这个问题的方法：

- ✓ **问题**：植物变干。叶子变成棕色，然后掉落。
- ✓ **解决方案**：多给植物浇水。
- ✓ **仙人掌**：这是一个特例！请记得把它区分开来。

归纳段义

这里的关键思想是:"用你最喜欢的荧光笔标记出一段文本中的关键点。"

第 8 章

构建知识：信息层级结构

本章提要：
- 了解人们如何处理新信息
- 深入思考知识金字塔
- 抵制放弃学习的诱惑

信息不是知识。知识的唯一来源是经验。

——无名氏

有人将这则智慧格言归于爱因斯坦，但似乎没人能找到任何具体证据。这当然像是爱因斯坦会说的那种话，但它也很像很多哲学家会说的那类话（比如本章中的特约明星嘉宾——约翰·杜威）。我将这句话作为本章的开头，是因为，它反映了本章的一个中心主题：也即每一则知识的背后，其实都隐藏着很多信息处理加工的阶段。

为了阐明构建知识的具体过程，本章使用了一个类比，将构建知识比作构建金字塔。我将通过检查知识的构建砖块——

主要包括**数据**和**信息**，来描述这一攀登知识金字塔的过程。我还将探讨本杰明·布鲁姆（Benjamin Bloom）以及另一位美国教授加尔文·泰勒（Calvin Taylor）优雅的"金字塔"思想，后者扩展了布鲁姆的思想以强调创造力的重要性。此外，我还研究了如何在攀登思维金字塔顶峰的过程中让你获得并保持学习动力。

尽管本章的某些内容可能看起来略显理论和抽象，但请读者多多包涵并耐心对待。事实上，这些想法在培养你的批判性思维技能方面将非常实用。所以，请穿上你结实的登山靴，打包好一些三明治并装满水壶，因为你有一段陡峭的山峰要攀登，但山顶的风景绝对是值得此途的！

8.1 用数据和信息块构建知识金字塔

哲学一般从"何为知识？"这个问题开始，但本节的问题"什么是数据？"要更胜一筹，因为它是回到知识的上一个形成阶段来提问。或者，我们甚至也可能问，"我们所说的数据是什么？"这个看似额外的步骤绝对很有用，因为，知识是由更小的构建块构成的，它们又叫作数据，有时也称为信息。

在本节中，我将重点阐明"数据""信息"和"知识"这三个关键术语，并说明它们之间的关系。我会讨论它们与教育和学习之间的关系,并在它们会引发问题时给出警告。

本章的一个关键见解是,比起你**知道什么**,你是**怎么知道**的更为重要。这听起来似乎有点神秘,但它可以归结为两种思维之间的区别:

✓ **低级具象思维**:只关注简单的观察、事实和数据,是下面那种更为复杂精细的思维类型的基础。
✓ **高级抽象思维**:关注的是事物之间的联系以及(尚)不存在的一些事物。没有第一种思维作为基础,也不可能会有这种高级思维方式。

现在,我们知道,任何分层级的事物听起来都显得相当傲慢,但有时候也不一定是这样。人们当然都需要这两种类型的思维,而且,层次结构的排列并不在于其价值高低,何况人们首先会成为实际务实和具象思维方面的专家;还因为,你必须先对自己的思维进行训练,这样你才会逐渐发展抽象思维,这是一种特别适用于更高层次的思维能力。

查看数据和信息之间的关联

这部分的一个难点是,人们对**数据、信息**和**知识**的定义众说纷纭,难以达成明显一致的意见。有的词典认为,知识和信息是一回事,但数据大不相同,也有的词典会说,数据和信息是一回事,但知识大不相同。这是非常令人惊讶的,居然这样的基本概念，其定义也可以如此混乱。当然，作为批判性思考者，我们不能如此含糊地对待它们的定义。

甚至有些教授和其他领域的专家也经常混用这些术语，就好像它们是指同一个东西一样。事实上，它们之间非常不同。它们之间的关系也是有层级的，排列起来的话，就像是一个金字塔：

- ✓ **数据**：位于层级结构的最底部。数据是由事实和数字组成的。
- ✓ **信息**：位于层级结构的中间。信息包括或多或少都经过组织整理的数据。
- ✓ **知识**：位于层级结构的顶部。知识当然很像信息，但知识要更纯粹、更宏大，当然也更难发现。

另一种看待信息和数据之间关系的方式，是看数据项之间相互关联的程度。请参见图8-1。

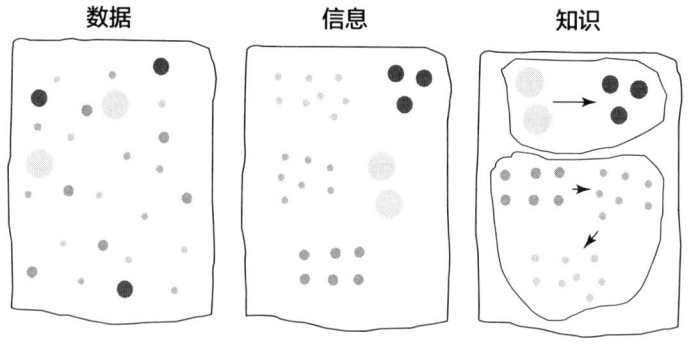

图8-1：构建知识：数据与信息和知识之间关系的可视化图解。

在左侧面板中，数据由点构成，它以明显的分散隔离来显示每一份数据。但是在中间面板中，数据已被"理解"并被相互连接了起来。这个连接的网络就是信息。最后，一种可以将知识视为信息的观点，会进一步在集体的、由社会建构的连接结构中组织成形。

连接（数据）点以便创建信息

约翰·杜威（John Dewey）是美国的一名教育学教授，也可以算作一位进步人士，他创造了他的"教育良方"，它主要关注的是事实（数据）之间的重要关系，以及人们是如何将事实转化为信息的。

通读下面这部分杜威教授有关民主教育的论证内容，并测试一下你的理解能力。试着把它缩减到只剩一行进行总结，然后，将你提取出的关键内容与我在本章末尾部分给出的笔记进行一番比较。

1.人脑不是在真空中进行学习的；有待学习、需要被掌握的那些呈现出来的事实，必然与个体之前的经验或是他现在的需要之间有关联；学习是从具体到一般的过程，而非反过来从一般到特殊。

2.每个人都与其他人略有不同，这种不同并不只是单独体现在他的一般能力和性格上；这种差异还会延伸到相当微小的能力和特征之上，在这些方面，再多的训导和纪律也无法消除它们。显而易见的结论便是，在教育中，统一的方法不可能产生一致的结果，所以，我们越是希望每个人都和其他人一样，那么使用的方法就必须越是多样化和个性化。

3.没有个体的利益，个人的努力便不可能存在。不可能有这样一门学科，它本身就可以为每个人的心灵都提供训练。如果一个人对工作本身没有兴趣，他就不会尽其最大的努力。无论他看上去多么努力，他的努力实际上并没有用于完成该项工作上，他很容易分心，而且他的努力在很大程度上都消散在要不要集中精力去完成这项工作的道德与情感的挣扎之中。

——约翰·杜威（《哲学家》，1934年）

另一个要问你自己的问题是，这个论证在实践中有什么意义？在杜威的《民主与教育》(Democracy and Education)一书中，他举了这样一个例子：一个男人走进一家摆满不同椅子的商店陈列室。杜威说，这个人过去的经历会帮助他选择最适合他的那把椅子。他过去对各种类型椅子的经验越多，也就越能很快挑选出那把适合他的正确的椅子。

此人所知道的关于椅子的一切，都来自于他过去在脑海中所建立的各类联系，例如，它们坐起来是否舒适、是否容易打理和清洁、是否足够结实，等等。这些联系便构成了他关于椅子的知识内容。正是这种知识内容使人们能够在新的情况下建立起所需要的新联系。

我们是对它(新体验)的联系做出反应,而不仅仅是对当下立即发生的事情做出反应。因此,我们对它的态度要自由得多。也可以这么说,我们可以从新体验的关联中的任何一个角度来处理这种新经验。在我们认为明智的情况下,我们可以让任何与关联物体有关且适合的一种习惯来发挥效用。因此,我们是间接而不是直接经历一个新事件,我们会利用创造力、独创性和足智多谋来处理新经验。一种理想的完美知识将代表这样一个相互联结的网络,在其中,任何过去的经验都会为它提供一个优势点,人们可以从中找到方法来解决新经验中所遇到的问题。

——约翰·杜威(《民主与教育》,1923年)

所以,杜威会说,信息,更不用说知识了,绝不能被孤立地加以考虑。话虽如此,但还是有一些值得我们指出的差异。下面的简单示例就以一个简单的情境说明了这种差异。

请假设一下,我在我的花园里测量了两年的降雨量,并将这些测量数字写在了笔记本上。数字列表包含着数据。然后,我根据这些数据制作了一张图表,并将其寄给当地的报纸,并随附一封信进行说明:我的研究表明今年将会是一个非常潮湿的夏季。信中所画出的图表和我所表达的观点,都是信息的不同种类——信息即处理数据的方式。

数据"是什么样就是什么样",哪怕(请参考我前文的那个例子）我的雨量计量表可能有问题，数据仍是一些无可争论的"事实"。无论它是好是坏，我读出的数据列表就是我的数据。

一旦我把这些数据整理成一个图表——也就是说，对数据加以组织——把它放在某个标题下并让它"传达"出某个信息时，这些数据就变成了信息。（这也是卡尔·汉佩尔所说的，从数据到理论的转变，需要一点点创造性想象力的意思——这方面的内容，请参见本书第6章。）信息是从数据中建构起来的，它们源自事实。当然，事实不一定得是像降雨量那样的统计数据。事实也可以来自各种体验，比如听音乐、看日落，等等。（**定性**数据是描述性的信息。）

注意错误和偏见

唉，当然，从数据到信息的转换，也有可能带来一些错误和偏见。

例如，在上一节的降雨量测量假设场景中，我可以很容易带入一些喜好偏见而使测量结果失真，例如，我可以决定选用哪些读数记录（以及忽略掉哪些读数记录）、我所采用的图表上的刻度轴甚或是我所选择的测量设备等。测量雨量时，我原本打算避开春季的干燥期，但也许，为了突出强调我的观点，我其至会推迟测量时间，晚一点再读雨量数据！

由于诸如此类的种种原因，看到我的图表的人可以合理地认为，它仅代表我个人的意见（我给报社写的信当然是我的个人意见），我认为，这都不算是潜在的基本数据。正如我的仪表所记录的那样，它们构成的只是关于我花园降水量的一些原始而粗糙的事实。

这里有一个需要你来仔细考虑的问题：当我说，"这将是一个异常潮湿的夏季"时，这是对事实的陈述呢，还仅仅是一种观点呢？你可以快速翻到本章末尾，比较一下你的观点和我对这个问题的看法有何不同。

8.2 颠倒知识层级结构

一些思想家已经采用并调整了我们在上一节中所描述的那种知识层级结构，并为其添加了具有特定功能的一些额外层级，例如，理解、分析和综合的智力运用阶段——有些甚至颠倒了知识层级结构！

在这里，我将介绍这一重要修订工作中的一些关键内容，尤其是本杰明·布鲁姆[①]（Benjamin Bloom）所做的研究工作，尽管他的名字并不是指蝙蝠侠的一个奇幻敌人。

---

① 本杰明·布鲁姆（1913—1999），美国当代著名心理学家、芝加哥大学教授，以其教学目标分类理论及认知领域六个层次而见称于世。

跟本杰明·布鲁姆学习批判性思考

本杰明·布鲁姆是美国一众教育心理学家中的一员,他们一起设计了一个金字塔模型,这些教育心理学家认为,该模型代表了不同的学习方式。他们把它设计成一个金字塔就是为了表明,最高级的学习方式是评估信息,因为评估信息最终建立在刚刚学到的信息之上,是一种更广泛的能力。

认识布鲁姆的分类法

布鲁姆希望在教学中能推广更高形式的批判性思维能力,例如,要对材料进行分析和评估,远离那种教师仅训练学生记住事实和填鸭式死记硬背的教育。他的分类系统距今已经有半个世纪的历史了,但在教育学方面看来,他的方法仍然相当"先进"。它会向你揭示一些事实,例如,就学习方法而言,一些中小学和大学是如何陷入困境而止步不前的。

与上一节中我们所剖析的"毫无虚饰的经济舱系统"一般的金字塔结构将知识放在最顶部的情况不同,布鲁姆的**认知领域分类法**(谢天谢地,这里的分类与生物学中对那些令人毛骨悚然的毛茸茸生物进行的分类毫无关系)是指对事物或概念进行分类或排列的一种系统——首先将知识放在金字塔的底部(详见图8-2)。接着,金字塔向上共分为六层。如下图所示,它的每一层级都代表着一种能力:

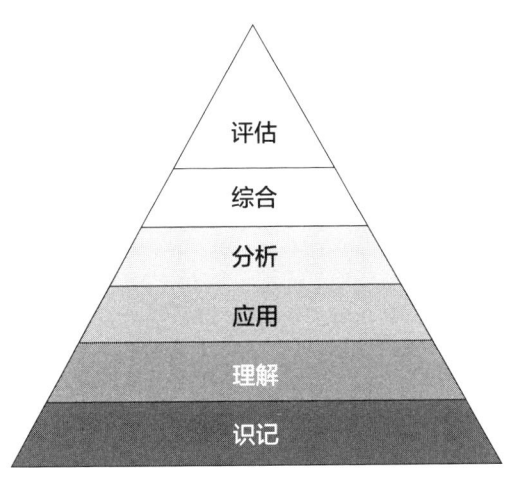

图8-2：布鲁姆的原始金字塔分类。

- ✓ **第1层级——识记**：通常，人们会认为知识是美好的，甚至是强大的。但布鲁姆将"知识"简单地定义为是对以前学习过的内容的回忆。这让人听起来觉得知识好像也没什么大不了的，这也是为什么他会把知识放在他学习层级金字塔的最底部。一个典型例子是人们会回想起数据或信息，例如，知道不同种类的树名。

- ✓ **第2层级——理解**：下一个往上的层级是理解，指的是人们理解材料含义的能力。但是这种理解也是很低级的东西。典型例子是理解文本、说明和问题等，例如，人们能够用自己的话来重述某件事。

- ✓ **第3层级——应用**：这个阶段是层次结构中的一次升级，因为它需要人们有能力在新的情况下应用和使用"刚学习到的内容"。一个典型例子是概念或技能的实际应用：那些研究过事实和推论之间差异的人，能够在检查其论证的过程中将这种技能应用于某些特定文本。

但是，如果你只会死记硬背地学习，只会应用人们告诉你的东西的话（正如许多人都记得，我们在课堂上正是被如此训练的），那你仍然处在第1层级的学习模式上。

- **第4层级——分析**：只有在分析（该词表示将事物拆开）层级，学习才要求对材料有一定理解。你不能通过死记硬背去学会如何分析事物，尽管我想，你倒是可以死记硬背某些步骤，来帮助你做到这一点。比方说，分析就是将文本拆分为几个组成部分，以便更好地查看和掌握其内部结构——也许是为了发现某人推理中的某些逻辑谬误。
- **第5层级——综合**：分析之后就是综合，因为它是指将信息和想法集中在一起以创造新事物的能力。这里需要用到创造力。例如，在从不同元素中构建一个新结构或重新组装各部分内容以创造新意义或解释时，就需要用到综合技能。再例如，参考多种资料来源并撰写一篇原创文章，或是从一系列可用的工具和方法中选择一些来设计一座花园等，也需要创造力。
- **第6层级——评估**：这是布鲁姆分类法中的最高级别，它指的是一种评估能力，即评估在较早层级时所理解、应用、分析和综合的知识的价值（或者也可以称为"有用性"）。评估真的是老师们在有关想法或材料的价值方面所长期关注的东西（本杰明·布鲁姆自己就是一位教授），主要是看看其论证是否奏效，甚至也可以是评估人们的优点、技能和能力水平等。一个典型的例子是，在准备学习某门新科目时，人们会先评估并挑选出最好用的参考书籍。

布鲁姆的分类法主要是为学术教育而创建的，但它也可以应用到各种学习中去。

让知识向上一层级流动

水是做不到这一点的，但知识可以做到，或者至少可以说，那就是布鲁姆层级分类的含义——上一层级能力的取得依赖下一层级能力的掌握，但下一层级不能利用上一层级的能力。

二十一世纪的知识金字塔

20世纪90年代有一群新学者，他们将自己重塑为"认知心理学家"，其成员包括洛林·安德森（Lorin Anderson，布鲁姆以前的一个学生）。尽管他们显然做了很多与布鲁姆相同的研究，但他们更新了布鲁姆的金字塔层级，或者用他们自己的话来说，这种更新是为了对人们如何进行思考给出一份21世纪的新见解。其修订变化主要有以下几个方面：
- ✓ 将六个层级中每个层级的名称，从通俗易懂的名词形式更改为相应的动名词形式。（动名词是通过在动词后面直接添加"ing"的后缀使其变成主动性的名词。）
- ✓ 重新排列了层级结构。最大的"改变"（参见图8-3）是"创造"现在位于金字塔的顶端——这是一项布鲁姆甚至都没有提到的技能。其他一些变化似乎都是或多或少地改变了风格而非实质性内容。

其他人创制的新模型也纷至沓来。其中最有趣的一个模型又叫作"观察学习结果的结构"（SOLO，Structure of Observed Learning Outcome）分类法。这是由两位澳大利亚人提出的，其中一位是心理学家和小说家约翰·比格斯（John Biggs），另一位是对横向思维感兴趣的商业咨询顾问凯文·科利斯（Kevin Collis）。他们的这个分类包括五个层级：

- ✓ **没抓住重点——前结构**：这些学习者不理解课程或主题。（我也曾是这样！）
- ✓ **有单一重点——单一结构**：这些学习者对主题有个基本的了解，但他们只关注其中的一个方面。

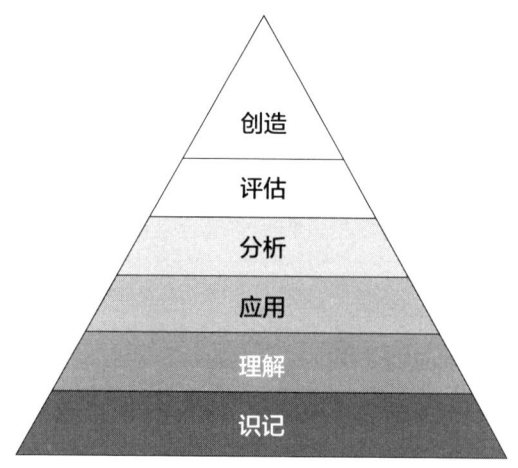

图8-3：新修订的布鲁姆金字塔。

- **多个不相关重点——多结构**：这些学习者现在专注于几个相关的方面，但它们都被孤立地对待；这些见解之间是互不关联的。
- **中级过渡形式——关联性**：最后，不同的见解终于被整合在了一起。这些学习者已经能够将所有部分连接整合，从而掌握了他们学习的主题。大多数学习，到此也就结束了。
- **逻辑上相关——扩展抽象**：一些学习者可能会在上一步的基础上更进一步，他们能够根据他们对主题的完整理解来创造新的想法。

不要误将关于不同层级的分类讨论，当作毫无用处的抽象概念：它其实是非常实用的。例如，如果某人通过研究所能做的，就是（比如说）阅读维基百科词条中的内容并将其明显相关之处加以编辑，那么，这个人在创造新事物的路上还有很长的一段路要走。若想创造新事物，人们必须综合多个信息来源，而这需要运用综合的高级思维能力。另外，只有能够评估材料内容的人，才能够判断他们所制作的东西是好是坏。换句话来说，只有身在知识金字塔顶端的人才能写出一手好文章——更别提那些能给他们评估和打分的人了，那更是如此！

在布鲁姆的知识金字塔中，运用了所有技能的思考，要比只运用了部分技能的思考"更好"。能创作出实际成果的创造力（换句话说，即发明创新）应该是这种运用了"所有"思维能力的例证，因为它除了运用知识和理解这些核心技能之外，还运用了四个最高层级的学习能力：应用、分析、综合和评估能力。

与此相关的最新进展，请参阅前文"二十一世纪的知识金字塔"部分。

跟加尔文·泰勒学习创造性思考

美国心理学教授加尔文·泰勒（Calvin Taylor）是研究人类创造力的一位重要人物。他的关键思想是，世上有许多种不同类型的技能和能力，此外，在一件事上有天赋的人，可能在其他事情上并不太擅长。

创意进入太空

20世纪50年代中期，为了应对发射人造卫星和其他冷战时期的压力，美国政府开始在培养科技人才方面投入更多的资金支持。其中的一个受益机构就是加尔文·泰勒自己的创意行为研究所，该研究所已经举办了多次暑期教师创意工作坊。美国航空航天局（NASA）资助了在那里开展的研究，将其作为培养未来有成功潜力的科学家或工程师的一部分资助。研究结果表明，独立思考和工作成效以及极大的自信心之间存在一贯的正相关模式。

泰勒声称，典型的智力测试只测量了一小部分被确定的智力而已：最多只有10%。所以他建议，应该在课堂上评估学生的多重智力。他提出了九种"智力类型"，它们分别是：创造性思维、规划、沟通、预测、做决策、执行规划、人际关系和洞察时机。他认为，人们对智力和能力的传统衡量标准，经常会忽视这些"智力类型"。

好消息来了！许多被传统智力衡量标准评定为低水平的人，在新智力领域的一个或其他几个方面，至少可以达到"平均"水平。泰勒还声称，三分之一的学生至少在新智力领域的一个方面可能会极具天赋。因此，这个新的智力评级标准将会大大增强学生的学习动力，并能够让他们的努力，朝着更有建设性的方向发展，即专注于"人们所擅长的事情"，而不是徒劳地专注于人们所不擅长的事情。

8.3 保持动力：知识、技能和思维模式

众所周知，在学习期间保持积极心态对于取得成功而言十分重要。一项研究发现，辍学的学生中有三分之二表示，缺少动力是他们辍学的一个原因。更糟糕的是，在剩下那三分之一继续上学的学生中，也有许多人失去了学习动力！

本节内容会围绕**思维模式/心态**（mindsets，它属于心理态度范畴）是如何影响技能水平甚至是能力的发挥来展开。我

希望，这部分的内容能够帮助你在攀向思维金字塔顶端的过程中，获得并保持住学习动力，因为最有趣的事情正是发生在思维金字塔的顶端。

但是，获得动力也并不像有时被证明的那般简单——比如说，体育老师会在一次越野跑中追逐落后的掉队者。一直对某事抱有热情，或者甚至让自己一直做某事，还是远远不够的——你必须对自己的各项能力有一个符合实际的判断，最重要的是，你要学会如何运用这些能力。

在通往学术成功之路上摸索前行

因此，有大量研究表明，动机对成功至关重要，但这类证据也指出了一个问题。

稍微暂停片刻，戴上你的批判性思维的帽子，记下这一论点——也即，增强动机是成功的关键——中可能存在的一些弱点。（你可以阅读我在本章末尾处给出的一些想法。）

尽管如此，详实的研究表明，动机不仅是学业或学术成功的关键指标，它也是在生活的各个领域里取得成就的关键指标。当然，这不足为奇。但是，动机不是人们在中小学或大学里所习得的东西——尽管在工作场所，人们会接受一点有关这方面的在职培训。

相反，大多数教育活动都坚定地专注于"提供课程"和**教学法**（即教学的方法）。尽管有许多研究都表明，就最终的学习结果而言，心理因素（如学习动机）往往比所谓的认知因素（如语言技能，甚至是普遍智力等）更为重要，但这种专注课程和教学法的方法仍然存在。个人感受也很重要！例如，学生对自身价值、对中小学或大学的感受体验，或是对工作前景的信念等等。

细察表扬的矛盾性本质

20世纪90年代，作为后来所谓的**自尊运动**的一部分，一些教师试图向他们的学生群体灌输一些更为积极的信念，他们采取的方法常专注于让学生"对他们自身和他们的能力，以及对他们的成功前景感觉良好"。然而不幸的是，这种旨在改善学生思维能力的策略所依赖的是有缺陷的思维。自尊运动一般假设，告诉学生他们是杰出的人才、聪明、有才华等，不仅会让他们对自己更加积极自信，也会增加他们学习的动力，并最终取得良好的成绩。但事实上，这一方法恰恰适得其反。

称赞、夸奖学生的能力，往往会产生一种防御性的反应——在这之后，甚至可以这么说，学生只想"戴着过去的成就桂冠而固步自封"。研究发现，受到这样表扬的学生，随后更有可能会避开解决难题——因为，这样的难题似乎带有失败的风险。（也即，有失去他们已获得夸奖的那顶"桂冠"的风险！）

称赞人们的能力会使接受者认为，他们的智力水平是固定的，因此他们反而不会将学习视作自己可以不断培育的东西,最终,他们便无法通过继续学习来开发和不断提升自己的智力。

培养必要的思维模式

实际的情况是,在生活中的各个领域,学习和成就的达成都与人们是否有探索新领域的意愿有关,并且还与人们是否能坚持不懈、踏踏实实、认真勤勉地工作有关。这里的矛盾之处就在于,称赞某人的智力或技能水平,反而会阻止此人继续取得进步。(这并不是说,阻止人们进步就不存在别的各种各样的方法了——比如,说他们愚蠢和无用也能阻止人们进步。)

完成目标和取得成功所必备的心态会有两个基本要素:

- ✓ 愿意着手承担具有挑战性的任务,这些任务能够提供给人们学习新事物的机会,而不是躺在舒适区里满足于应付更加轻松自如的工作任务。
- ✓ 具备持之以恒和自我控制的心理技能,而不会成为下面这种人:他因为项目任务的截止日期与最喜欢的电视节目冲突,或是因为上周天气炎热、到户外呼吸新鲜空气似乎太诱人等原因,就匆匆交上只完成了一半的任务。有关该领域研究的更多方面,请查看下文"你能通过棉花糖测试吗?"中的内容。

你能通过棉花糖测试吗?

20世纪70年代,美国斯坦福大学的瓦尔特·米切尔(Walter Mischel)及其同事开展了一项著名的研究,以调查"自我控制"与后来的学业成就之间的关系。

他们要求来自大学托儿所的非常年幼的一些孩子们,待在一个装有小铃铛的房间里等待15分钟。孩子们被告知,他们可以吃到棉花糖,这显然是一个很好的提示。但这里也有一个陷阱:如果孩子们敲铃铛主动要棉花糖,研究人员会立马出现,给他们棉花糖,但他们只会得到一颗棉花糖。而另一方面,如果他们能够耐心等待研究人员的到来,他们则会得到两颗棉花糖!

孩子们的反应千差万别。有些孩子在研究人员离开房间后只过了几秒钟,就开始敲铃铛,而其他一些孩子则等待了整整15分钟。

这项研究的第二部分,比较了几年后耐心等待组的儿童与"即时得到满足"组的儿童所取得的成就。研究人员会使用孩子们离校时的考试成绩,作为其学业成就的衡量标准,他们声称,其研究发现,孩子们4岁时等待棉花糖的能力与他们11岁时解决语言推理问题的能力之间,存在着显著的正相关性。

这项研究得出的教训是:心理上的自我控制,是人们日后取得成就的一种重要工具手段。而好消息就是:大多数人都可以在自我控制这件事上做得很好!

练习答案

杜威的教育良方

我的快速标注将是：知识就是关联。这段的其余内容也很有趣，但这条是关键思想。

"这是一个异常潮湿的夏季。"

我有降雨量的测量结果，但该陈述仍然只能算是我个人的观点。请试着考虑一下我做出这一主张的背景：我将我的数据与其他城镇或地区的降雨量数据进行比较了吗？以及，我是在一年的什么时间段内进行降雨量数据测量比较的呢？所以，即使是这个看似很简单的个人主张，里面也暗藏着大量的价值判断。

有关学习动机不足问题的研究

通过这种学习动机不足的研究，我至少可以看到三点务必要提醒批判性读者注意之处：

- ✓ **认为低学习动机是学生从学校辍学的原因的观点。**支持这一观点的重要研究论据是，辍学者的学习积极性比较低，而那些完成了课业的人的学习积极性比较高。然而，研究人员还发现了一些证据，那些留在学校上学的人也有丧失学习动力、士气低落的情况。这便大大削弱了前面的观点,也即认为学习动机是学生选择继续留校完成学业、还是辍学回家的关键原因。

✓ **认为"因果"律适用于这里声称的低学习动机与辍学之间的关系,即认为是低学习动机导致学生辍学的观点。** 在学业上困难挣扎的学生,有可能丧失学习动机并随后辍学,但反之则未必成立。

✓ **研究人员所提供的证据都太过模糊,因而不具有说服力。** 研究人员并没有提供调查项目的名称或日期,所以,这基本上算是一种道听途说,或者可以说,它如我们当今"在互联网上所读到的一些东西"一样,真假难辨。这样的研究在法庭上是根本站不住脚、没有说服力的——即使在论文写作中,它也不太能站得住脚!

第三部分

在实践中运用批判性思维

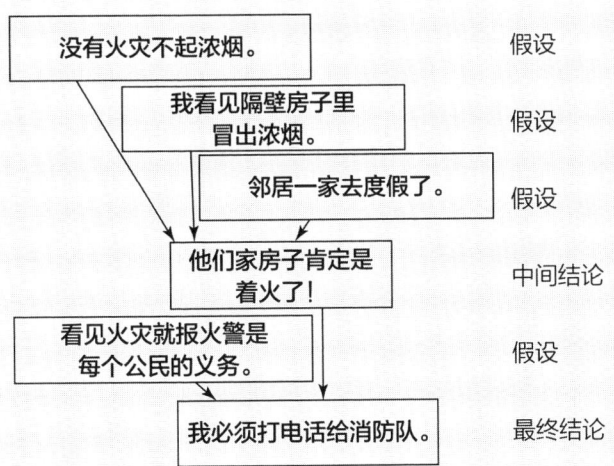

在这一部分内容中，你将会：

✓ 将自己从被动的读者海绵，变成积极主动的能"吞噬作者"的大鲨鱼，并在批判性阅读方面保持谦逊低调。

✓ 尊重优秀写作的关键原则，让你的写作不受"鲨鱼"攻击、更经得起推敲。

✓ 拉开两场以演说为主的盛大表演的帷幕——正式讲座和大学中的研讨会。

✓ 查看能使演说展示出令人难忘印象的基本要素，剖析团队的动态并学习聆听和做笔记的一些专门技巧——以及，学习如何更好地向他人传达你自己的观点。

第9章

直抵（阅读）活动的核心

本章提要：
- 从文本中找到初始的线索
- 提取更深层次的宝贵信息
- 了解一些节省时间的技巧

阅读只为心灵提供知识的内容；但是，思想使我们阅读的内容终为我们所有。

——约翰·洛克

［引用自霍拉斯·曼《手册：告诫与建议》（Hand Book : Caution and Counsels）一文，发表于《共同学派杂志》（The Common School Journal），1843年，第5卷，第24期］

批判性思维是从阅读伟大的书籍中得到给养与培育的，这使得批判性阅读技能一直位于良好学习技巧的核心。批判性读者不会被动地接受他们所阅读的内容——他们会积极主动地去进行阅读，不断权衡作者所举案例中的优缺点。正如我在本章中将会说明的那样，批判性读者不会在作者所呈现的事实面前温顺地跪拜，而是去质疑和评估所有证据，无论它们是公开陈述的还是隐藏在文本内部的。

当然，批判性阅读就是去发现想法和信息，但是如果你读后记不住所读过的大部分内容，如果你无法掌握你所需要的特定内容，又或者你只是缺少时间，那么批判性阅读也无法完成。出于这些原因，我在本章中提供了一些有关记笔记和略读方面的实用技巧，它们可以帮助你进一步提升你的批判性阅读能力。

9.1　作为一种实用技能的批判性阅读

在某些情况下，做一个不加批判的读者就已足够：事实上，大多数教育都鼓励这种方法。学校培养的主要技能是总结而不是选择；而挑战或反驳信息的来源——无论它们是出自其他书籍还是老师，都会被积极地加以劝阻。是的，大学在这方面也好不到哪里去。

这也许是因为，教育是在一个封闭的环境中运作的。考试委员会告诉老师该教些什么；老师告诉学生该学些什么；然后，考试委员会只检查孩子们记住了"多少"。批判性思维根本不在其中！换句话来说，一门大学课程可能设计得糟糕、过时且无关紧要，但如果传授和评卷的人都对它感到满意，那么这就是你必须去努力学习的课程。

这种关注可能会让你觉得，批判性阅读不是必备条件。但是请不要犯这个错误！与此相反，请把它视为对未来生活的一项投资。

以医疗保险为例。各种专业人士都直接对他们的客户负责，其保险单上会写明，知道一种特定的新方法奏效还是不够的，使用它的人也许会发现它会使情况变得更糟糕。医生们埋首于医学研究中，致力于研究出有说服力的新治疗方案，然而几年后，这类新方案可能会被证明无效甚至是有害的。对治疗方案声明进行仔细、批判性的阅读，可能在早期就会揭示出，支持这些新方案的证据很薄弱。因此，拥有批判性阅读能力可能是一件生死攸关的大事！

9.2　解读言外之意

如果你能假设，你所阅读的内容是一个简单的陈述，并且总的来说作者所言都是真实可信的，那么生活会不会容易得多？然而，人们可能会犯错，文本也可能会产生误导，而且原因远不止作者在说谎（我发誓这真有其事，没有骗人）这一条。作者可能过时、被误导或根本不称职；可能感到迷茫困顿、犯糊涂或只是懒惰；也可能所有理由都占全了！

所以，你需要做一个持怀疑态度的读者。在本节中，我介绍了一些智力检查，它们可以应用于你正在阅读的任何东西，以便帮你评估你所读内容的合理性。对于你能从一些相当基本的质量控制中收集到很多信息这一点，你可能会感到非常惊讶。

检查出版商的资质地位

如果一篇文章出自某学术期刊或一本书是某家学术出版社出版的，那么你可以假设，对其所涵盖的主旨和话题，几位具有相关领域知识的人已经对它进行过核查。他们应该已经删除了一些存在基本错误的草率内容。另外，你也可以确定，要是它来自某个受人认可的来源，你便可以安全地引用它，而不用担心引用它会让你看上去显得很蠢。

但是，不管一些批判性思维专家怎么说，人们学术生涯中的所有主题也包含着一系列截然相反的观点。因此，这种学术类型的检查远不能保证，这个文本没有犯一些更为复杂和重大的错误，不能保证它没有党派之见，或者可以说，也根本无法确保整个工作方法是没有问题的。

学者们倾向于抱团行动，所以作者和评论者可以很容易地找到一些专家来支持或者痛批他们所采取的观点和立场。现实生活中，也有很多例子说明，主流观点是错误的，而少数派观点是正确的，毕竟学者也是这个现实世界的一部分。

仔细审查作者身份资质

问问你自己,你正在阅读的东西是属于学术研究、新闻报道、某位专家的意见还是匿名网站上的内容。如果你所读的内容中标明有一位或多位作者,他们的背景、专业领域和经验分别是什么样的?换句话来说,请考虑他们在这个主题的写作上具备何种资质。

也许,你已经问过你自己,科恩又能在批判性思维写作方面具有哪些资质呢?你应该这么问的!好吧,为了让你放心,让我来告诉你。我确实拿到了相关的学位,并且关于批判性思维这一主题,我曾经为英国政府做了一项研究,并与他人共同撰写了一份研究报告。对于这本以通俗易懂为目标的批判性思维入门书籍而言,我也拥有为普通读者写过多本书的经验。

若作者拥有第一手的相关经验,这会使他们的书更加可信。但是要注意那些其经验可能表明他们自身就带有偏见的作者——这是一个很容易犯的错误。与此相关的一个案例,请参阅下文"意识到作者的潜在偏见"。

意识到作者的潜在偏见

在为学生写一些有关参考资料来源的建议时,批判性思维领域的教授理查德·诺思艾奇(Richard Northedge)赞扬了一位叫理查德·莱亚德（Richard Layard）的学者写的一篇关于社会不平等的文章。他赞成这篇文章的一个原因是，莱亚德教授是英国政府的顾问，并且他还因其服务被加封为勋爵而广受"赞扬"。

但对我来说，这一事实正表明，莱亚德教授的观点可能（我不是说它们一定是这样，而是有可能）会受到政治偏好及重要学术言论的影响。理查德·莱亚德居于英国社会金字塔的顶端，他是这一"体制"内的重要成员。因而针对英国政府帮扶弱势群体方面的努力，他的观点似乎就有点过于保守温和了。

想想你所读的这篇文章是为何而写

问问你自己，所读的这篇文章是否是为了服务于某个特定目的而写，或许是为了记录一次事件，或许是旨在寻找一大批付费读者（并让作者赚钱），或者可能是为了获得某项资质。（前文"意识到作者的潜在偏见"**可能**就表示，该文本具有某个隐藏的功用。）

出版商需要卖书，甚至学术写作可能也是流行时尚的产物——如果作者参与了该领域正在火热进行的现场辩论，那他们更有可能撰写此类文章。**现场辩论**可以充满最新的研究发现和发展——也可以是为新研究花费大量资金的场所！在所有这些情况下,请试着将所读之书,置于一个更广泛的社会和科学背景中加以考量。

评估文章的写作和呈现方式

请考虑文本是作为一份事实报告还是作为一个逻辑论证呈现给受众的。或者,它是某项运动甚至某个宣传或某支广告的一部分内容吗?如果这个文本是一项研究的一部分,那么它"完成得如何"?

关于这最后一点的判断,绝不是直截了当的。评估研究是一个特殊的过程,它会涉及我在下文"检查方法"中所描述的好几个考量因素!即便如此,批判性读者至少应该考虑到这个问题。

检查方法

当作者写书、开展研究或调查某个主题时,他们是在一个研究范式(一种理论框架)的内部运作,这又会影响他们是如何看待并调查这一主题的。在正式的学术研究中,作者预先讨论了研究范式,所以,那会是直截了当的。但更常见的情况是,他们会将所选的范式作为既定条件,不对其性质进行阐述而将其置于背景语境之中。因此,批判性读者必须做出特别的努力,来识别其中的范式,并考虑作者在选择该范式时,是否从一定程度上扭曲了他所报告的信息。

在查看广泛的社会科学领域的报告和研究结果时，可以提出以下这些有用的问题：

- ✓ **理论性还是经验性**：该研究文本是主要关注思想和理论，还是主要基于观察和测量？大多数的研究文本会混用这两种方法，但批判性读者需要确定哪个方法才是主要的关注点——即使它的作者自己看起来都很困惑！

- ✓ **普遍性还是特殊性**（Nomothetic or idiographic）：这些宏大的术语源自古希腊语（nomos 表示律法，idios 表示个人或私有），它们分别指的是一般适用的法律或规则，以及与之相对的与个体相关的法律或规则。大多数社会研究关注的都是一般通则，即普遍情况，因为即使在研究个体的案例情况时，研究人员通常也希望可以将其研究结果概括起来，推广到其他人身上。要始终牢记一个问题，对特定案例的一次完全有效的观察，是否可以安全地概括为一种普遍情况？

- ✓ **因果性还是相关性**：很多人会混淆这两个术语，以至于这类错误有独属于它们自己的名称——cum hoc ergo propter hoc，归因/相关性谬误（拉丁语中的意思是，"伴随有……情况，因此，由于"）。换句话来说，也即将未经证实有关联的事物堆放在一起。让我们举个医学上的例子。最近有一项针对乳腺癌患者的研究，它调查了超过100万患乳腺癌的女性，旨在了解有多少人通过切除可疑癌细胞的手术得到了治愈。

研究发现，癌细胞切除手术十年之后，做手术的人中，三分之二还活着。人们很自然就会假设，患者的存活是由于接受了手术治疗，但该研究还发现，在对照组女性中，接受模拟手术（不去除任何癌细胞）的患者具有相同的存活率，并且还大大降低了手术后的不良影响等风险。要注意，在实验研究中，存在一种固有的偏见——即使可能根本不存在因果关系，人们也会以为有因果关联。

- ✓ **统计式的答案还是意识形态式的假设**：很多的研究都是基于概率之上的。但是，在计算这个概率方面，即使是有经验的研究人员，也可能会犯错——也许他们对其数据应用了错误的统计程序，而且他们通常会高估自己的研究发现。统计学不只是一些简单易懂的事实。统计数据是被人创造出来的，所以有时也会有误解且易被操纵，这也就是为什么一些政客和企业高管有时也会利用它们来呈现带有偏见的图景。

撰写文章时需要考虑的因素

如果某个文本是以事实报告或研究的形式来呈现的，那么文本的撰写日期可能至关重要。"何时而写"是有关文章背景语境的一个重要组成部分。

首先，关于事物的事实会不断发生变化。事实会有新的发现，或者当重新审视旧有的发现后，才发现原先的事实是错误的。天文学家最近才发现，20世纪中关于宇宙的计算和假设都已经远远过时了，现在看来，宇宙95%的成分都是所谓的暗物质和暗能量，而它们基本上是肉眼不可见的。同样，在许多科学领域和部分艺术领域中，人们的观点也处于一种不断更新和屡被修改完善的状态，然后还有"背景语境"。巨大的社会事件会深刻长久地改变人们的观点。在第一次世界大战前的政治乐观年代里所写的东西，与战后所写的东西会有很大的差异。同理，相较于20世纪80年代后期，有着理想主义（嬉皮士）政治背景的20世纪60年代对书籍创作、流行的艺术氛围和文化都有着深刻（也许也是被低估）的社会影响。

评判证据

为某个观点立场提供一些证据非常容易——真正的问题在于，你如何判断什么样的证据才是合理有效的好证据。例如，一本附有十页参考文献的书就会比没有提供参考文献的书（比如这本书）更好吗？

这时候，我会稍微在此突出强调一点，并表示（与许多学术文本的实践相反）一本书好不好，关键要看正文的内容。有参考文献固然看起来高大上，但关于"是谁这么说的，以及他为什么这么说"这个问题，实际上只是被继续传递下去了——问题并没有得到解决。有这些参考资料来源的书的作者，又是从哪里获得**他们的**这一信息来源的呢？作者应该提供尽可能多的读者所需的证据，以便读者可以就某本书正文中的某个问题，进行他们独立的评估。作为读者，你也没有义务完全信任作者，更没有必要亲自检查图书馆中能查到的所有相关脚注和参考资料来源！

重要的是，要在读者需要相关信息的时候，向他们提供足够多的信息。对那些长篇大论而缺乏细节支撑的文本，我们要持怀疑态度。

一个相关的问题是，要知道一本书是只论证一个观点还是同时论证好几个观点。正如我在第9章前面部分所说明的那样，一本好书给人的感觉，应该像是由一位强大的辩论主持精心指导的一场辩论。对于批判性读者来说，一本书，即使它不是面向普通大众读者，但若它将观点作为事实来呈现、而没能指出存在的其他观点和方法的话，这本书也会降低其自身的可信度。

想想你为何要阅读这篇文章

颇令人惊讶的是，即使对相同的一个文本，人们也有着多种多样的不同反应。因此，对于批判性读者来说，重要的是不仅要考虑作者写作的目的，同时还要考虑他们自己阅读该文本的原因为何！

问问自己，你是如何第一次接触到某本书或某篇文章的。

你是否只是碰巧遇到它？你是被动地被引向它或是被人推荐了这本书，还是它曾出现在你的系统搜索引擎的顶部（例如，通过关键词进入网络搜索引擎进行搜索）？关于这个文本的来源，你知道它，是出自某条轶事信息、已发表作品的摘要（例如，在亚马逊网站上常读到的那种），还是来自某个刚刚创建的学术阅读书目清单？

这些问题的答案都很重要，因为，比如说，如果你的文本来源是你碰巧遇到的，那它可能不能代表人们就该主题所表达的意见共识。它可能是少数激进主义者的观点，或者只是那些并不真正了解这些东西的人的观点。人们倾向于寻找那些能够佐证我们自己已有观点的观点，这是人之天性，所以，你要小心因为你仅仅喜欢这些文本的观点，就"不加批判地"阅读你自己选择的某些文章和书籍。另一方面，假设你的文献来源是别人的推荐，在这种情况下，推荐人推荐的书的好坏，将与他们的个人判断水准成正比。例如，如果他们是该学科的某位教授，那么很好，这通常是一个好的开始，因为他们肯定能很好地掌握一般的背景语境（这是他们的工作任务），但他们同样也可能有相当狭隘和固执己见的一些观点。你可能会被他们导向某个标准和传统的观点，而这可能是以牺牲其他不那么传统但可能更有成效的观点为代价的。所以，这里的关键是，你要始终意识到你可以——而且也许也应该——**再阅读一些其他文本中的内容**！

9.3 扮演侦探：调查证据

互联网已使任何文档的"事实检查"过程变得异常快速且简便，考虑到有很多不规范且充满错误内容的网站，若你更喜欢利用网页而不是利用有详细研究的书籍来作为参考资料的话，你可能就会犯下严重的错误。但无论如何，当你阅读时，你需要寻找出几类证据，而其中的"事实"证据只是最表面的一层证据。

不加批判的读者通常会认为，所谓证据就是相关的"一些事实"，但批判性读者会走得更远一些。他们阅读不只是为了发现一些事实而已；他们像优秀的哲学家那样，知道"真理/真相"绝非如此简单，而且存在着诸多种可能的事实。因此，他们的目标是，批判性地评估阅读到的一些想法和论点，并且他们会意识到，写作中的一些重要决策，其实来自于作者对事实进行的筛选和编排。

权衡考量一手和二手资料来源

在本节中，我将介绍一些批判性读者所需要开展的侦探工作，这主要是为了揭示文本中所隐藏的一些前提或推理链，也即隐含但未被陈述出来的假设。

√ **一手资料来源**：一手资料来源是研究人员淘金时挖到的金

粉。它们是相关时间段内的最原始材料，未经过滤，也即未被人阐释或评估。一手资料来源呈现出文本的原始想法，也会呈现和报告一些研究发现，或是分享一些新想法或相关的信息内容。

- ✓ **二手资料来源**：指的是关于他人观点、研究或著作而写的某篇新闻报道或专著。它们是事后诸葛式的阐释和评估，但是，我们也不要对此嗤之以鼻——事后之见有时候也相当有用！

请想想有关全球变暖的议题，思考一下这场辩论中双方都呈现了多少事实。要是你为同一则新闻引发的争论（例如，据有些报道称，格陵兰岛的冰盖正在不断融化缩小）而查看不同的网站的话，你就会发现，哪怕是两种具有权威性且基于同一事实所作的解释，也会得出截然相反的结论来。

在这场辩论中，就像在许多其他辩论中一样，选择哪些事实就成了最为重要的事情。这就是为什么批判性读者不仅会检查证据，而且还会"在事实的背后"去寻找线索。请查看前文9.2节，以便了解关于这方面的更多详情。

在阅读一手资料来源时，用上一句简短的引文，也可以为你的论点镀金、提供一些证据，而且，这也会让阅读你的文章变得更加有趣。例如，一家名为《每日哭诉报》（*Daily Wail*）的报纸曾警告世人说，北极熊存在灭绝的危险。此外，也还有一些专家回忆或想起他们听说过《每日哭诉报》上确实曾刊登过诸如此类的事情。如果你正在等待某位作者向你证明《每日哭诉报》关于北极熊所作的论证，那么直接援引报纸的原话，会比引用专家的回忆或其他任何资料来源上的内容都要好得多。在这个案例中，《每日哭诉报》就是文章的第一手资料来源。

然而，如果你看的是其他研究人员的文章，而他也引用了同一篇报纸上的文章作为北极熊正在逐渐灭绝（更不用说它们是真的快要灭绝了）的证据，那么报纸就充当了二手资料来源。二手资料来源的相关定义也很简单：你阅读的内容已不再是某人直接所说的内容，或者（更微妙地来说）你读到的内容的意义与它在原始上下文语境中的含义可能已有所不同。因而，资料的来源链越长，内容出现扭曲变形的可能性也就越大［就像在中国的耳语传话游戏（Chinese Whispers）中经常会出现的情形那样］。

如果你正在阅读的文本是某人对他人观点的一些看法——这也是几乎所有写作的旨归所在，那么就请将该文本的作者视为权威，而不要认为他/她只是在准确传达其他人的话。出于这个原因，你在选择自己所使用的文本时，就一定要非常小心谨慎，也要非常地具有批判性。

珊瑚礁多久之后就会消失呢？

如果我们相信《泰晤士报》的报道的话，上述问题的答案就是，几十年之内珊瑚礁就会消失。2009年，该期刊报纸曾用一版增刊的版面，专门对珊瑚礁即将迅速消失发出了警告，还将其原因归结为化石燃料的大量使用和二氧化碳等相关气体的排放。该增刊上还刊登了一系列令人印象深刻的数据图表证据，以及珊瑚礁在遭到破坏"之前"闪着动人光泽的照片。该报道的中心论点是，在过去约两百多年的时间里，工业化进程的后果产生了几乎叫人瞠目结舌的恶劣影响，地球表面海洋中的巨大水资源储备也因此变得更加酸化，并且这种酸化现象还将变得更加严重，以致会毒害到那些珊瑚礁。

首先，批判性读者应能注意到，《泰晤士报》在此只是作为二手资料来源，它和公众交流的是其他人的研究发现。

其次，作为一家报纸，《泰晤士报》很可能有某种政治利益，这会影响到其报道的客观性。在这种情况下，负责增刊版面的编辑曾在其他地方予以承认，他感到有责任去提醒世人关注全球变暖的危险：考虑到可以预见的影响范围，这位编辑认为，全球变暖对海洋的威胁最能引起人们的回应。换句话说，增刊所登内容是对某种政治立场进行的宣传，以便说服各国政府去采取更多的措施来减少二氧化碳的排放量。

就科学方面的证据而言，珊瑚礁大约存在了5亿年，而在此期间，海洋的温度、酸度和盐碱度都曾发生过显著的变化。许多科学家的观点立场与《泰晤士报》提出的（显然是冷静而权威的）观点，也截然不同。批判性读者必须对所有的观点抱持一定的怀疑态度，不论它是以多么光鲜亮丽且令人印象深刻的方式加以呈现的。检查资料来源、交叉参考所引用的事实证据，并积极寻找与其有相反观点的一些报道，这样一来，无论你最终得出了什么决定性的结论，它的证据基础都会更加牢固可靠。

我对珊瑚礁一直很感兴趣，我曾在澳大利亚昆士兰举办的一次会议上提交过一篇论文，论文主题就是澳大利亚海岸附近的大堡礁（它也是《泰晤士报》那篇专题报道中的特写图片）。珊瑚礁当然是处于危险和痛苦之中，但其威胁的来源却不是因为全球变暖。真正威胁珊瑚礁的很明显是昆士兰几个大农场所造成的肥料径流污染（含有氮肥）。说起全球二氧化碳排放（尤其是针对中国人的碳排放而言）造成了对大堡礁的损害，这在政治上而言是很方便的，然而，要说珊瑚礁消失是因为河口的水源遭到污染，却并不那么容易！但我们的卫星图像显示，硝酸盐正从河口旋转着流向已经死了一大片珊瑚礁的地方，还有其他一些珊瑚礁也已经是奄奄一息的垂死状态了！

遵循思路链

要想成为一名批判性阅读者，另一种方法是，你得学会将文本抽丝剥茧到只剩下最后的骷髅架，也即文本的论证主干。我这么说，是想表达什么意思呢？好吧，这就来告诉你，不过关于这一点，我还将在第11章更为详细地进行解释。一般而言，非虚构文本会包含以下两种论点：

- **明确的论点**：它们在文本中就像清晰的路标，通常通过讨论相互对立的观点并给出原因，以证明为什么某某观点是对或错等等。明确的论点通常也会以一些标志词结尾，例如，"结论是……""因此……"和"因此，我们可以看到……"等等。
- **隐含的论点**：这种论点也同样重要，另外呢，也正如它的名称所暗示的那样，这种论点通常会比较难以发现。暗示某事通常有许多不同的方式，所以，这些论点也会有多种多样的表达与表现方式。例如，对切尔诺贝利（Chernobyl）核反应堆熔毁事件的描述，可能会包含一个隐含的论点，也即使用核能是一件坏事。再者，描述著名流行歌手是如何如何欺骗他们的男朋友或女朋友的这样一篇新闻报道，可能也有一个暗含的论点，也即流行歌手都是一些没有道德、头脑空空之人。又或者，从另一方面而言，这篇新闻报道之所以被人拿来这样写，也可能它所暗含的论点是，"自由恋爱"是有趣且正常的。

所有的论证（不仅仅是那些狡猾棘手的论证）都是基于更多的假设，而不是表面上显而易见的一些假设。请读者查看下文"打破论证链"以了解更多示例。

打破论证链

欧几里得的一些公理是几何学上的法则，例如，"两条平行线永远不会相交"或"等同于同一事物的两件事物也彼此相等"。欧几里得相信，他的公理是一些关于物理现实的"不言而喻的"事实陈述，这就意味着，你想都不用想就能知道，它们一定是正确的。但事实上，它们也可能因为包含某些隐含的假设而出错。例如，那则关于平行线永不相交的假设，它是先假设空间是平的，比如，如果你在球面上画上两条平行线，那它们肯定会相交（试着在足球上画两条平行线看看吧）。在欧几里得的一些规则背后都存在一些假设，比如，平行线那条公理中就假设，空间是**同质的**（到处都一样）和无边界的，这是他的规则中所必须具备的假设条件，它可以确保任何一个点都可以通过某种数学计算转换到另一个点上，但这一假设本身并未得到证实。

爱因斯坦（他的相对论极大地修正了欧几里得的观点）是一位伟大的批判性思考者，这部分原因得归功于，他过去一直打算抛弃掉他那个时代的许多种假设。然而，他自己的理论也包含着许多隐含的假设——比如，关于空间是同质的那则假设。（事实上，你所使用的望远镜功能越强大，这则假设似乎也就越不像是真的，因为宇宙中的物质似乎是不均匀地进行分布的。）

读我！以便测试你的批判性阅读技巧

下面是一段较长的摘录，供你练习你的阅读技巧之用。请试着找出文本中重要的论证信息，并在上面写下你自己做的简短笔记，包括对论点的总结（请转到后面章节"用有效的笔记进行归纳总结"部分来获得一些有效提示）。试着说明文章论证是否具有说服力，以及找到你认为还需要注意的任何其他文本特征，例如，某些狡猾的论证技巧或是隐含的前提假设等。最后翻到本章末尾的答案部分，可以查看我对这篇文章所做的一些笔记。

哲学素来瞧不上占星术。毕竟，占星术是不合乎理性的。关于罗纳德·里根（Ronald Reagan），人们发现了一个最令人惊讶，也许有人会说是最令人震惊的事实，也即他一成为美国总统，就任命了一位私人占星师来帮助他做一些重大决定。但是，要知道，几千年以来，所有的国王和王后，也都有他们的私人御用占星师，并会让占星师来帮助他们做同样的决策之事。在那时，这些占星师都算是专家，国王和王后会就一些重要的国事来征询他们的意见，例如，该何时入侵邻国、何时收割庄稼或者是如何最好地养育孩子等等，不一而足。

当里根还是个在加利福尼亚州跑龙套的不起眼演员时，他就养成了咨询神秘艺术专家的习惯，毫无疑问，这种咨询帮助他决定应该接受哪部电影、饰演哪个角色——而我们也都知道，他最终在哪里结束了他的电影演员生涯：《与邦佐共进早餐》（*Breakfast with Bonzo*，1951年）。但一旦他就任总统高位，占星术的作用就变得愈发重要了。

里根想要了解其他世界领导人的人格类型和心理倾向，于是，他就此咨询了他的私人占星师琼·奎格利（Joan Quigley），并利用从中获得的一些洞见来帮助自己评估后续一系列事件的可能前景。例如，通过占星得出的星座运程似乎比较偏向米哈伊尔·戈尔巴乔夫（Mikhail Gorbachev）这一边，戈尔巴乔夫是当时的苏联领导人，因此，占星师鼓励里根去尝试和戈尔巴乔夫达成和解，力图改善两国关系。事实上，在这件事中，所有政策举措的时间规划都必须与宇宙的运动相协调，白宫的工作人员也被告知，在他们制定的所有计划中，他们要随时与奎格利保持联络。简而言之，里根所做的一切事情的成功，都要归功于奎格利和她的占星术。而如今，里根被人们认为是一位相当成功的总统，尽管这种判断本身并不一定非常具有科学性。

当然，罗纳德·里根也曾因为咨询占星师而受到一些严厉的批评。正如普遍地来讲，一些科学家和相关行家最喜欢干的事，莫过于嘲笑那些相信他们刊在报纸和杂志上的天气预报的普通民众。对于许多受过教育的人来说，没有什么东西能比一些"无证"专家继续在恒星和行星对人类事务的影响方面的活动更能说明普罗大众的轻信和愚蠢了，这也说明他们迫切需要一种科学精英的指导。他们似乎已经忘了，或者是不想人们告知他们一点，也即一千年来，大学曾将占星术作为其核心学科之一来教授，而且占星术也是一种涉及人体各个不同部位和各种不同草药的复杂医学知识体系的一个组成部分。

即使是在理性科学的奠基人艾萨克·牛顿（Isaac Newton）那里，他从小耳濡目染的知识体系中也有一些深奥晦涩的知识，在这其中，占星术被列为人类最伟大的研究之一。即使是天文学，也曾从毕达哥拉斯的神秘方法中受过益，即使是最好的现代医学，也从草药学中有所借鉴，而化学更是炼金术的一个副产品。简而言之，用保罗·费耶阿本德（Paul Feyerabend）的话来说，即使今天到处都是通过不科学的方法和不科学的结果来丰富和维系着科学，但今天的占星术也早已不再受到哲学家的青睐了，更不用说会受到科学家的重视了。除了一些浅显而流行的心理学形式以外，占星学这门学科几乎没能留下什么痕迹，然而，与那些来自遥远过去的、现今却备受嘲笑的许多深奥学问一样，占星术仍然有可能为我们理解宇宙提供一些洞见和支援。因为，在那些古老的占星神话和传说中，也蕴含着数千年以来的人类思想结晶。在这段漫长的历史进程中，科学不过是泛着微渺光芒的一束光点……

找出隐含的假设

山姆·哈里斯（Sam Harris）是一位作家、评论员，也是"推理项目"（*Project Reason*）的联合创始人兼首席执行官。以下是我从他那儿稍作修改而来的一个论证，山姆说，此论证旨在鼓励人们发展批判性思维。山姆坚信，科学掌握着一切问题的答案（包括是非对错问题），而且他还认为，他自己可以证明这一点。(他对自己的这个论证感到非常满意,甚至还为它提供了一份现金奖励,奖给任何能从他的论证中找到哪怕一处逻辑漏洞的人!)

我将他的论证总结如下,并作了一些我个人的解释说明:

- ✓ **第一个前提**:是非对错的观念和人类的价值观一般都取决于有意识的头脑思维的存在,因为,只有有意识的头脑思维才能体验到快乐和痛苦。

   (换句话来说,道德植根于人们对痛苦和快乐的意识,而痛苦和快乐是大脑的两种状态。)

- ✓ **第二个前提**:有意识的头脑思维是种自然现象,因此,它们也必然受到宇宙物理定律的充分解释和(限制性)约束(无论其最终的结果会是如何)。

   (换句话来说,意识可以简化还原为某种物理状态,例如,电子信号或大脑中的化学变化等。)

   接下来,山姆便迅速地得出了他那令人震惊不已的结论。

- ✓ **因此**:所有关于人类价值观的问题,都必然有客观上正确或错误的答案,而这些答案可以通过自然科学的技术方法来获得。

   山姆补充说道,他表达的意思是,如果这不能在实践中得到验证的话,至少它在"理论原则上"是正确可行的。

好吧,这就是他的著名论证。现在,你认为应该对这一论证提出哪些假设,并一一对其加以仔细检查呢?答案请在本章末尾处找寻。

9.4 过滤无关材料

要是人们在将文字和论证简化为基本要素方面付出的努力，能和他们在写作和扩展它们方面付出的努力一样多，那就好了！那样一来，世界就会变得不那么冗长啰嗦，交流也会更有效，知识之树也会像修剪整齐的树木那样枝繁叶茂。

唉，可惜世界并不是这样的，在删掉文本中所有的无关废话时，你需要相当地冷酷无情。在本节内容中，你会了解如何——以及为什么要——让你的笔记更加有效，还会学习到一些阅读策略，它们会教你如何在规定的一小段时间内完成一定的阅读任务。

忽略不相关的材料，可以节省你的时间和精力，并有助于提高你的工作质量，因为它可以让你将精力集中在真正有用的事情上。在本节中，我将介绍两种有效的阅读工具：有效的记笔记和略读技巧。

记有效的笔记并进行归纳总结

记笔记需要你使用几个关键的批判性思维技能：理解、分析、综合、写作及沟通。归纳总结是充分利用信息的一种能力，它可以帮助你更好地理解材料中的内容。

在实践中，归纳总结通常涉及以下一些方面：

- ✓ 阅读某个文本，或是听一场讲座。是的，没错，这种时候，你总是无法避免使用归纳总结法！
- ✓ 找出对你**最重要或最相关**的信息内容。
- ✓ 用自己的话记录下这些要点。
- ✓ 清晰有效地组织你记的笔记。

归纳总结的艺术重点就在于这最后一句话。任何人都可以写份总结；但写出一份**有用的**总结要困难得多。

归纳总结小技巧

永远不要让做笔记减慢你的思考或妨碍你自己的想法，更不用说让它开始破坏你对这个主题的兴趣了。相反，你要紧跟辩论，稍后再做笔记。如果是书籍，你最好能读完整本书，或者至少读完某章，然后再飞快地记下一些笔记。大脑有其神奇之处——你立刻会发现，之前你已经做过笔记的大部分内容，现在看来根本就不值得记录！

最迫切需要归纳总结的东西就是书了。如果说大多数关于批判性思维能力的书籍都小心谨慎地包含章节摘要等内容，那么许多主流的学术书籍其实都不会这样做。与此相反，你必须从第一章阅读到最后一章，也许还要阅读那些索引和脚注才能找出作者的观点。这可不太妙。

我自己阅读哲学书籍的经验是，即使是那些伟大的著作，也只有一两个值得记录下来的小小思想而已。真不是我在瞎编乱造！当我读完这些书，或者简单略读（参见下一节内容）一遍之后，我通常都发现，其实只需要几百字就可以总结出约有10万字的一本书的所有要点。相比之下，几百个字要更容易写下来，更容易记住，也更容易使你在后来进一步发展和推进某些论证。但是，也请不要太过刻板教条——如果某本书里面充满了重要的思想，你的归纳总结还是理应更长一些的。

如果你真想记录下很多细节，我建议你先写下一个概括性的句子来表明书中有什么内容（以及它们在哪里——标注页码，甚至是标注段落），而不是明确记录下它。例如，如果一本书是关于一系列著名科学家的传记，那么，请你写下这一事实，可能只需要附上几个名字即可，但不要记下任何细节——除非你以后真的都无法再次看到这本书了。

归纳总结中的关键点在于，你记录的内容，其实取决于你想要找到的信息内容。不要为了所谓的完整性而去归纳总结！那样一来，几乎可以肯定的是，你在浪费自己的时间，而且更糟糕的是，这会让你以后更难进一步发展某个论点。

请记住，当你在做笔记时，你也可以有目的地和带有创造性地参与到这个话题的谈论中来，即将你自己的想法与作者对这一主题的观点联系起来。

研究表明，在涉及思想和概念的更高层次的工作任务中，积极思考你正在阅读或听到的内容，然后再解释信息内容——用你自己的话来解释，而不是一字不差地记下他人的原话——可以方便以后更容易回忆起来（比如说，在考试中的情形）。此外，尽管**手写笔记**可能看起来邋遢且过时，但与直接打字输入电脑或手提笔记本的那些笔记相比，手写笔记要更容易而且也更可能用自己的话来加以解释。

实际上，正如我在第7章中所解释的那样，即使是非正式的随手涂鸦，也经常可以帮助你发现一些你以前没能注意到的想法！要知道，在用正确的方法做完笔记后，你记录的书上的内容或记下的讲座人所演讲的内容，并不是一种想要准确呈现作者原话的绝望努力——它是一项更具有建设意义和私人化的阅读活动。实际上，通过这种看似是在写下他人观点、实则明显相反的一种记笔记方式，你其实能够"发现"你自己的一些观点想法。

另附悉：请使用缩写词！

笔记中记一些客观事实的重要性

好吧，好吧，我也知道做笔记很无聊。最好的情况莫过于，希望你的大脑能够记住所有重要的事情，并能在以后下意识地回忆并整理出你所需的信息来。

你就继续做梦吧！除非你不同寻常、记忆力非凡，否则你的大脑会忘掉你仔细阅读过的98%的内容，而剩下的2%的内容，也会惨遭碾碎和破坏。这就是事实性笔记能够发挥用武之地的地方了。请不要将它们视作一件苦差事，而应该将其视为一种强大的思维工具。一则笔记就像一个不会在一夜之间消失的保险箱一样稳妥，而一页笔记更像是一间组织严明、物品排列有序的商店。

笔记绝不能只是原始文本的一种缩写版副本；它们应该试图帮你在文本中挑选出特定的见解。它们是你所阅读文本中的那些关键思想的指路标。

明智地利用你的时间：使用略读法

略读是一种如此强大的方法工具，然而奇怪的是，关于它，我们却没有被老师教授更多知识。事实上，中小学老师和大学教授们通常都坚持认为，如果他们布置了阅读某个章节的任务，那你最好能一路阅读至最后一个字为止！但是，批判性读者不是一个墨守成规之人，他们对此的态度会是不赞成地皱皱眉，而且他们也可以承担由此带来的风险。

略读时，你只需要阅读任何章节第一页上每个段落中的前一两行即可。（网站有点像书中的一章，而网页就有点像是章节的各个段落。）如果你读到的东西对你都没有什么吸引力，那就跳到下一章进行阅读。如果你发现任何似乎值得进一步研究的段落，就请至少继续阅读至下一段，然后，再继续查看下几段的最初几行内容。

只阅读书中看起来对你有用的部分，当然，你也不需要阅读某本书的全部内容。正如我所说，通常你只需要阅读第一行，就可以了解这个段落对你是否有用。只要材料看起来相关且有用，你就继续阅读，因为你已经"挖到了金子"。一旦你感觉到材料内容不是你想要的，就略读接下来几个段落的最初几行内容。引用米克·贾格尔（Mick Jagger）的话来说，要是你仍旧"不能感到满意"，你可以继续翻页略读，直到找到下一个值得你标注出来的章节内容。（当然，这样你就会在新的章节前停下，看看是否要继续进行阅读了）。

当你似乎在书中找到了有用的内容时，要更仔细地查看文本，而不是让你自己看似在艰难阅读一些不相关的文本。如果（大约略读了两分钟之后）这整本书看起来有点乏味，那就停下来问问自己，嘿，我干嘛要读这个？也许，你可以找到更好的方法来消磨你的时间。

以你的阅读为目标，寻找你所需要的一些信息。例如，如果一篇文章的摘要，就已经提供了你所需要的内容，那就略过其余部分。如果你只是想知道一项研究的结果，那么你也就无须去阅读这个研究的方法论及其背景语境了。

练习答案

读我！以便测试你的批判性阅读技巧

我相信，你肯定也可以找到很多可说的方面，但以下是我做的一些笔记。

这篇文章中有一个非形式论证。作者认为，占星术中可能存在一些有用的东西，而且它常被人们忽视。为了支持这一说法，她枚举了一些例子。第一个是罗纳德·里根的例子,似乎他的所有关键政策决定都依赖于占星术建议。文中举了一个具体的例子:即里根决定与苏联领导人合作,改善两国关系。文中认为,这是基于里根的占星师给他的建议,而这项决策也被证明是一个好决策。

为占星术所作的另一个更为普遍的辩护是,"一千年来,大学曾将占星术作为其核心学科之一来教授"。这里隐藏的假设或**暗含的前提**是,在大学里教授的东西,就一定是有用的和重要的。作者还补充说,从历史上来说,占星术是一种"涉及人体各个不同部位和各种不同草药的复杂医学知识体系"的一个组成部分。

然而,这一点没有得到进一步的明确说明,但它似乎是在表明,一般来讲,占星术帮助了医学知识的发展,特别是其中的草药学。但文中没有提供证据来表明占星术概念是"如何"帮助并指导了草药学的,因此,这似乎只是通过**积极联想**来论证的——有时也被称为**关联谬误**(the association fallacy)。同样,文中对艾萨克·牛顿的提及,似乎最多也只是为了强行将一位伟大的科学家与占星术联系在一起,而不是为了证明占星术在科学上的有用性。

我在文章中还发现了一个事实性错误。里面提到的那部《与邦佐共进早餐》的电影,实际上电影名为《邦佐的就寝时间》(*Bedtime for Bonzo*)。当然,这其实是一个很小的错误,但它还是难免会让人对作者的其他事实性主张有所怀疑。总而言之,这篇文章将它自己呈现为一种事实性论证,但它似乎更多还是依赖一些主观性的观点和看法。

找出隐含的假设

我认为，这个论证大致是说，道德可以简化还原为对人类"快乐"总量的计算，而不是对人类"痛苦"总量的计算，并且这些快乐和痛苦的感觉，也可以简化、还原至物理状态，例如，电子信号或大脑中发生的化学变化等。因此，结论似乎也是合理的，即科学家可以客观地测量和研究这些物理状态。

那么，这里的隐藏假设或暗含的前提是什么呢？下面是我为初学者而写的一些可参考的答案：

√ ［隐含的前提］**科学中的答案都是"对错分明的"**。这个假设相当宏大，因为科学要远比这个陈述复杂得多。例如，在对数据的解释存在一系列可能的解释时，科学家可能会倾向于达成一致见解，采纳对数据的某种特定解释。但这种达成一致的见解并不会持续太久！正如最近的一本书中所说，令人惊讶的是，即使是专家们在20年前才认为是正确的东西，在今天也很少能依旧保持正确。而且，在今天被认为是既定的大部分事实，也很有可能会在未来的20年间得到调整修正。科学不是给出"正确或错误"的明确答案，而是提出一些工作假设，这些假设都可以在日后被人加以辩驳。

√ ［隐含的前提］**头脑思维等于人的大脑**。关于头脑思维和思想是否就等同于人的大脑和化学状态，一直存在着争论。显然，二者之间存在某种联系——但有一种理论认为，思想是一种社会现象：人们的想法常会以微妙的方式受他们周围其他人想法的影响，同时，人们的想法也会被他们拥有和曾经拥有的**所有**生理感受所影响。

√ ［隐含的前提］**道德只是最大化快乐并最小化痛苦**。这个假设几乎都不会通过任何简单的道德测试！例如，请你想象一个讨人厌的恶毒邻居，她将她的家人都反锁在家中的房间里，并威胁你道，除非你同意先开枪自尽，否则她会一个接一个地射杀她自己的孩子们。山姆可能会说，你就按照恶毒邻居的建议去杀死自己，这不仅在科学上正确，而且在道德上也是一件正确的事情。（死掉一个人总比死两个人要好一些嘛。）而我会说，你压根儿就没有道德义务按她说的去做。

毫无疑问，肯定还存在着更多的隐含假设，所以，如果你有一份与我这里所列不同的假设清单，也千万不要认为就是你自己出错了！

第10章

培养你的批判性写作技能

本章提要:
- 清晰地组织你的写作
- 了解并写给读者受众
- 引导读者了解你所阐明的主题

> 一直都存在着各种各样的解释。每一个人类问题,似乎总有一个众所周知的解决方案——它简洁明了、看似合理,但却是错误的。
>
> ——H.L.门肯
> (《神圣的灵感》,载于《纽约晚报》,1917年)

写作是应用批判性思维技能最合适的地方,本章将围绕如何进行批判性写作而展开。我首先会解释一些有助于使写作,尤其是学术写作,显得清晰、简洁和高超的各种技巧,你也会了解到一些有关如何有效写作,以及如何呈现文章"内部观点"方面的内容。在这一过程中,你会真正了解到批判性思维的基本要素。

在本章中,你不仅会学到如何去构建你的文章以使观点明晰,你也将了解对开展你的论证至关重要的一些方面,也即经典的"为谁、是什么和重点在哪里"等内容。关于写作准备和资料研究方面,我也为读者提供了一些实用小技巧,并会介绍如何通过了解一些关键词和术语等,来快速掌握书面写作中的文本线索。

最后(这是标记这些介绍性段落结尾的一个直接文本线索),读者将有机会通过将文章段落分解为各个逻辑组成部分,特别是它的中间结论(intermediate conclusions),来提升自己的论证技巧。**中间什么来着**?我知道,这个词听起来像是难懂的术语行话(它也确实是术语行话),但是,这个概念很有用,而且中间结论也非常重要。在本章中,你可以学到有关它们的所有信息。

10.1　在纸上画出你的想法结构

根据其定义,一个扎实的结构能为你的写作提供支持,也能为读者掌握你的观点或论证提供最佳机会。在本节中,我将会介绍这些基础知识,包括如何处理论据,以及如何确保你在某次考试或作业任务中真正回答了问题。所有这些方面的介绍,都会穿插一些从批判性写作专家那里借鉴来的有关结构的重要技巧。

了解结构的基本要素

一篇结构良好的文章的组成要素是什么?那么,要事先说,是一个良好的开始。

如果你没有在写作的一开始或前面部分告诉读者你的总体立场,就会使他们感到很困惑。我知道,写作中保留一些技巧会更令人兴奋——它甚至能更好且巧妙地引导读者去相信与最初观点完全相反的情况,例如,在最后一段中才给出戏剧性的反转观点!(比如,侦探故事中就是如此)但是,它**确实**会令人困惑。

另外,在进行事实性写作的背景语境之下,如果你一开始就表明写作立场会显得更为诚实,因为这样一来,读者就可以批判性地去评估你的论点。例如,如果你要提出莎士比亚是因纽特人这一论点,那就请尽早提出来,这样读者就可以对你文章中开始详述的有关文本细节——比如说,莎士比亚对冰与雪深感兴趣——抱持适当的怀疑态度。

结构良好的写作的另一个重要环节,是要将相关的信息放在一起。假设,你正在讨论空气污染对人体健康的危害,并且你对汽车产生有害气体的方式有三种看法,那你至少要考虑自己是否要将这些看法罗列、组合在一处。(当然,有时候,你可能也有充分的理由,将它们各自分开、放在文章的不同地方。)

一本书的索引部分通常会向读者揭示作者的系统性和组织

性如何，以及他（或她）将相关材料组合在一起的程度如何。例如，如果索引中的关键主题显示的是连续翻页（例如，从第34页到第41页），这说明作者将材料整合在一处的程度较高，这种索引显示也会比这同一特定主题出现在书中的10或20个分散的不同位置要好一些。

我们可以将索引视为一本书的X光片，它揭示了一本书的隐藏结构。你可以尝试对你自己较长的文章进行编目索引，但你可能会惊讶地发现你的想法是多么地分散！如果你正在进行文字编辑工作，那么在文档中搜索某些关键词会更容易、更快捷。例如，查看你是否一直在写作中提到"范式"这个词，或者你的文章中是否写了太多个"但是"和"然而"？通过检查关键术语，你可以对自己的写作进行X光检查。有时，这样的检查会帮助你发现一些问题！

那文章的布局和图解部分呢？毕竟，之前不是说"一张图表可抵千言"吗？好吧，那种说法也许比较适合写节日新闻稿，但不适合用在批判性写作中。不，不，不！千万不要用图表来**证明**你的论点。批判性写作可不是营销，不能仅仅使用图表来阐释你在正文中首先想要论证的观点和想法。同样，也不要依赖标题或时髦的字体和文本格式来表达你的观点。但是，你可以使用这些手段来突出你的想法，并向读者清晰展示你要表达的信息。例如，你可以看看下文的标题——它不是能够帮助你快速浏览这一节的内容吗？

展示论据并提出论点

在批判性写作中,最关键的是要能提出支持或反驳(这一点也同样重要)某一论点的理由。对于这两种活动来说,提供论据都至关重要。尽管很显然,你需要为一些有争议的主张提供更多的论据,而不是为你的读者可能已合理地认同且不需要说服的一些常识断言去提供更多的论据。

尽管背景信息、轶事或笑话对搜索目标词也很有用,但还是将它们留给互联网聊天室吧!同样,有关私人化观点的陈述,也不符合批判性写作的宗旨,也即要通过论证来说服读者。

写作有着各种形式,文章也可以长短不一,但对于论文的写作格式,大学通常会有符合其要求的通用格式,所以,我在这里主要专注于这种写作风格。学术论文主要应该论证某种观点,并提供支持这一结论的合理论据。因此,它们是胶囊般的微型"批判性思维"。

但是,就像生活一样,一篇论文要远比这更为复杂。在批判性写作中,你需要做出特别的努力才能发现一些相互冲突的观点,并且你还要允许不同观点的存在。一篇结构更为复杂老练的文章,一般会揭示它的主要结论是如何一步步从所提供的证据中得来的,但同时,它也可能会探讨一些与该问题相关、但**不能**支持其最终结论的某些议题和观点。在这个重要的意义上而言,一篇好的论文需要由几个论点来组成,其中一些甚至是相互冲突的。

我猜，此时读者可能会说，"慢着，打住！"当然，写作目标不是应该只写严格相关且正确的内容吗？但请记住，解释是批判性写作的关键所在。你不需要证明，你可以死记硬背一些内容，或是可以重新发明轮子①（reinvent the wheel）。在大多数情况下，你的任务是要去检查他人的想法，并从中选择出能支持你自己观点的一些内容。

并且，不要教条主义（我说的是教条主义式的较真）。我们需要尊重不同的观点和方法，在你的批判性写作中，务必要展现出一种合作协商的精神。

让每个人都有发言的话语权

从本质上来讲，在批判性写作中，你的任务是要允许展开真正的辩论，和适当地让人们就问题表达观点——包括支持和反对的观点；这个任务不是一劳永逸地解决问题。甚至在当爱因斯坦写出他著名的相对论时，他也没有试图去关闭各种辩论的渠道。他认识到自己创造出来的东西有可能存在缺陷，所以他会邀请读者继续测试和探索这一议题。事实上，一些眼尖的读者确实发现了他在数学计算中的某个关键性错误——通常还

---

① 重新发明轮子（reinvent the wheel），英语习语，指花费大量时间精力去重复发明早已存在的东西，白费力气做无用功。

被认为是比较"黑白分明"的明显错误。这导致爱因斯坦不得不多次修改他的方程式。

检查写作结构是否良好的必备准则

想要写得一手好文章，需要做到三件事：掌握有关主题的知识、组织起行文架构和写作中的沟通技巧。这最后一个技巧有点类似于灰姑娘的生存技能——如果没有沟通技巧，你可能不会受邀去参加众多的学术会议，这就好像灰姑娘没法去参加派对那样可怜。在本节内容中，你可以学到如何将以上三个技能不费吹灰之力地纳入你的批判性写作。

讲师安德鲁·诺思艾奇（Andrew Northedge）可谓是这方面的专家，在这里，为了帮助读者入门，我将会介绍诺思艾奇教给他自己学生的一些最实用的方法。

要知道你写作的主题是什么

安德鲁·诺思艾奇是英国开放大学（Open University）的讲师。他的专长便是为学生编写写作指南，其中包含了许多与批判性思维相关的想法。

开放大学与其他大学的不同之处在于，它的学生的年龄和他们的生活背景各不相同，通常他们接受的都是非全日制教育，而且课程也必须通过互联网来进行远程授课，而不是采取教师亲自课堂授课的方式。因此，让学生进行批判性思考是开放大学特别关注的问题。诺思艾奇敦促学生在他们**开始**写作之前，先花一点时间来思考，先问问自己打算写什么方面的内容。换句话来说，也即试图辨别出他的导师，或者更一般地来说——论文的未来读者们，将会在阅读中寻找怎样的相关主题、信息内容和思想观点。

这可能看起来很是明显，但正如诺思艾奇所说，写作是一种特别私人化的活动——人们独自躲到一个安静的角落里，默默地去做这件事。如果学生花大量时间来思考他们自己的写作，而只花了一点时间思考导师给予他们的批阅反馈，那么大多数学生在他们的课程学习中将永远看不到其他人都写了些什么。这就好像，他们是生活在一个封闭的气泡之中，他们的写作与公众的观点之间也相互隔绝。因此，请特别注意，务必要渐渐走出你所在的这种封闭状态！

进行初步的研究

在着手写作之前，要先进行一些大致的初步研究。不要只是查找了你需要的一些内容，然后就奋力在键盘上敲打出它们。相反，你要搜索相关的一些背景资料，这会让你产生思考和进行反思。是的，我知道这会占用很多宝贵的时间，但是，所谓磨刀不误砍柴工（也就像油漆工粉刷一堵墙一样），如果你能花半个小时好好准备一下，通常，这会节省你未来的好几个小时或者至少半个小时！

写作前的准备，一般包括以下几个方面：

✓ 阅读你将要写作的主题。
✓ 思考一些相关的议题。
✓ 做做笔记，也许还可以涂鸦一些你自己的想法（请查看本书的第9章和第11章，以便了解更多关于涂鸦这项宝贵技能的相关信息）。

当你将你的一些想法付诸笔端时，所有这些完成的工作，都将会有助于改善你的写作，并且也会使你的论证更加有效。

吸取别人的经验教训

与其他人谈论你的写作主题，特别是那些将要写作类似主题的人；也许，你还可以要求查看一部分他们所写的内容，以便了解和借鉴他们的写作风格。

当然，如果你是一名正在完成写作任务的学生，也许，不要看与你所写主题完全相关的论文可能更好，或者，如果你这样做时，请务必确保这发生在所有论文（你自己的论文和你可能正在看的论文）都被评分了之后！（否则，你这样做，看起来就有抄袭他人观点的危险。）但是，如果你的文章经常因为缺乏清晰的逻辑和严明的结构而受到批评（这是一种较为模糊的批评，且很难采取具体的改善写作的措施），请你将自己的文章和那些写作清晰且结构鲜明的文章进行比较，这样做可以给你提供一些见解。

接着，当你开始着手写作时，你要以简洁和优雅为行文目标，而不必去费力构建一个巨大壮观却华而不实的文章架构。正如安德鲁·诺思艾奇所总结的那样：

关于什么是好的写作、什么是不好的写作，并没有什么秘方可言。好的文章易于人们阅读而且合乎逻辑、有意义。而写得不好的文章，本身观点不清晰，令人困惑；还会不断打断你的阅读，让你停下来试图弄清楚它到底在表达什么，以及它所导向的观点是什么。

——安德鲁·诺思艾奇

[《良好研究指南》(*The Good Study Guide*)，2005年]

修缮初稿

当你写完你的初稿时，你就进入了经常会被人忽视的写作后阶段。不，这时候千万不要打开电视，或是站起身来畅饮一杯啤酒！其实现在，真正的工作才刚刚开始。

安德鲁·诺思艾奇讲师对这个阶段的建议是，多花点时间改善初稿的**流畅度**。他的意思主要是，要确保行文段落自然，以流畅的顺序跟随文章进展。诺思艾奇建议在关键信息点上添加一些额外的文本，通过提前提示读者论证的进展方向来帮助他们更好地进行阅读。请查看后文的"找出并使用关键词"部分，以便了解更多的相关信息。

但仅仅**说出**下一段的内容，还是不够的：你还需要呈现为何选择这些内容的合理理由——一个能指导整体写作的明智计划。各个主题之间需要连贯且合乎逻辑地相互跟进。

为了确保这种情况发生，你要么得非常擅长一股脑儿写出"脑中所思"（有时也被称为"意识流"写作手法，也即一种你的潜意识可以替你来完成所有写作任务的乐观想法），要么你就需要有一个非常详细和谨慎的草稿大纲来指导你的写作过程。你大概不会对此感到惊讶，对于大多数人来说，一个单独的写作计划——可以为你的文章提供一系列论点的计划，连同一些可以使它们互相连贯、层层递进的连接，在写作实践中被证明效果最佳。

连接似乎是一个微妙的概念，但是它并不难懂。它只是涉及使用某些词来连接你的文章段落。假设你现在正在写关于未来十年火星载人基地前景的一篇文章，而你现在的段落以观察到火星基地需要保护、以免受到陨石影响而结束，那么下一段行文确实还需要跟进这个议题，也许你可以通过谈论陨石造成的陨坑来证明或是探讨其他的问题。当行文所述有变时，你可以用几个**连接词**来展开新的段落，例如，"关于未来所有的星际基地移民，存在的另一个实际问题可能是……"。

这样的写作技巧是如此简单，以至于人们常常把它们视为理所当然。然而，它们会对写作结果产生重大影响，会直接导致论文是清晰易读还是晦涩难懂。

大多数人都知道什么是好文章，因为只有好文章才有趣、有效且内容丰富。出于这个原因，批判性**写作**的一个重要方面，其实就是批判性**阅读**，因为在你改进你的写作之前，你必须用批判性的眼光来阅读和重新阅读你的写作初稿。

解构问题

论文的题目和任务问题也很重要。你要把它们想象成将你介绍给有着特定兴趣的读者受众的机会。例如，你想象一下，那些花钱来听关于如何种植西红柿讲座的人——他们是不会对你大说特说番茄酱要优于棕酱的讲座内容感到满意的！

因而，批判性思考者在写作时的第一项任务，就是仔细研究读者阅读文章的兴趣何在，也即文章标题或要解决问题的所有含义。不要告诉观众**你对什么东西感兴趣**——只告诉读者他们想知道的内容。如此一来，文章标题或试图解决的问题就是你写作时不可或缺的指南。

批判性思维涉及对文本的仔细检查。然而，在阅读关于描述作业问题或作业任务形式的非常短且容易被人低估的一两行字上，学生们经常花费的时间却很少。然而，如果你只满足于对这部分简短文字的一般印象，而且还弄错了写作的方向，那么，你就会浪费很多的时间和精力。所以，最好要仔细地去**解构**问题，注意标题背后所选择的一些词语和假设的特殊含义。

在学术型语境中，"解答问题"的需求至关重要。正如开放大学讲师安德鲁·诺思艾奇所强调的，一篇文章中的**一切**

内容都应该与这一问题息息相关，更重要的是，你需要明确说明情况就是如此。诺思艾奇认为，但凡优秀论文，都具有一个很长的论证过程，而且论文的每一段都不可避免地会导向它所支持的最终结论，即使有时这一问题并没有简单的一种答案。

得出有效结论

构建一篇学术论文的一个关键环节是，要确保你的结论是有效的。

不要只是回答问题，还要**明确表示**，你已经解答了这个问题。而"这个问题"必须是原始的问题。是的，这个建议乍一听好像很明显，但无论如何，在大学里，只有你的回答与原始问题相符时，你给出的答案才是正确的。通常，你自己是否同意正在研究的问题或标题中的问题，以及不管你是否得出结论，认为这个问题没有答案，或这一切都"取决于"特定的情况，这些都无关紧要。但绝对重要且没有例外的是，你必须清楚明确地表明，你的结论是一步步得自你所提供的证据，并且你的结论试图解决的是你最初打算探寻的那个问题。

所以，当你写结论时，不要担心你会侮辱读者的智商——要直接把事情给说清楚。这同样适用于你之前所有的附属论点——你的**中间结论**会一步步导向你的最终结论（更多关于这些方面的内容，可以查看后文"使用中间结论"部分）。

10.2 选择合适贴切的写作风格

批判性写作需要你时刻牢记你的读者。因此,你需要为他们选择正确的信息并以适合他们的方式呈现,要竭力避免不必要的细枝末节或难懂晦涩的行话。

牢记你的受众

不同类型的写作,是针对不同类型的读者而作,这只是常识,当然,批判性写作也在期待着它未来的批判性读者。但重要的是,要意识到这种读者群本质上是虚构的。写作时也要注意,不要只针对太窄的读者受众。例如,如果你是一名学生,要写一篇题为"当今世界诸多问题的根源是什么?"的文章,**你最不应该**写的应是这样一类文章——你仅仅因为你的老师是个穿凉鞋、讨厌富人的素食主义者,就激进地主张重新分配世界财富,并反对虐待动物。

不不不,千万不要这样写!你不要只针对你的指导老师而写,而是(至少)要为你导师希望你的论文所能说服的那些人而写。对于学生来说,显然从字面上来看,读者将会是你的考官,但是考官其实也代表了一个更为广泛的读者受众。在上述这样的话题上,只有当一篇文章能够说服所有受过教育且逻辑合理的人时,考官也才会认定,这篇文章是论证合理且具有说服力的。

话虽如此,但对读者受众的判断也远非如此简单,你并不是仅仅在为某个完美的"智者"而写作。你需要考虑的是特定范围内的一些特定因素。例如,如果你是一名在印度或沙特阿拉伯的学生,你要写一篇学生论文交给你的指导老师,那你就不应该假设你的指导老师和那些在英国或其他西欧国家的指导老师会拥有相同的政治观点。

考虑所有细节

考试委员会或导师布置的任何写作课题都带有对一定"详细程度"和特定学科领域背景知识的特定期望,以及对写作风格的一些重要假设。我从一些个人写作经验中发现,如果考官想要你展示的是某些特定知识,那么你就某个主题写一个有趣且极具创意的叙述故事,是没有任何意义的。听起来很无趣乏味?也许吧,但事实就是这样,批判性写作,如果不切合实际,就什么都不是。

要想找出相关的"专业领域"知识,用一句时髦的话来讲,就是问问你自己:写作的实际背景是什么?例如,如果你正在写一篇关于"有机农业在养活世界人口方面可以发挥什么作用"的论文,那么你就需要确定一个适当的论文框架:上下文的语境是有关经济学、农业技术还是社会心理学课程呢?或者,它根本就不是一门课程作业,而是,比如说,你要给一家生产有机冰淇淋的公司提交的一次写作任务。

需要你详尽查看的主题和论据，主要取决于你所写文章的主要受众（有关更多信息内容，请参阅下文"读者受众的类型"）。

学生论文并不完全是期刊文章，更不用说那些充分论证的论文了（谢天谢地），但是，它们都是一种高度结构化的写作类型，必须专注于发展某个论点。

对你的写作进行检验的一个好方法，是先写出你的结论——然后再写下与你的结论相反的论点内容！现在，你能否从你的文章中快速找到那些你可以大声读出来的关键点，以驳斥任何持有这个"相反立场"的人？

读者受众的类型

以下是针对特定读者的特定类型写作的一些通用方法：

- ✓ **学术研究及报告**：通常，此类写作都以一个摘要为开始，报告的主体部分通常也遵循一个固定的写作模式：先是概述研究问题的部分，再论述人们已经对此做过的研究综述，以及阐述一些最为重要的研究方法等内容。最后一部分是作者对有关他自己为什么选择以某种方式去研究这个问题（不管它可能是什么问题）的环节。报告的主体内容关注的是，使用了这种研究方法之后"发现了什么"，而最后一部分写作涉及的是，从这项研究中得出的一些结论。
- ✓ **期刊文章**：这类文章通常以单独分开的一个摘要为开头，称为概要（synopsis）部分，正文主体则从查看问题的背景语境开始，并会检查分析几个可能的观点立场，所有这些观点的阐明，都会带有非常详细的参考资料来源。最后一段很可能就叫作"结论"，因为这就是它的本质——将前面所讨论过的内容串联起来。许多学术类期刊文章的概要和结论部分都非常相似。

✓ **杂志文章**：这类文章很可能先从一个小故事或一个趣味问题开始，然后，随着你的阅读，它会展开更为详细的讨论——最后，它很可能会以一个令人惊喜的结尾结束！

✓ **报纸文章**：至少按照惯例而言，这类文章都是开门见山从第一行起就陈述出所有关键的论点！然后，第二段会扩展开头部分的内容，并且文章本身也会更详细地论述开头部分提到的同样内容。报纸上的文章一般不会把最好的部分保留到最后，因为这是出于报纸实际生产的需要，比如，要是报纸的版面空间有些紧凑，文章的结尾部分会首先被砍掉。老派的记者过去常常被这样告知，即要以相同的方式来组织要写的故事：按顺序依次写清楚"是谁、在何时何地、以怎样的方式、发生了什么，以及为什么会这样"（who, what, when, where, why, how）。

千万不要忽视这类新闻写作！它**的确是**结构化的，而且它与学术写作有一个共同的重要特征——寻求不偏不倚的公正性。

"你目之所见的是新闻，你了解到的是背景，而你感受到的其实是观点"，美国记者莱斯特·马克尔（Lester Markel）如是说。

10.3 深入把握批判性写作的细节要素

在本章的开头,我承诺会介绍一些批判性写作技巧的基本要素给读者,所以,现在我们就来到这个环节了。这一切都取决于以下这些策略:直截了当、设关键词、提供论据、设置路标和给出结论。

要明白,只有花园里才需要百卉争妍

批判性写作的第一个规则是,要保持行文的句子简短明了。这样做很容易,但为什么许多人似乎更喜欢写一些冗长而复杂的句子呢?这也仍然是一个谜,这样的句子无疑会引入歧义,并且让读者在阅读时如坠云雾、不明所以。这些写作者好像在要求读者在努力理解下一段或之后两段时,至少还能简短地记住那个长句子的一部分内容!

第二个规则是,要尽可能地避免使用专业术语和技术性语言,并且在你确实需要用到它们的地方,清楚地对它们一一介绍并加以解释。同样,对于那些可以以多种方式来使用的非专业术语,你要将其标记为模棱两可并提示读者加以关注,此外,你得从所写论文的目的着手对其加以定义。

要想检查你的整篇文章或至少其中的某些短语是否易于理解,一个好方法就是大声朗读出你写的文章。请记住,你不必为了显得无所不知而掉书袋。所以,尽可能地简化你的文字,

使其清晰明了。

找出并使用关键词

关键词会突出强调或表明作者的写作重点或意图所在。他们要求读者以特定的方式进行思考，特别是预测接下来会读到些什么内容。所以，使用适当的关键词能够使你的写作更富有成效。

好的，那么，我们就使用关键词。但关键词是哪些呢？虽说人人生而平等，但并不是所有的词都是平等的！有效写作的一个重要环节，当然是使用一些相对较少却强大而有效的词，这样一来，它们将有助于塑造你的论证，并指导读者通过它来更好地进行阅读。

我告诉你一个秘密，有时候，关于批判性思维的一些关键词中，其实也有些是废话，它们与真实使用的语言以及人们所读和所写的那类事物完全不符。例如，当你阅读某篇期刊文章时，你不太可能会遇到"我将从论证……观点开始"之类的话，但是，许多批判性思维指南会称，这是一种出色的句法工具！同样，一些讲师会禁止他们的学生写"最后，结论是……"这类句子，但是，一些批判性思维指南则会认真地向他们的读者保证，这种句子是构建一篇好论文的关键组成部分。

不，真相要更微妙一些。很多写作的导航路线其实是隐性的：例如，第一段可能只是介绍一下主题，而最后一段才可能是文章的结论。

在脑海中牢记这条警示，以下方面是你在写作时需要注意的一些模式：

- ✓ **用以标记支持另一个论点的一些关键词**：同样地，同样，再一次，另一个，以这种同样的方式，与此类似。
- ✓ **用以标记其他替代观点和论点的一些关键词**：另一方面（这是我最爱的关键词之一），然而，但是，但。
- ✓ **用以反对刚刚提出的批评观点，转而去支持文章早先某观点的一些关键词**：尽管如此，即便如此，然而，但是（是的，如你所见，有些关键词也可以同时服务于不同的目的）。
- ✓ **提示读者即将会得出一些结论的关键词（准备好了！）**：因而，因此，鉴于此，因为这个原因，结果似乎是……。

展示论据并提出论点

特别是在学术环境中，问题往往会很复杂，研究方法可能也大相径庭，一篇书面论文就像一场口头辩论赛，会有几位发言者陆续陈述他们的观点立场，并且他们也必须为他们的这些观点进行辩护。作为一位批判性写作者，你的角色就好比是"辩论赛的主持人"——要负责提出一些发人深省的问题，并且你要去判断辩论者是否正面应对了反对意见或者是否已经开始跑题。（也是最令人兴奋的一件事！）

一个精湛熟练的批判性写作者（就像一场会议中的一位好主持），总是会让所有重要的议题至少得到公开的讨论，并且他也知道给予每个观点多少阐述的空间，不会忘记在关键时候掌控住人们的讨论，即"保持他们一直在谈论问题的要点"。

批判性写作者需要知道，在某一时刻只能论证一件事，然后再接着论证另一个相反的观点，并且还需要在必要时刻改变语气和想法。他们必须同时为几方考虑——这要求看起来几乎会使他们变得有点精神分裂！此外，他们还要不断尝试评估他们刚刚写作的内容所反映出来的整体情况！

因此，总是会存在这样一种危险，即一篇批判性写作可能会沦为一篇喋喋不休的不同意见的大杂烩，所有这些观点都意欲争夺读者的注意力，而且这些观点彼此之间看起来没有任何关联。更为糟糕的是，这样的写作会变成毫无结构的一团乱麻。

避免使用模棱两可的推诿之言

你可能会惊讶地发现，蓄意说得模棱两可的推诿之言（Weasel Words）也并不总是一件坏事：它们也有好的一面。批判性写作者会认为，所有的事情——更正一下，将所有的事情改为大多数事情——都不止有一种解释，因此，在你的写作中引入一点灵活性就可以避免不必要的麻烦，比如，让你自己致力于使用一些必要的观点，而不是一些不加区分的概括性观点。例如，以下一些情况：

- ✓ **写作时用"在大多数情况下"代替"在所有情况/每种情况下"**:不要说"黑暗中总有一线光明",而要论证说"通常,乌云背后总有一丝光明"。
- ✓ **永远不要写"永远"!而要使用"很少"**:不要坚持去论证,英国从未发生过地震,只需论证英国很少发生大地震即可。另外,"大地震"中的"大"字也是一种非常巧妙的说法。

一般而言,不要试图证明你的观点,你只要试探性地提出观点即可。因此,不要写"这就证明……"或"我已经证明……",而要写"这表明……"或"此处提供的证据表明……"等等。

就像在辩论赛中一样,批判性写作的关键是,得有一位好的辩论主持。必须有人来负责掌控全局,而你,在作为写作者时,就像辩论赛中这位最重要的主持一样。令人高兴的是,也就像在一场真正的辩论赛中一样,在批判性写作中,某个观点也可以"战胜"另一个观点——例如,你可以通过引入某个无可置疑的事实,或者通过展示对方辩手逻辑中存在的矛盾和漏洞来批驳对方的观点。写作时,请务必为你的读者安置好这些要点。

设置路标关键词,以确保你的读者行在阅读的正途

给读者指示明确的方向!你可以使用路标关键词来指引你的读者,参见以下一些方法:

- ✓ **引入一个新想法时**：这时，请写下诸如"首先"或"最近的一些研究显示"之类的短语。
- ✓ **支持前文已经提及的内容时**：使用诸如"同样"或"诚然"等词。
- ✓ **介绍某个问题或想改变论证方向及介绍其他替代观点时**：使用诸如"另一方面"之类的短语，或使用诸如"同样"以及"尽管如此"之类的词。

段落是另一个很好的"处理工具"，它们可以帮助读者导航和理解你的文章。请确保每个段落只处理一个观点，与此类似，请为每个观点写出与它匹配的段落。

有些观点当然需要好几个段落来阐释，但是，在这种情况下，每个段落要就一个稍微不同的方面来侧重讨论这个观点：

- ✓ 确保每个段落只处理一个观点或想法。
- ✓ 用第一句话来标明该段落的主要内容。
- ✓ 按照一定的逻辑顺序来编排这些段落。

提供参考资料来源

你应该在你的写作中提供参考资料来源，以下是这样做的一些充分理由：

- ✓ **学术诚信**：如果你不想窃取别人的想法，那就请你在该给他人功劳名誉的地方予以声明。

- ✓ **助益读者**：读者可能想跟进你所表达的观点。这些参考资料来源会为他们指明正确的方向。
- ✓ **科学规范**：参考资料来源为你所陈述的情况提供了更多的详细内容。然后，读者就可以检查你是否准确地提出了自己的立场——还不止如此——他们还可以检查你所提供的参考资料来源中其他人提出的论点。

参考资料来源对写作者自身也很有帮助，因为它们会提醒你的某些想法是从哪里发展而来的。它们甚至可以帮助你避免掉入写作中的某些常规陷阱，例如，让自己陷入过时的观点或站在明显错误的立场那边。此外，它们也可以为你的写作提供一种快速检查，或者是扩展你所写的内容。

但是，你要对你自己所引的参考资料来源抱持一种批评的态度，并在你的写作中证明你正在这样做。例如，这些其他的作者都是谁？为什么读者要相信他们所写的内容？这些问题都要加以考量。

使用中间结论

许多论证中还会包含一些较小的论证，即子论证（sub-arguments）。为了得出后面更大的论证，需要这些子论证，这些子论证的结论也被称为"中间结论"（intermediate conclusions，参见图10-1）。

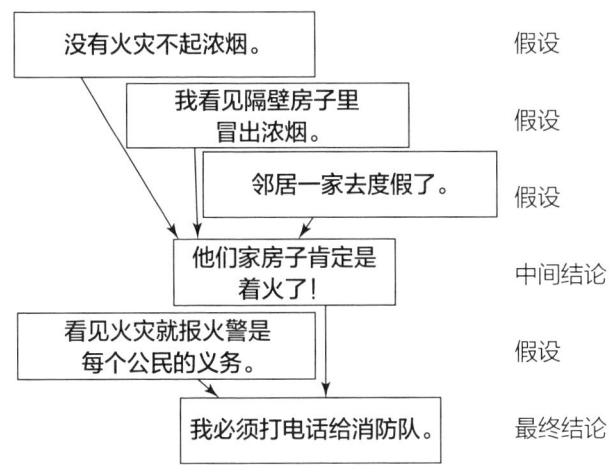

图 10-1：一个带有中间结论的简单论证。

因此，中间结论也是（惊不惊喜，惊奇得很吧？）一种结论，但它们同时也是一种**命题**（propositions，命题指的是论文中提出的关于这个世界的一系列主张——它可以是关于事实的，也可以是有关逻辑关系的）。在浪漫言情小说中，"命题"通常指的是男人向女人求婚[①]，但是，我们知道，批判性思考者对这类命题可不太感兴趣！

一个命题通常是一句话的长度，但命题和句子的数目不一定要一一对应。一个句子中很可能会包含好几个命题。比如下面这个句子：吃糖会让孩子发胖，还会让他们的牙齿烂掉。这句话其实就包含两个命题。（还可以考虑这一句：吃油炸食品会

---

① propose，可以指提出某种命题/主张，也可以指求婚。此处作者有意一语双关，增加行文趣味。

使孩子发胖，但不会让他们的牙齿烂掉。）另一方面，一些命题也可能会展开并分布在好几个句子中。

在为特定观点写论证的一篇文章中，作者通常会简单地提出至少一个命题，但更常见的是提出两个或三个命题，它们会一起构成某些**前提**或假设，并会提出另外一个命题来作为其最终结论。

然而，在这之间，文章也可能包含好几个或直接或间接地从前提中得出的中间结论。这些中间结论都有一个特殊的特点——它们既有各自的论据支撑，而且它们本身（作为一个论据理由）也为主要结论提供支撑理由。也即，中间结论既是新论点的前提，也是先前某个前提假设的结论。它们就好比是一块块通往主要结论这一目的地的垫脚石。

事实上，你可以将一篇成功的好论文解构为仅包含命题（P）、中间结论（IC）和最终结论（FC）的几个部分（也可能是以P1、P2、P3、IC1、IC2、FC这种顺序进行），即使这意味着，要扔掉所有那些使文章增色、易读和有趣的内容。因为，就逻辑而言，这些东西都无关紧要。

以下这个练习（我称之为"登月的中间结论"）会使上述这一点更加清晰。请试着将以下短文剥离至只剩前提、中间结论和最终结论几个部分（可参考本章末尾处提供的答案）：

如果人类想要从地球上全面爆发的核战争中幸存下来，那么就必须准备好在月球上建立基地以便移民。然而，月球上的环境对人类生存不太友好，甚至还充满了敌意。首先，它含水量很少，没有可供人类呼吸的大气。也许，我们可以从地球上搬运一定数量的生活资料来创建一个人类基地，但从基地创建好的那一刻起，基地就必须能够自给自足，并且还要能够不断回收和重新利用人类生存所必需的一切生活物资。

然而，不幸的是，在地球上沙漠中对封闭社群所进行的一些实验表明，在这类生物圈中，矿物质和营养物质总是会不断退化和流失。因此，月球基地得以长期存在的唯一途径，就是让宇航员从周围的岩石中不断开采矿物质和水。

最近，通过月球轨道卫星进行的测量表明，月球很可能拥有足够的储备资源，即具备建立一个月球基地所需要的一切，所以，"人类登上月球"的梦想或许并没有那么遥远和不切实际。

练习答案

登月的中间结论

如果我们把这个练习当作一个问题提出来，它将是这样的："在月球上建立人类基地是一个切实可行的提议吗？"那么，这一论点的结构似乎就可以如下所示：

✓ **前提**：人类可能需要在月球上建立基地。
✓ **前提**：月球上含水量很少，且没有可供人类呼吸的大气。

- √ **中间结论**：因此，这个人类基地必须是能够自给自足的，并且它还要能够不断地回收和利用人类生存所必需的一切物质资源。
- √ **前提**：有实验表明，生物圈总是以资源的退化为特征。
- √ **中间结论**：因此，要想让月球基地能够长期存在，唯一的方法就是不断地从周围的岩石中开采矿物质和水。
- √ **前提**：月球上拥有足够的储备资源，具备建立一个月球基地所需要的一切。
- √ **最终结论**：建立一个月球基地是切实可行的。

第 11 章

批判性地听说：进行有效学习

本章提要：
- 热爱讲座并在研讨会上应付自如
- 记录有效的笔记
- 成功高效的涂鸦

> 知识的增长，完全有赖于人们意见观点的分歧。
>
> ——卡尔·波普尔

批判性思维是一种积极的、提问的思维活动，它不可避免地会涉及批判性的听与说。为了有效地表达自己的想法和观点，并学会欣赏和分析他人的想法和观点，你就需要与他人进行有效的互动，要学会倾听他人的观点表述，并能够清晰地对其观点进行回应。

在本章中，我试着提供了一些方法，相信它们能够使报告、研讨会、讨论和会议等这些以演讲为主导形式的活动更加富有成效。我也将讨论正式讲座与结构不那么明显的学习方法之间各自的优缺点。

尽管我对讲座这种形式有所保留，但我在本章中还是囊括了如何从研讨会和讲座中获得更多知识的一些实用性策略，以及拓展批判性思维的一些方法，让它不仅仅适用于你的阅读和写作技能，还包括你所听到的信息甚至是你所说的内容。

我还展示了记笔记和快速涂鸦的方法，它们能很好地向你提供一些关键性交互内容。也别忘了，由于本章颇具争议性，所以，你可以通过权衡我提出的这些论点来实践和训练自己的批判性思维能力。

11.1　最大化利用正式讲座

诚然，当你阅读或写作时，至少可以花一点点时间适当地分析和组织内容。但当你说话的时候，可并不是这样！或者，当你试图跟上别人所说的话时却并非如此。本节内容是关于如何"实时地"直击问题的核心要害，也即在研讨会和讲座报告等学术环境中，如何跟上现场争论和辩论的节奏。这一部分会就如何更有效地处理他人所呈现的想法和信息，来为读者提供一些方法与洞见。

不论你是学生还是老师，是员工还是老板，有时候，需要接收一些口头传递的信息内容，此外，你可能还需要亲自向他人解释一些事情——可以是单独一对一进行的，也可以是向公开的集体小组进行展示。大多数人在成长过程中实际上只有一种交流模式——授课的模式,因为从人们五岁时起,这种方式就主导着他们的教育领域。再者,我说"从五岁起"是想强调人们在五岁之后接受的教育,因为即便是读至博士,学生也会将大部分时间花在被动地接受权威专家所提供的信息上。然而,不管怎么说,正式讲座其实是传达信息和思想的一种非常低效的方式。在商业圈中,举办讲座通常的前提假设是,如果有人受邀进行一场有酬劳的演讲,那么他们最好就这样去做,也即要在可利用的时间内尽可能多地分享他们的专业知识技能(许多教授似乎也是这么认为的)。当演讲者本质上只是在传达一些听众可以自行阅读的那类信息时(而且,如果听众这时还在试图认真地将演讲者的话记在纸上),那么这种讲座的方法就变得颇荒唐且不值当了。

但是,正式的演讲或讲座确实有其作用,那就是演讲的效果会超出书面文字。实现这一目标的最重要方法便是互动和回应。

好的讲师就像是舞台上的演员,他们会特别了解他们的听众。我认识的一些演讲者,他们甚至设法像单口喜剧演员那样来演讲,我知道这听起来很是浮夸,但是,很多信息确实可以用幽默来传达。切不可低估幽默的力量——对一些评论家来说,他们会认为,采用轻快幽默口吻写就的书籍,往往要比那些严肃而乏味的书籍信息量更少,这种观点是错误的!

当然,你还可以利用多媒体工具来提高正式演讲的实用性。但实际上，保持听众注意力的唯一方法是，演讲者要与他们进行真诚的互动。

老师们经常抱怨，他们的学生这个星期就已经忘了上个星期所教过的内容，或者当他们的课程进展到第三章的时候，学生们早已忘记了他们在第一章中所学的内容，等等。而经验更为丰富老练的教授则可能会抱怨说，学生们不会举一反三，也即无法将他们所学的内容从一种情境（或问题）运用到另一种情境中。

为什么学生会出现这种情况呢？事实上，问题可能更多出在老师那里，而不是学生那儿。大多数的学习遵循的是一种分层模式，在这种模式下，知识是由专家或老师传授给学生的，而学生一般只会被动地将知识内容记录在笔记本上，在理想情况下，学生会在之后（当然，也必须是在考试之前！）记住它们。

然而，这是一件自相矛盾的事情。机械式学习，也即被动学习，是一种低效的学习方法，因为人的大脑讨厌不相关联的信息内容。事实数据和观念想法，最好可以在一经投入使用之际就立即被消化，这也解释了为什么在讲座中，某个精挑细选的问题能够帮助听众们理清他们的思绪和想法，并可以助其更好地组织这些内容且更好地记住它。出于一些非常实际的原因，批判性思维所鼓励的正是这类能力，也即对信息进行分类处理的能力，在已经学过的不同知识内容之间建立起心理联系的能力，以及最重要的可以训练大脑看到那类新的联系和新可能性的能力。有大量的研究——虽然公平地来说,当然并不是全部的研究——都已发现,许多成绩优异的学生存在高分低能的现象,他们不管在什么问题上都只管吸收、掌握各种事实和数据,因此他们在考试中会表现得很出色,但在面对现实生活中的问题和工作环境中的问题时,他们的表现常常捉襟见肘。究其原因,这是因为他们还没能开发出积极主动地去处理信息的能力,也就是更为重要的"元技能"(metaskills)。

假设你要主持一次学生研讨课并必须就"有效沟通"的主题进行一次五分钟的演示报告。很显然,你需要亲自实践一下你所宣扬的技能!那么,什么才是开始你演示报告的有趣方式呢?

小提示:你可以从问听众一个问题开始演讲,但什么样的问题才算是一个好问题呢?或者,你也可以从一个笑话或个人故事经历开始讲起。但同样,问题又来了,什么样的笑话或故事才适合你当前报告的语境背景呢?

11.2 参加研讨会和小组讨论

最新的教学研究一直在强调,教学最好的老师说得最少——尽管你几乎不知道的事是:学科权威专家那种讲课的模式还是难以根除。真是谢天谢地,我们毕竟还有另外一种学习形式——研讨会。

在一次成功的研讨会中,其主持者势必会为大家提供这样一种所有人都能够真正参与其中的研讨环境。研讨会小组组长的唯一作用也许就是提出问题——但这些问题都是些开放式的问题，而不是一些先入为主的、有正确或错误标准答案的那类问题。主持者也可以扮演推动者的角色，也许可以去抑制一些学生过度热情的主导性表现倾向，并态度温和地确保有尽可能多的小组成员参与到建言献策的讨论中来。

要想充分利用学术研讨会，一个聪明的小技巧就是参加研讨会前的一些活动——思想观念不要太过辛辣激进，要更像是阅读专门设置的文本或研究主题。记住童子军的那条格言：时刻做好准备！那么你如何能从研讨会或类似的小组讨论中获得最多的收益呢？当然，简短的回答是要做好准备，但究竟做好什么样的准备，则要完全取决于特定的情景语境。但是，对于研讨会，我的一些一般性建议如下：

- ✓ 认真去做一些被要求完成的相关具体准备——这样会比较礼貌！
- ✓ 列出一些你希望研讨会能帮助你解答的问题。
- ✓ 清除掉其他干扰因素，比如，什么时候购物或稍后打电话给谁这种问题。
- ✓ 休息好，要吃饱！
- ✓ 在研讨会上，不要试图给他人留下深刻的印象，"正常"表现即可。
- ✓ 当然，此外还要特别亲切和仔细地倾听其他人的意见和想法。

好啦,小提示这里已给你提供了半打。但是,如果出于某些特定原因,你只能遵从其中的两个提示,你认为会是哪两个呢?

训练你的听力技巧

在讲座或正式的演讲中,倾听是很困难的。如何避免自己打瞌睡?如果你没有跟上演讲的内容,记笔记是否算是一种积极聆听的方式?好吧,也许可以算。关于讲座的一个关键性事实在于,演讲者所说的内容很少能够真正进入听众的记忆:肯定不到10%,甚至有可能接近0%!(而且还是以一堆乱码形式出现……)

在他人的帮助下进行学习

利维·维果茨基(Lev Vygotsky)是一位俄罗斯心理学家,他对被称为"社会文化理论"的方法产生过巨大影响。这种方法包括了对学习动态机制的一些重要洞见。维果茨基认为,社会互动和社会背景对于真正的学习是必不可少的。想想少年儿童,甚至是婴儿的经历,你就会了解个中原因。对儿童与婴儿来说,一个充满了与他们进行互动的他人的世界,对于他们的认知发展至关重要。维果茨基认为,心智的所有较高级功能都起源于个体之间的实际性关系。

在有人指导或同伴协作的情况下,任何人所发展出的技能都要远远超过他单独行动时所能获得的技能。

通过个人努力及辅之以演示报告和即时反馈来进行学习的能力，是人类智力的一大特征。维果茨基甚至说，更好地衡量智力的方法，不是像在那些智力标准测试中那样看人们自己能做什么，而是要看他们在与熟练的指导人士一起工作时能够做些什么。这听起来很奇怪吧？但是，请想一想你学习一门外语时的情形。通过"自学"的方法你可以学到什么程度呢？而与此相对，要是你能上母语人士开设的课程，并同时沉浸式地生活在相关国家的丰富语言环境中，你又能掌握多少？可见，一个人获得的语言体验越是广泛和丰富，此人可能学到的语言知识也就越多——同样，学习其他科目时也是如此。

听力技巧不仅仅适用于聆听正式的讲座，它们还涉及在你可以（并且应当）参与的讨论环境中去倾听他人。研讨会不是一场陪练比赛，也不是一场只能有一个团队获胜的辩论赛（也许其中还有老师担任裁判），它是一场合作式的探险活动，在其中，发现你论证中的弱点是尤为值得感激的。

这就是为什么在研讨会期间，你的听力技巧会发挥它们的作用，因为（与大多数正式的讲座有所不同），在研讨会上你可以发言。一次成功的研讨会将是：每个人都仔细聆听他人的观点，深思熟虑后进行回应，陈述他们自己的观点并证明其想法。在正式的讲座中，你不能一直打断、提问，但是，你依然可以问这些问题——只不过是在私下，且悄悄地问自己。你可以在想到什么问题时迅速记下它们——你可以匆匆在纸上写写东西来回应它们，也可以"积极肯定"或"消极否定"地看待这个问题。前者的情况是，看看稍后进展的会议讨论是否会谈到你提出的问题并解决你的疑问；又或者如后者，如果你认为你已经看到所提出的立场中的一个弱点，那这种方式就是"消极否定的"。无论采用哪种方式，你都会在原本相当被动的聆听过程中，变得更加积极主动。

研讨会的终极价值是让人们摆脱那种舒适安稳的习惯，即在出现复杂情况或意外事项时，只想着要依赖权威专家人士，而不是尝试利用群体互动的强大力量来制定出他们自己的应对策略和解决方案。因而，这是为人们（学生、员工等，总之所有人）在现实生活中面临错综复杂和意料之外的问题时所做的最好的预演准备。要想将你的技能举一反三地运用到现实生活中，那么第一步就是要成为一个积极的倾听者！

将习得的技能运用到现实问题上

大部分的教育都是为人们受教育之后的人生做好准备。它关乎你所学的东西之后能在多大程度上被应用（即举一反三）的能力。拉斯洛·博克（Laszlo Bock）是一名在谷歌公司工作的高管，关于举一反三的学习技能的重要性，他有以下一些很有趣的见解，他表示：

我们从所有数据处理中发现的一件事是，作为招聘标准的GPA（平均绩点）毫无价值，而考试成绩也毫无用处——能力和分数根本没有任何的相关性，除非是针对那些新近毕业的大学生，在他们那里稍微有一点点相关性。众所周知，谷歌过去常常要求每个应聘人员提供成绩单、GPA成绩和各类考试成绩，但现在我们不再这样做了，除非你才刚刚离开学校没几年。因为我们发现，这些成绩单根本说明不了任何事情。

——拉斯洛·博克

［援引自亚当·布莱恩特（Adam Bryant）《猎头，大数据可能没那么重要》，载《纽约时报》，2013年6月19日］

是的，他确实说过成绩是一种衡量标准，但不是唯一的标准，不过，你应该原谅他这么说，因为，对于某些人来说，这其实是个好消息（你可能看不见，但我的手已经举起来了，我对此观点不能更赞同！）——尤其是对于那些讨厌找出非同类项，或解答无意义的数学难题的人而言，这会是个好消息。

下面还是拉斯洛的观点：

在招聘方这边，我们发现，脑筋急转弯完全就是浪费时间。例如，一架飞机里能装多少个高尔夫球？曼哈顿一共有多少个加油站？这类问题纯属浪费时间。因为，它们说明不了任何问题。

——拉斯洛·博克

［援引自亚当·布莱恩特《猎头，大数据可能没那么重要》，载《纽约时报》，2013年6月19日］

谷歌公司发现，真正重要的是，人们过去是如何处理开放式问题的。那些曾经在这方面做得成功的人，也会是未来能做到最好之人：

……当你让某人谈谈他们自己过去的经历，接着，你对他们的回答进行一番深入研究，你一般会得到两种信息。一种信息是，你可以在现实生活的情境下看到他们是如何跟人进行互动的，另外一种信息则是关于应聘候选人更有价值的"元"信息（"meta" information），即你会了解到他们认为困难的事情是什么。

——拉斯洛·博克

［援引自亚当·布莱恩特《猎头，大数据可能没那么重要》，载《纽约时报》，2013年6月19日］

学生（及每个人）需要的并不是一味的训练和练习，他们需要的是对事情进行开放式讨论，以及在实际问题中实践和应用他们想法的机会。

举一反三的技能

雇主们青睐具备何种素质的应届毕业生？有许多研究就此进行了调研。其结果表明：学校的学位课程所明确教授的具体事实和技能，仅与约百分之五十的职位空缺相关，而在大多数情况下，应届毕业生都需要再进行进一步的职前培训；最受雇主们欢迎的雇员素质是一般智力和一些个人技能，而这些在大多数的学位课程中受到的关注则相对较少。

有种观点认为，有**一些**通用的技能是可以习得的，人们可以在一种环境中学习这些技能，并且可以将其举一反三地运用于其他不同的环境。但这种观点与延续至今的许多教育思想都背道而驰，过去的教育思想倾向于将所有的知识内容分门别类，也即人们会人为地将知识内容彼此分开、划归成不同的领域。

思维能力和个人技能之间的区别并不太明显，因为，如果想要有效地使用智力类技能，许多通常被视为属于后者（个人技能类）的东西，都是必不可缺的。例如，通常，在理解新的信息时，你必须要有耐心并能持之以恒，同时，你也必须思想开放，能够容许不同的观点存在，然后，你才能够准确地评估和分析它们。同样，无论你有多聪明，如果你不能清晰地向他人传达你的见解和知识——不过这也没有太大的关系，因为进行一次公开演讲的练习，很快就会让你学会如何清楚地传达自己的观点！

无论何时，只要有可能，请尽量参加中小学、大学或工作场所中那些会涉及问题解决能力的项目计划，如果外界提供的条件看起来无法做到这一点，那就试着自己在项目中创建这样一个方面，使得你可以在其中提升自己的批判性思维能力。这样一来，它就会使你在项目中工作进展得更好！每当你成功完成了一个项目或解决了一个难题，或者从一次不成功（但同样有用）的努力尝试中学到了一些经验，请把它们记录在一个特定的地方，也许可以将其记录在你个人专属的批判性思维能力笔记本上。还等什么，快把你那些高亮荧光笔拿出来吧！

11.3 做笔记

做笔记并不是越多越好！我希望任何打算进行批判性思维训练的人，都会立即认识到这一点。在一次讲座报告中或是课堂上逐字逐句记下演讲者所说其实是一个相当愚蠢的想法。（但阅读时记笔记则是另一回事，这方面相关的技巧，请读者参阅本书第9章的内容。）

一个明显更好的方法是，演讲者或上课的老师提前准备好演讲的重点，也许可以做成笔记的形式，然后在演讲前分发出去。就是如此简单！既然如此，那为什么在一些大学里，你还是会经常看到有数百名学生坐在演讲大厅里抓狂地记着同样的笔记，而教授却无数次地一再重复着一些核心课程的内容呢？

人们为支持这一传统而经常提出的一个主张是，记笔记有助于人们记住听到的信息内容。这可能是因为，用手写字时使用的大脑部位，和人们听讲时所涉及的大脑部位是不同的。但是，如果你仔细想想这个理由，它其实是站不住脚的。

事实上，这里真正的原因，更多地与两种截然不同的教学方法之间的紧张关系有关，关于这一点，我们可以通过回顾两位古希腊哲学家之间的差异来进行分类：

- ✓ **苏格拉底**：喜欢互动的辩论式风格，他让人们参与到对谈中来。
- ✓ **柏拉图**：提倡一种以讲座方式为主的学习方法。

参与辩论：苏格拉底式方法

苏格拉底的教育理念借鉴了一些诡辩家的具体实践，诡辩家可谓是早期的一种思维技能专家，他们通常会收取少量的费用而为有前途抱负的学生上课并提供给他们一些建议。他们的主要作用，就是向普通公民展示如何在公众集会上赢得辩论的胜利。那个时候，希腊人当天的所有决策，都是在公众集会上由公民投票决定的，无论你是政治家还是律师，都需要去投票。

这种**苏格拉底式方法**足以让人们都参与到辩论中来，苏格拉底还经常用一些军事或体育类的类比来对这个辩论的过程加以分类。这其中的主要思想就是，人们可以通过与大师辩论并尝试赢得辩论的胜利,来最好地习得辩论这一技能。当人们最终能够坚守自己的论点时,他们就已经得到了很好的训练。因而,古希腊人将阅读和写作视为次等活动,他们认为,读写活动对于训练和打磨论证技巧,或是改进论据从而使论证更加具有说服力这方面,并没有多大的用处。

要对话而非独语

在教育和社会生活中,传统的教育模式一直都是独语多而对话少:正如我所说,教师历来都将自己视为专家,认为其任务就是向学生传授大量的信息内容,并希望它们能在理想情况下牢牢地融入学生们永久记忆的大脑存储中。

因而,这样去做的策略就是独语——即一个人自说自话,也许是从笔记或印刷材料内容中进行宣读,而一群人聆听并且做笔记。这并不是批判性思维能够得到蓬勃开发的良好环境,与此相反,利于提升批判性思维的环境应该是展开对话和辩论,即使是在教授新知识的环境中也应该如此(当然,我们并不是说要避免传授新知识),在这种对话和辩论的互动中,教师应当作为知识的展示者,而学生则是批判性的受众。

对于苏格拉底而言,这种记笔记的想法本身就是一种诅咒,因为记笔记代表的是一种被动性的活动。

聆听专家教诲：学术型方法

学术型方法（Academic approach）是以柏拉图创立的第一所大学命名的。在柏拉图学园（Academy）中，其教学风格与前面所说的苏格拉底式的方法是截然不同的。柏拉图学园里的主要教学方式是举办讲座，这是一种单方面的活动。其中，教授们通过口述方式向一群全然被动的听众传授他们的专业知识。

所以，我们也就毫不奇怪，尽管苏格拉底本人似乎从未写过任何书籍，但是他的学生柏拉图和柏拉图的学生亚里士多德，都在其身后留下了大量有关苏格拉底思想和研究的内容，而这些书籍如今塞满了各大综合性图书馆的书架。

然而，在将柏拉图与苏格拉底进行比较时，请务必牢记这样一个重要的限定条件：柏拉图的许多著作都是以对话的形式写就的。它们堪称是小型辩论的文字版录音（由苏格拉底担任主角），因此，即使读者在阅读别人的想法时仍是消极被动的，但读者在阅读苏格拉底的这些对话时则是积极主动的，因为这些对话不断地在不同立场间转换，由此反过来迫使读者不断地反思他们自己的观点和立场。

因此，柏拉图和苏格拉底实际上都会同意，学习必须是主动的，而不是被动的。即使是柏拉图本人，他其实也非常热衷于传授一些专家意见。柏拉图的对话本身，实际上就是一种激进式的记笔记过程。再者，那些短剧也是柏拉图记述关于他最喜欢的伟大哲学家的一些事实和观点的方式，只不过他在其中也加入了他自己的一些个人见解。

不同记笔记过程的结果对比

虽然柏拉图生活在大约2500年以前，但是他的一些思想自此对大学和学院的教育形式及学习形式都产生了巨大的影响（详情请参看下文"苏格拉底和柏拉图去上学"）。

这一结果便是，在现代的大学中，学生们安静地坐着听老师讲课或是阅读特定的文本（可以是教材书籍或是分发的讲义），以便将它们简化为笔记，之后他们还要写论文。如你所见，柏拉图的学术型方法几乎完全战胜了他的老师苏格拉底式的对话方法。

苏格拉底和柏拉图去上学

数百年以来，在中世纪的大学中，学习主要借鉴了柏拉图的那种教授方式，并辅之以更多的苏格拉底式的与初级教师的会谈。在这些会谈中，人们会对各自的想法进行激烈的辩论。讲座授课的前提是（并也将继续是），意见分歧是不恰当的。要知道，过往的书籍制作成本都非常高昂，这一点直到近代才彻底改观。因此，在过去，讲座授课便是传递知识的一种合理有效的手段。

然而如今，我们不仅有书籍，还有电子媒体等工具，它们已经彻底变革了人们交流事实和共享思想的方式，因而，就其初衷而言，讲座授课已经变得毫无效率可言了。讲座授课也已经过时，成了一种不合时宜的时代错误（anachronisms），此外，它还需要人们不断"反刍"，去应付旨在考察以前所学内容的、有关事实的那些考试。但是，这种时代错误——指那些似乎属于过去时代而与当下社会格格不入的一些人或事，还总是能在各大教育机构中找到其安身立命之所！

要想真正弄明白我的意思，请一定要在记笔记时区分以下这两种活动：一种是记录下演讲者所说的话，另一种则是，你记的笔记能够传达你自己的观点和对讲座的部分回应。通常，在学术环境中的记笔记只包括第一种！毕竟，完全跟上演讲者所传递的信息内容也是很困难的。

但是，在现实生活中，做笔记却是一项有用的技能——也许是在一个正在产生新想法的会议期间，或是在会议中就以前未受到重视的意见（或观点）之间的差异进行再次澄清。记下的笔记，既有事实，也有人们对事实的阐释性理解。此外，与古希腊时代所不同的是，现如今，人们可以通过互联网来获取所有的背景性知识——通常，这操作起来也非常迅速。在举办讲座报告时，对于那些更多是本地特有的信息，演讲者确实应该复制好相关的内容、数据并提前分发给听众。无论采用哪种方式，在互联网时代，如果花时间在一些不必要的事情上——

比如，记录下法国阿基坦（Aquitaine，France）地区从1960年到1969年期间的葡萄产量，或是挨个统计那些歌名里带有数字的流行歌曲——都纯粹属于浪费时间。

那么，高明的记笔记人士会记下些什么呢？也许他们记下的内容很少。例如，如果讲座的主题是关于阿基坦的葡萄作物，那么演讲者的报告重点可能会是，葡萄的产量之所以发生了变化，是因为原来的小型家庭葡萄园种植让位给了规模更大的企业化葡萄量产。如果是这样的情况的话，那这一点就是值得去记笔记的地方。如果你还能够想出对该理论的一些可能的反驳意见——也请快速记下你的那些想法。除非你把洞见想法都记下来，否则它们很快就会消失！

高明的记笔记方法，绝不是在演讲者的报告幻灯片页面下翻之前拼命地（有时甚至是强迫性地）匆匆记下幻灯片上的所有内容——只有当人们缺乏批判性思维能力时，他们才会这样做。高明的记笔记在于对内容进行筛选，而选择即是作判断。你猜猜会怎么着？其实，在很多情况下，决定笔记上要记些什么，或者是对演讲者所说内容进行重新表述，都是高度主观性和极具政治性的。

11.4 使学习的环境更加民主化

偏见经常会在商务会议和公司的组织结构中现身并发挥作

用，并且偏见的存在也很容易导致人们丢失一些好的想法。认识并关注决策会议中各种认知偏差或狡猾的心理捷径的风险，是一项非常有价值的批判性思维技能。

这里提供了一些策略（对那些会议负责人可能更适用），以避免让你的听众变成消极被动的僵尸——也即一味地记笔记，但实际上并没有做太多思考或没学到什么东西的人。

- ✓ **营造合宜的氛围**：细想想，在过去，有多少次会议是因为参与者无法参与其中或他们太害怕而无法表达自己的观点，导致做出了错误的决策？恐惧会弥漫在学校的教室中，它也同样会笼罩公司的董事会议。只要是存在等级秩序的地方，管理者（诸如教师或公司的首席执行官等人）其实都可以通过做出一些声明来为小组讨论做出重要贡献，比如他们可以表明，他们愿意倾听大家的反驳意见，要是有人能指出他们观点有误，他们也很乐意改变他们的观点。如果参与者都敢于表达自己的观点，那么无论他们的观点有多么奇特，也都有助于提高群体讨论的水平。
- ✓ **确保各类观点都得以存在**：在有些领域，争议分歧也是游戏规则中的一部分，通常会有两到三组不同的事实数据——不同的建议，不同的专家证人。但这也意味着讨论中存在着不同的角色和性格类型（包括一些小心谨慎之人，一些热心表达自己观点的人，当然也还有一些跳出常规框架、自由不羁的思考者——即那些倾向于表达与众人所持不同观点之人）。

他们可能也不一定观点正确，但他们的存在能够确保会议兼听八方，听取人们更广泛的观点。如果你还看不到任何明显像这几类的人，请给予某人扮演这种角色的机会，并使他们都能各尽其职地参与讨论！

- ✓ **准备一些关键事实和背景材料**：在大学的语境中，这意味着做好课后作业！在商业界，这意味着要尽职勤勉、提前准备好简报笔记和一些背景文件资料，以供讨论时分发给所有参与者并供其参考。大多数现实生活中的决策，在某些方面而言，都是基于对事实性数据的参考之上。因此，我们就有必要确保这些材料尽可能地准确、更新及时和面面俱到。

- ✓ **让每个人都能参与进来**：首先，让每个人都写下他们的原始立场，也可以借助白板来询问并统计每个人赞成或不赞成的"资产负债表"（balance sheets）情况。这一过程会大大增加人们稍后切实考虑要改变其原始观点的可能性！

研讨会技巧

批判性思维会鼓励人们发展其所有可能的技能，包括从一端的逻辑推理等智力能力，到另一端的诸如与团队中其他成员合作等人际关系技能。

沟通技能，比如，这指的是在团队讨论中清晰、连贯地表达，以及抓住重点、力争简洁等。

理解力，这指的是在错综复杂的文本中，以及在杂乱无章和不相连贯的演示文稿中找出核心思想的能力！理解力始于能够倾听他人的意见，并对他人不同的观点和意见抱持一种开放的态度。

还有一些情境化的技巧，这关系到你的视野——见解的深度和广度。比如，你能超越传统的学科界限吗？你能保持客观，并在必要时回到首要原则上来吗？你能提前预测实际应用中的问题并建立一些新的联系吗？

与此相关的技能是原创性技能，它强调思想上的独立性以及方法上的灵活性和创新性。人们的独创性能力一般体现在，能够提出新的、令人振奋的观点和用来反驳的观点。

再然后还有反省的技能，它指的是人们能够反思自己想法的能力。比如，人们会反思以下这些问题：我的沟通和表达能力如何？我的观点和想法的接受度如何？

最后，还有合作协商的技巧。这本质上是指与他人进行合作的能力，无论你是不是下级部属的老板。同时，你还要在进行讨论和团队协作所涉及的其他任何活动中都能做出全面周到而积极有效的贡献。

用涂鸦激发创造力

试问，爱因斯坦、托马斯·爱迪生和玛丽·居里这些人都有什么共同点？是的，他们都是物理学家。但是，我对这一问题实际想给出的答案是，他们都是资深的涂鸦爱好者！

无论如何，这是像逊尼·布朗（Sunni Brown）这样的人士的主张，她在一些畅销书中推广了这种涂鸦法。事实上，她还是一位"视觉—思维技能"方面的专家，常为银行、零售商和电视网络等各类企业开办研讨工作坊。关于涂鸦法，她曾对公司高管们说的是：

✓ 涂鸦能够增进理解和利于回想；
✓ 涂鸦能够让你以全新的方式并更加清晰地组织信息；
✓ 涂鸦并不需要任何绘画技巧。

（这就是为什么我会说，这本书中的图标可不只是作为文字的装饰。）

老实说，涂鸦其实还是需要一些绘画技巧的，这也是大多数人放弃这种方法的原因（当然，还有一个原因就是，学生会被老师反复劝告不要乱涂乱画）。对于大多数教师而言，涂鸦就表示注意力不集中，他们认为，涂鸦是笨蛋的标志，而不是创新者的标志。但是我们要知道，即使是老师，他们也并非无所不知。

最近一些对涂鸦的研究表明，当学生将注意力从解读他人的图表或表格转移到创建自己的图表或表格时，会大大加深对其所学内容的理解。爱涂鸦的学生会产生一些新的推论并可以完善他们的推理——他们甚至都没有注意到涂鸦的这种作用!

这就是涂鸦的重要性所在——它使用了你实际上都没有意识到的大脑功能。事实上,涂鸦这个词的字面意思是"心不在焉地乱涂乱画",这听起来好像很糟糕,直到你意识到大脑的运作是多么微妙时,你就会叹为观止。语言只利用了人类思维能力中的一小部分,而涂鸦可以利用其余部分的思维能力。这就是为什么一些研究人员会主张,要将涂鸦视为学校教育中的一个关键内容,在学校中,涂鸦在阅读、写作和参与小组讨论方面的价值确实要更高!

好的,所以研究已表明,涂鸦法确实可以帮助你保持专注、掌握新的概念且记住一些信息内容。但麻烦的是,你还不会涂鸦。所以,这也给你提供了一次养成涂鸦习惯的好机会。千万不要以为涂鸦一定有什么特别之处而退缩不前,其实它没什么难的。涂鸦可以是图片、抽象的图案或装饰性字母以及漫画云朵框里的语汇词等。如果你喜欢艺术,它也可以是物体、风景或人物的图像。要是你喜欢卡通的话,那么涂鸦也可以画成卡通形式。涂鸦的重点是要写写画画,而画什么实际上并不重要。

所以,只是为了好玩起见,请拿起你的笔,利用这本书的页边空白部分,就涂鸦的价值进行一些涂鸦吧。嗯,我也会涂鸦试试的,你可以在本章最后的答案部分看到我的涂鸦大作。

练习答案

成功的讲座开场白

当然,这道题没有一个标准答案,但这里有一些一般性的要点,它们可能有助于你确定自己的想法是否真正有价值。

从一个个人化的故事开始讲起——是的,这些个人故事的威力可以很强大,并且它们还会吸引听众的注意力。然而,悲伤却真实的是,一个关于某次糟糕演讲的"恐怖故事"可能会最受人们关注!

用笑话开始——事实上,关于糟糕演讲的一个恐怖故事就算是一种笑话,但是,你在使用这种方法时要格外小心。也许,你会不小心碰到房间角落里坐着的某位教授听众的糟心事,又或者这个笑话会让人听起来觉得你很自负。另外,正如每个单口喜剧演员都知道的那样,要是你的笑话刚讲到一半,而你的听众却觉得笑话并不好笑,那可真是尴尬至极了。

从问一个问题开始——嗯,这是与观众进行互动的一种非常直接的方式。例如,你可能会问,"这里有多少人曾经做过一次非常无聊的演讲报告?"像这样的问题至少会引起观众的注意!但是,对此问题,你需要保持良好的跟进;这将可能会让你回到"讲故事"上来。要避免问观众无聊的问题,但令人难以置信的一个事实是,同一个问题反复出现在人们演讲中的频率是如此之高。所以,还是不要一开始就问"你们中有多少人有过演讲的经历"这种问题吧。

关于涂鸦的随手涂鸦

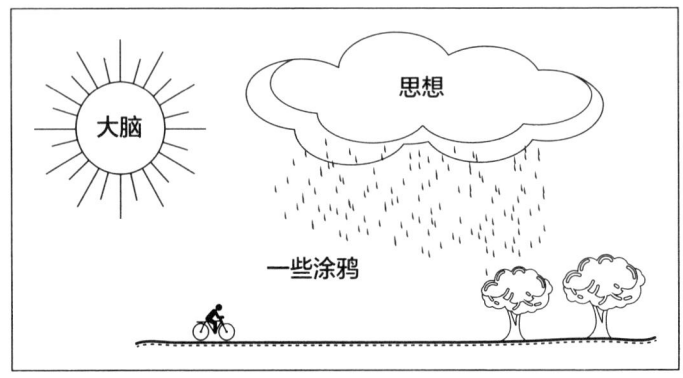

图 11-1：我的涂鸦。

好吧，我承认，这确实算不上什么伟大的艺术。事实上，它根本就不是艺术。但这正是我想表达的重点——涂鸦不应该是这个样子的。我是让我的手自己去思考，然后，它随手就画出了这个我现在所能看到的图像。我想说明的是，涂鸦是一种能够让想法的云朵从天而降的方式，也许，从这些想法中真的还会长出一些有用的东西呢，比如树木。

第四部分

推理与论证

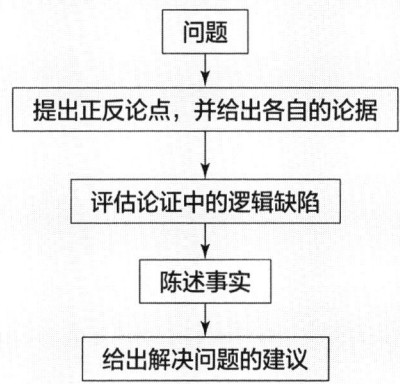

在这一部分，你将：

✓ 发现逻辑是批判性思维的核心所在，但也要掌握一个鲜为人知的事实，即批判性思考者的逻辑牢牢地植根于语言技能和对一般性辩论语境的理解之中。

✓ 学会将事实数据与价值判断区分开来，因为，批判性思维需要的技能数量比任何入门级的逻辑课程所需的技能都要广泛得多，而本书这部分的内容将会使你走上提升这些技能的正确轨道。

✓ 在非形式逻辑和最为重要的逻辑暗示原则方面，打下一个夯实的基础。

✓ 让你自己快速了解亚里士多德的观点以及其他人都在担心的那些谬论。

✓ 了解一个事实，即你听到人们所说的大部分内容，甚至你读到的内容，不论从何种意义上而言，都不是论证。它们都只是些描述、感叹或指示之类的东西，几乎没散发出任何有逻辑论证的味道，但是，它们却可以对你产生强有力的影响，这是因为，它们诉诸的是你的希望、你的恐惧和你的情感。

第 12 章

解密真实论证的逻辑

本章提要：
- 找出日常论证中的关键要素
- 详细检查论证的推理过程
- 考虑你的听众或读者

> 思考是世界上最难之事，这大概是很少有人会从事思考的原因。
>
> ——亨利·福特（Henry Ford）

论证是批判性思维的核心所在。（"哦，不，它们不是核心！"你喊叫道。"哦，是的，它们就是核心！"我这样回答。顺便说一句，这种辩论根本就不是论证，这只是令人恼怒的反驳而已！）像这样的论证还有各种各样的形式：隐性的、非理性的、有争议的或任何其他类型。但是，人们日常生活中的有关"现实—世界"的各种非形式论证——即针对真实存在的、有关一些真正问题的他人的论证——与你经常在哲学教科书中发现的那类组织严明有序的形式论证之间,还是会有很大差异。

你每天都会遇到这些"真实"的论证。在电视上,政治家会争论各类政策,人才选秀节目的评委会争论谁是"人才",而肥皂剧中的扁平二维人物也会有各种争论。在酒吧里,人们会争论他们所支持的足球队(甚至可以是完全不同的运动项目,比如在美国,就是指橄榄球队①)的优势,而且还会争论谁家的配偶"是最差劲的"。通常而言,这些日常性的交流,都不是哲学或逻辑学意义上的论证,它们反倒更像是一些意见分歧,以及关于某种根深蒂固观点的越来越强有力的陈述。

在本章中,我仔细审视了一些简短但相当典型的真实论证,目的既是为了了解它们是如何被构建的,也是为了让读者可以自行练习一些关键的批判性思维能力。在这一过程中,我还研究了人们在日常生活中认为理所当然的一些方面,例如因果概念以及不同类型的论据理由等——必要的和不必要的、充分的和不充分的。人们在试图证明他们的结论时,经常会混淆这些不同类型的论据理由。

---

① 由于英式英语和美式英语之间有所差异,所以,英语中的football一词在美国是指橄榄球,又叫"美式橄榄球"或称"美式足球"。

12.1　一些现实生活中的常见论证

大多数批判性思维指南所依据的书籍是哲学教科书，在这些书中，论证通常都是条理清晰且精确的（尤其是那些所谓的**演绎式**论证，即夏洛克·福尔摩斯所擅长的那类论证）。在这类论证中，有关事情的事实陈述清晰，其结论也一目了然，通常是用一句话来概括或是用"因此"这样的词来标示结论。人们注意力的焦点全然都在逻辑上，或者说在缺乏逻辑上。

但在日常生活中，人们并不会像书本上那样去进行论证。人们很少会从陈述他们的事实假设开始，而是让他人去猜测他们的前提假设，并且往往会匆忙地下结论。下面是一个例子：

我们必须采取紧急措施来减少碳排放，否则地球将会过热！

或者

儿童不宜吃饼干。因为饼干对他们的牙齿有害。

此外，在日常用语中，人们使用"争论"（argument）①这个词来表示激烈的争吵或争执，这会进一步混淆问题，因为争吵之地是逻辑或严明的逻辑结构最不会涉足之地。

即便如此，你还是可以从哲学层面来重述这类情绪爆发中

---

① argument这个词英文中含义较多，既有"论证"之意，又有"争论"之意。

的大部分内容。毕竟，大多数的日常分歧都是从一个事实或主张开始的，接着会根据说话者的观点做出论证，而论证是通过指出陈述的观点为真或为假等理由倒推出来的。

在本节内容中，我将详细介绍非形式逻辑、前提假设在论证中的特殊作用，以及图像可以怎样用来支持观点和主张。我还对论证的逻辑结构进行了研究，揭示了人们（甚至是教授们）经常会犯的一个错误。

保持本色，随心行事：非形式逻辑

非形式逻辑听起来似乎很吓人，但我们根本不必如此害怕它：

- √ **非形式逻辑**：指的是使用日常语言来评估和分析现实生活中的论证和辩论。这项工作的任务，实际上是要将用非形式的日常语言表述的问题，转换成更有结构条理的问题。
- √ **形式逻辑**：相比之下，这类论证会使用符号和字母来表示论点和进行论证。一旦某个论证被简化为象征性的符号标记，它的结构就应该很容易被看到，于是，逻辑学家就可以像数学家处理方程式那样（非常精确地）来处理它。

我们知道，当人们在解释某事的过程中添加额外的信息时，这个解释过程就会变得越发混乱！非形式逻辑是真正的谈话主题，而形式逻辑只是悄然而至……

逻辑、科学和日常推理

人们期望科学家能在清晰、简明的思维方面成为他们的好榜样,但是(正如我在第2章中所讨论过的)科学思维和逻辑是完全不同的两回事。

科学的基础性原则是从有限数量的案例中得出一般性的结论(即普遍性的结论)。这无疑是一种强大的方法,但严格来说,这种方法是不合逻辑的。逻辑学家称这类科学原则为**归纳**(induction),并将这种推理视为**无效**推理(invalid reasoning),他们只会将**演绎**推理(deductive reasoning)——即夏洛克·福尔摩斯所使用的那类推理——视为"有效"的推理。

演绎的问题在于,演绎没有提供任何新的信息——因为它不能。所以,在现实世界中,严格说来,很多的论证都是无效的。

这里的区别可不仅仅像正装和休闲装那么简单好区分:你会穿着正装去面试,但割草时你会换上舒服的休闲装。

为了更好地说明这一点,我需要一个日常生活场景中的论证。于是,我想到了:

你真是个糟糕透顶的丈夫!
你从不洗碗,甚至都不干园艺活儿。

在哲学中,论证通常是由一系列本身可为真或为假的陈述组成(这些通常都被称为前提假设),最后再加上一个结论。因此,批判性思考者更喜欢用以下结构来重述上述日常性对话：

- ✓ **第一个前提**：糟糕透顶的丈夫是既不洗碗，也不干园艺活儿的男人。
- ✓ **第二个前提**：你既不洗碗，也不干园艺活儿。
- ✓ **结论**：你真是个糟糕透顶的丈夫！

如果论证是有效的（逻辑结构正确），那么只要前提为真，结论也必然为真。我在接下来的第13章会更详细地介绍这一点。

顺便说一句，这里的这个论证是无效的。（提示：因为糟糕透顶的丈夫不是唯一既不洗碗也不干园艺之人。）但是，指出推理中的错误，几乎也不能让任何人不用做家务，它只是想强调，就算使论证的逻辑结构变得正确，这也并不会解决许多现实生活中的问题。但话虽如此，逻辑结构正确还是可以帮助你确定辩论中真正的问题所在。

要尝试将真值和有效性这两个概念区分开来，因为只有在一个有效的论证中，你才能确保，如果开始的前提为真，那么结论也必然为真。仔细想想，你就会发现，这是一个非常强大的推理工具！而一个无效的论证无法提供这样的保证。

循环论证

以下是一个有关循环思维的例子，讲的是德国统计学家恩斯特·恩格尔（Ernst Engel），他对19世纪消费模式和收入之间的关系进行了(备受赞誉的)研究。恩格尔定律指出,"个人、家庭或某国人民越是贫穷,其用来维持生命存在的物质必需品消费占比也就越大,而在这项消费中,食品消费所占比例最大。"

不幸的是,正如伊恩·哈金(Ian Hacking)在他的著作《驯服偶然》中所指出的那样,若将恩格尔定律视为严格的定律,难免有点牵强,这是因为,恩格尔从一开始就将食品消费支出的占比作为了人们物质生活水平的衡量标准。也就是说,他的"定律"似乎只是在说:

若你花在食物上的钱越多,你就越穷。

你越穷,那么你需要花在食物上的钱也就越多。

这是相当的循环论证啊!但从另一方面而言,这种论证看起来似乎是"有效的"。循环论证理应是有效的,毕竟它的结论只是在重申其假设!

在形式逻辑中,论证要么有效,要么无效(也即,论证合理或不合理)。但它们既非真也非假。只有前提(和结论)——都是关于这个世界的一些事实主张——才可以是真或是假。而非形式的、日常性的论证往往会混淆前提和结论,从而导致二者之间区分不明。

找出形式论证和非形式论证

以形式逻辑的形式表述的论证在本质上是数学证明,其目的就是证明一个陈述是正确的,例如:如果x=2,x+4=6吗?但非形式论证并没有如此不同,因为它们通常是作为支持结论的一系列证据加以陈述。诸如"因为""如果"或"由于"这类词以及"如果你真的这样认为"和"众所周知"等这样的短语通常会标示出一开始的假设,而诸如"那么"和"因此"等词则会标示出其结论。

我在本书第10章曾详细介绍过这类文本线索和具体细节。

真实的论证可以是各式各样的。很多推理过程甚至没有说出来或写下来!你必须得去猜测或去解析到底发生了什么,接着你才能判断论证中的原因是否能支持其结论,而这才是论证的意义所在。

用前提假设来说服

即使是使用日常语言的非形式论证,也应该以良好且有说服力的步骤来提出论点,将其假设(即前提)先提出来,并确保真正的论证重点是紧随其后(或至少看起来如此)的**推论**。

这里有逻辑学家和政治活动家伯特兰·罗素给出的一个很好的例子。关于教育政策,他提出了一个看似简单的论证:

这个世上的罪恶,既是由于道德失范,也是由于智慧匮乏。但是,人类至今还没有发现任何可以根除道德失范的方法……而智慧……却与此恰相反,所有有能力的教育者,都很容易通过他们所知道的一些方法来提高智力。因此,在我们找到某种能传授美德的方法之前,我们都必须通过提高智力,而不是提升道德水准来寻求社会进步。

——伯特兰·罗素

[《怀疑主义文论选》(*Sceptical Essays*),1935年]

请拿起纸和笔(或者也可以在你的手机上打字),将罗素的论点写成三个简洁的短句,并将它们分成两个已知的事实陈述和一个可以从事实中得出的结论。

囚徒罗素

20世纪的哲学家伯特兰·罗素(Bertrand Russell)经常反对当时政府的一些观点,而(让人万分惊讶和意想不到的是)政府所采取的措施不是通过指出罗素的政治立场中的逻辑错误来与他争辩,而是诉诸法院和警察。罗素因为参与"反战活动""破坏和平"等"笼统而包罗万象"的罪名被监禁了多次,此外,他还为核裁军和妇女投票权等问题积极奔走。其实很多时候,在真正的论证中,逻辑往往是决策时最无关紧要的一件事。

以下是我对罗素那则论证的划分（请读者在偷看我的答案之前，先行尝试写下你自己的答案）：

- ✓ **第一个前提**：想改善人们的不良行为，要么通过提高道德，要么通过教育。
- ✓ **第二个前提**：没有已知的方法可以提高人们的道德。
- ✓ **结论**：因此，人们的不良行为应该通过教育来改正。

在日常论证中使用图片

> 一个正确问题的近似答案——它通常是模糊的，总比一个错误问题的确切答案要好得多，后者总是可以做到很精确。
>
> ——约翰·图基（John Tukey）

当然，真实的论证不只依赖语言。例如，最成功的政治广播会将画外音与一些引人入胜的图像混在一起进行宣传，以此来说服他们的观众（一张图片真的赛过一千言）；店家确实也能够通过冲泡一壶咖啡来说服潜在的买家。在本节中，我将讨论这些不合逻辑的元素是如何用来说服的，并揭示这个过程通常是多么微妙。

对于真正的论证而言，添加一些视觉效果（无论是图片、图表还是表格）当然可以使主张更具有说服力，但是，视觉效果是否可以产生逻辑上的不同差异（与此相对的是加强论证的情感和修辞力量）则并不明朗：

- ✓ 对于图像除了修辞之用还有别的用途这一点，有些人持怀疑态度。
- ✓ 其他人则认为，图像可以独立地支撑论证。
- ✓ 还有一些人认为，图像至少可以部分地支撑某些论证。

许多广告就是利用图片来支持其论证。这是事实。设想有一支广告，比如说菜鸟牛仔裤，要是它简单地打广告说"快来购买菜鸟牛仔裤"，它肯定不会仅因为这支广告大卖。但是，如果给广告加上一些有魅力、成功且看起来有趣的年轻人的照片——那它可能就会卖得很好。其原因就在于，有魅力、成功且看起来有趣和年轻与牛仔裤之间存在着一种隐性的关联，它似乎是在说：**要是你购买了菜鸟牛仔裤，那么你就会变得像广告上的这些人一样——成为时尚达人！**

让我们以图12-1中20世纪20年代的一支经典广告为例，它简单地宣称自家（咖啡的）品牌值得消费者"多花一点点钱"。该陈述的证据就体现在广告图片中。广告中的这个男人显然是在很享受地喝咖啡，而他身后那个影子式的、正在喝乔牌咖啡的人，显然没有得到同样的"满足"。

图12-1:"只要多付这么一点点!"但是证据在哪里?

请你将这支咖啡广告转述为一个简单、合乎逻辑的论证。(读者最好能在继续往下阅读之前写下点东西)。

好的,以下就是我"解构"这支广告后的内容:

- ✓ **第一个前提**:如果某样东西能给你带来真正的满足,那么多花一点钱是值得的。
- ✓ **第二个前提**:这种品牌的咖啡能给你带来真正的满足。
- ✓ **结论:因此**,为此种品牌的咖啡多花一点钱是值得的。

无论如何,这是广告传达的表层信息。其潜意识(即隐藏的）的信息是，某种特定品牌的咖啡要优于其他品牌的咖啡。而这后一条信息是作为前提中的一个假设出现在这个论证中的。

检查真实论证的结构

即使真实的论证是用日常普通语言来表述，它们也仍然具有一个论证结构。你可以通过剥除不必要的细节来找到这一结构，并使用论证的核心要素来转述整个论证。

有时，日常语言的使用本身会导致论证的逻辑出现问题。有个逻辑错误特别普遍，所以它有了自己的专名：肯定后件谬误。你不需要知道这个专名，但你需要在推理中发现这个谬误，因为，它可能是人们——甚至是著名的哲学家，最常犯的错误之一。

肯定后件谬误是指，仅仅因为B事件发生在A事件之后，就认为B事件是由A事件所引起的。（它也可以叫作**逻辑倒置**。）犯了肯定后件谬误的人会认为，一个事项的结果也是这一事项的起因。但事实并非如此，**当然**不会是这样！

苏格拉底论图片的有限价值

大多数人认为，图片或电视短片都是一种相当糟糕的论证方式——因为它们可能具有误导性、"操纵性"。而与此相对的另一方面是，书面材料通常被人们认为是"严肃"的和"忠实"的。但古希腊哲学家苏格拉底对事物的看法要更为激进。对他来说，书面文字会耍花招，因此，人们就必须进行**真实的**现场辩论，以便让一切事物都能够立即经受挑战和考验。

在柏拉图的一段对话中（以苏格拉底和其他人为主角的对谈类小戏剧），苏格拉底试图说服斐德罗（Phaedrus）：与真实的口头论证相比，不仅仅是图像，连文字本身（当其被写下来时）都是有限且低等的。

"你知道吗，斐德罗，这正是写作的奇怪之处，这使写作很类似于绘画。画家的绘画作品呈现在我们面前，画中的景致栩栩如生，但是，如果你质问它们，它们会保持一种最庄严的静默。书面文字同样如此。它们似乎在和你进行着对话，这显得它们好像很睿智，但是，如果你出于一种被教导的愿望，想询问它们到底都说了些什么，它们只会一直告诉你同一件事。"

分析一个真实的论证案例

这里给出了一个有点狡猾的真实论证，它出自一位哲学系教授，是他前几年出版的一本书（《论证上帝》）中的观点。

正如他在这本书中所述，宗教是一项令人讨厌的事物，它包括绞死同性恋者、对通奸的妇女判处斩首或石刑，以及对在属于"圣经带美国"①(Bible Belt America)的"妇女和儿童"施行支配性压制。因为(作者说),无论在历史上还是今天,宗教信仰都会导致这些残忍恐怖之事发生,所以,人们应该总是试图远离宗教信仰。

从两种意义上来说,这是一个真实的论证:人们真的做到了远离宗教信仰——就像这位教授在他的书中所做的那样(尽管他对此用墨不多),而且这一论证还是用日常语言来表达的。

下面是查看这一论证结构的另一种方式,包括了所给出的论据:

- √ **第一个前提**:宗教信仰导致人们对他人做出一些残忍可怕的事情,例如,会因为他人是同性恋而绞死他们或对其判处石刑。
- √ **第二个前提**:引导人们对他人做出残忍可怕之事,比如因为他人是同性恋而绞死他们或者对他们判处石刑,都是不好的。
- √ **结论:因此,宗教信仰是不好的。**

前提不一定非得为真,你也不需要去证明它们。它们前面都带有一个隐含之语"如果",此外,只有在前提为真时,结

---

① "圣经带美国"(Bible Belt America),圣经带(Bible belt)是对美国基督教保守派在社会文化中占主导地位的地区的俗称。

论才会被认为是真。

在此基础上来看，这里列举的论点主张看起来就没什么问题。若想调查它的决定性结论是否也具有认可度——正如这本书的教授所希望看到的那样，你可以更正式地构建这里的论证，如下所示：

- ✓ **第一个前提**：宗教会导致一些恐怖的事情发生。
- ✓ **第二个前提**：如果某些事情很恐怖，那它就应该被禁止。
- ✓ **结论：因此**，宗教应该被禁止。

此处的论点结构看起来是这样的：

- ✓ 若 A 则 B。
- ✓ 若 B 则 C。
- ✓ **因此，**若 A 则 C。

以这种方式来转述，这个论证显然看上去是有效的（在前面章节"保持本色，随心行事：非形式逻辑"中所描述的意义上而言）。但事实上，这里有一些欺骗性质：它在于原始论点中的话。请读者再次检查第一个前提，也即：

宗教信仰会导致人们对他人做出一些残忍恐怖之事，比如，会因为他人是同性恋而绞死他们，或者对其判处石刑。

这里，作者并没有直截了当地说，宗教信仰总是且无一例外地会导致它的每个追随者去做出一些可怕的事情，他只是说宗教信仰**有时候**会导致**一些**人做出这样的事情。很显然，他不能做出前一个观点主张，因为特蕾莎修女在印度就没有用石头砸死通奸者，不仅如此，她还帮助照顾那些生病的孩子。因此，一种更准确的论证方式就可能如下所示：

✓ 若A，则有时B。
✓ 若B则C。
✓ **因此，若A则C。**

但是，这种论证肯定是站不住脚的。只要有一些"A"并不是"B"，那么任何关于"B"的附加信息内容，无论它多么有趣，也总是与论证彻底无关。另一方面，也许作者并不打算争论这点。也许，这一论证的本质最好总结如下：

✓ **第一个前提：如果**宗教对人们有邪恶的影响，**那么**人的思想就会昏聩糊涂，就会导致很多不好的事情发生。
✓ **第二个前提：**人们的思想已经昏聩糊涂，并且他们还做了很多可怕的糟糕之事。
✓ **结论：因此，**宗教对人们有一种邪恶的影响。

即便是这个版本的论证结构，其结论仍然相当不可靠。（有关这方面的更多信息，请参阅下文"科学家不合逻辑地争论"。）现在，这种推理的问题在于，可能还存在着对人们做坏事的另一重解释：它可以是根深蒂固的性别歧视，也可以是人们对经济利益的贪婪追逐。但我认为，这些问题实际上是社会学领域需要去研究的。解释这个世界的问题也并不是你在此处的任务——你的任务只是去仔细地观察论证结构。而在这个真正的论证中，它的逻辑似乎就显得相当不可靠。

讨论这一谬误的好处

肯定后件这一谬误，只是亚里士多德数千年前提出的一系列逻辑谬误中的一个而已，但它至今仍然很重要（详见本书第14章内容）。事实上，这是一种常见的论证策略，指出这一谬误似乎是一个很炫酷的技巧，它可以让你比你的对手看起来要聪明一些。但在"现实生活"中，这真的是一个谬误吗？

科学家不合逻辑地争论

历史上有很多著名的例子，都说明科学家犯了肯定后件的逻辑错误。让我们以其中最宏大的理论——宇宙大爆炸理论（the Big Bang）为例，它被认为解释了整个宇宙的起源，也即，嗯，宇宙是由一个原始的原子爆炸产生的。它包括一个期望，即宇宙中应该充满了分布均匀的残余辐射。所以，论证步骤如下所示：

- ✓ 第一个前提：如果宇宙始于一次大爆炸，那么空间背景中就应该有大量的飞散残余辐射，留待人们用无线电望远镜去发现。
- ✓ 第二个前提：人们用无线电望远镜发现了空间背景中大量的

飞散残余辐射。

✓ **结论：因此，**宇宙始于一次大爆炸。

自然，当辐射被发现时，大爆炸理论即被认为得到了证实。直到现在，一些科学家才勉为其难地重新审视这个论证案例。这是因为，虽然夜空周围确实散布着很多的这种背景辐射，但它似乎不符合大爆炸理论中更为精确的一些要求，例如，辐射并不是均匀地分布在夜空四周，而是似乎位于奇怪的团块之中。

可见，将完整的严谨逻辑应用于现实世界是很困难的。也许，我们从中得到的启示是：就像不要倒洗澡水时连同孩子也倒掉那样，我们也一定不要因为严谨的逻辑而扔掉有用的科学。

那些犯了逻辑颠倒并肯定后件结果的人是在暗示，一个事项的结果也是其原因。要了解为什么这个逻辑是错误的，我们就要从逻辑宝库中去回想逻辑学皇冠上的明珠，它是一种被称为"modus ponens"（该术语源自拉丁语，指的是"通过肯定来证实逻辑的方式"——但是，尽管如此，它也只是一个有趣的名字而已）的有效论证，它还有一个特殊的形式，你可以从下面的例子中窥见一二。

假设你正在与人谈论巴黎。一个正确的论证应是如下这样进行的：

✓ 要是在十二月，那么路边的咖啡馆里会很冷。
✓ 现在是十二月。

✓ **因此**，路边的咖啡馆里会很冷。

结论之所以为真，是因为前提为真：

✓ 若A则B
✓ 已知A
✓ 因此B

但是，如果这里的论证被修改为"已知B，因此A"之后，请看看会发生些什么：

✓ 要是在十二月，那么路边咖啡馆里会很冷。
✓ 路边的咖啡馆里很冷。
✓ **因此**，现在肯定是十二月。

但是，这不对！现在可以是一月中或者几乎任何一个月中寒冷的一天。

对于逻辑学家来说，这绝对是一个愚蠢的错误。但是，这和说它在日常运用及在真正论证中是错误的并不完全是一回事，因为无效论证实际上也是为某种特定观念提供证据的一种方式。

12.2 深入研究真实的论证

在真实的、日常性的、非形式的论证中，如果人们在基本事实（即起点处）上都没有达成一致的话，那么再多的劝服证据也不会让一方说服另一方认同他们的立场。在本节中，我们将一起看看这个经典的"若……则……"的逻辑公式，来揭示一些人们可能会混淆的方面：例如，因果关系，不必要和不充分的条件，以及独立论据和共同论据等。

思考"若A则B"的逻辑公式

最近出版了一本有启发意义的书，名为《若A则B：世界如何发现了逻辑》(*If A then B: How the World Discovered Logic*)，这本书的作者是迈克尔·谢内费尔特（Michael Shenefelt）和海蒂·怀特（Heidi White）两位哲学教授。他们认为，推理、知识和理性首先是一个逻辑问题：也即它是将"若A则B"这个看似简单的逻辑公式应用到世界上的其他事物中。更重要的一点是，两位作者认为，世界历史其实也是简单逻辑形式的历史。例如，我在本章中将会讨论的一些简单论点——先陈述某些事实观点，然后再声称得出了某个结论——就源于古希腊人做决策的方式。有关这方面的历史背景，请参阅下文"论证的历史"。

这里的思想就是，如果每个人都能够合乎逻辑并且让逻辑规则来决定论点，那么最终，人们应该会做出每个人都觉得合乎情理并且大体上都可以接受的决策。

论证的历史

在古希腊,政治问题是在公共会议上进行决策的。在会议中,一些"事实"会被呈现出来,公民在得出其各自结论后开始进行投票表决。从这个意义上来说,古希腊人发明的与其说是民主(公民的统治),不如说是一项更有用的东西:论证。

当然,争论可能会导致冲突,就像中世纪欧洲发生在天主教徒和新教徒之间的长期斗争那样。尽管有些历史学家可能会不同意,但迈克尔·谢内费尔特和海蒂·怀特都认为,这场宗教冲突其实是有关"谁的基督教版本在神学上是正确的"这一问题的讨论,而这场社会辩论使人们"特别关心其中的逻辑问题"。后来,来自新教这一边的马丁·路德(Martin Luther)鼓励人们自己阅读并参考《圣经》。通过参阅《圣经》这种方式,他鼓励人们自行审视一些论点的"前提假设"(主要是通过个人反思和个体的独立推理),而不是仅仅安于接受他人(尤其是教会当局)所抛出的结论。

正如谢内费尔特和怀特所见,逻辑无助于人们解决这场宗教斗争,因为双方都是从不同且相互对立的前提开始争论的,"因此,天主教和新教之间会有巨大的冲突就变得在所难免"。

假设存在因果关系

自然界中的因果关系是人们理解世界的核心所在——就像在逻辑上一样，人们通常不会直接考虑个中运行的机制，也即为什么A事件会导致B事件。例如，请读者思考以下这些论点或主张：

✓ 不要吃野生蘑菇——因为它们有毒。
✓ 如果你努力学习，就能在考试中取得更好的成绩。

它们是不同类型的陈述。其中一个论证似乎比另一个更具有"因果"联系，然而从另一方面而言，它们又都很相似，因为它们都符合"所有A，皆是B"的逻辑陈述，也即如下所示：

✓ 所有的野生蘑菇都是有毒的。
✓ 所有努力学习的人都能取得好成绩。

哲学家大卫·休谟（David Hume）因为对日常性论点有着深刻非凡的洞察力而广受人们赞誉。他认为，有关因果关系的一些根深蒂固的观念——例如，不给植物浇水它们就会枯萎，或是对着窗户扔石头就会导致窗户玻璃碎掉——都是不合逻辑的，它们仅仅只是心理上的假设观念。休谟关于"因果关系"的相当抽象的观点，对培养批判性思维有着很多实际意义，因为他正在挑战逻辑自身的根基。

大卫·休谟认为,一件事导致另一件事发生这一想法,是人们基于过去的观察和自身经验的人为构想。以下是他的论证:

此外,还有什么能够比现在更能说明人们在理解力上存在令人惊讶的无知和弱点呢?因为毫无疑问,如果我们完全了解的对象之间存在任何关系,那一定就是因果关系。我们所有关于事实或存在的推理都以此关系为根基。……因此,我们每时每刻都在思考和探究这种因果关系。然而,我们所形成的关于因果关系的思想观念又是如此地不完善,所以关于它,我们给不出任何合理公正的定义。……

换句话来说,人类用来理解我们周围世界的一个关键思想仅仅是基于我们所假设的信念!例如,人们假设,我们可以从某一天在特定情况下所观察到的东西中学习总结,并可以将其在另一天类似的情况下加以应用,但这其实只是基于人们的信念而已!谁说相同的原因总会导致相同的结果呢?休谟的思想是如此激进,以至于它几乎让所有的论点都在顷刻间变得不堪一击!休谟自己也承认,他也找不到问题的答案,但他建议人们放松心态、继续前行、好好生活。从某种意义上来说,这就是我们必须做的事情。但是,批判性思考者还是可以从休谟的警示中受益,因为,在此后,每当有人断言在给定的特定情境下总会出现特定的结果时,批判性思考者就能加倍地去质疑并发问。

讨论不必要和不充分的条件

以下是深入研究逻辑推理并揭示出其形式结构的另一种方法,即使在非形式论证中它也会有所助益:具体来说,也即掌握必要条件和不必要条件之间的区别。

相信每个人都很熟悉作为某事的必要条件这一概念。例如,为了让鱼缸中的鱼存活下来,就必须确保鱼缸里充满水。如果你让鱼缸中的水蒸发掉,那么鱼也就会死掉。

在最重要的"若……则……"的推理陈述部分,紧跟在"则"(术语上称其为后件)之后的第二部分内容就为第一部分(哲学家称其为前件)的内容提供了一个**必要条件**:

如果想要一条叫菲利斯的金鱼快乐且健康[前件],那么鱼缸中的水就必须注满[后件]。

必要条件是如此重要,以至于在日常性语言中,人们有多种表达方式。例如以下所示:

√ 水是鱼类生存所必需的。
√ 鱼必须有水才能生存。
√ 没有水,鱼就会死。
√ 在缺水的情况下,所有鱼都不会存活很长时间。

当(且仅当)Y **为假**(即未实现)确保(或导致)了X为

假时，我们才能说条件X是对另一个条件Y的**必要条件**[①]。

但保持鱼缸满水并不是让金鱼菲利斯保持快乐和拥有一个良好生存环境的**充分**条件。例如，你还需要确保水是干净的，鱼缸中有氧化的杂草，并且水温适度合宜。所以，水位注满是一个必要但不充分的条件。这么说，到现在为止，说了这么多它却没有什么用！但是，正是这种洞察力能够使你提出新的好建议：

如果想要金鱼菲利斯快乐且健康地存活，那么我必须在鱼缸底部放置一个塑料城堡，以供它游泳嬉戏。

当然，这是一个很好的想法，我一点也不反对这个想法，但是，为金鱼提供一个嬉戏的塑料城堡，是绝对必要的条件吗？并不是。比如，你也可以在鱼缸中放置一些奇形怪状的有趣岩石，或者投放进去更多的杂草，等等。

所以，很明显，这是一个**不必要**的条件，因为，即使没有城堡，金鱼菲利斯也可以保持健康。但是，塑料城堡也是一个**不充分**的条件吗？是的，它也不充分，因为，如果你不喂金鱼，或者任水位下降而不顾，或者其他的很多原因，那么，塑料城堡并不足以让金鱼菲利斯保持健康和快乐。

当（且仅当）A的实现确保（或导致）了B为真时，我们才能说A是B的充分条件。

[①] 原文此处疑为笔误，应为：条件Y是条件X的必要条件。

在继续阅读之前,请读者暂停片刻,并试着列出金鱼菲利斯能够快乐和健康存活的一些必要条件。

完成了吗?这里可能还有一些你没有想过的问题:你不能让任何猫接近鱼缸以免它们吃掉金鱼菲利斯,也不能让任何讨厌的锚虫卵进入鱼缸中,比如说它们可能附着在池中的杂草上!

如果你没想到这两个条件,也不要埋怨自己。相反,如果你列出了十个条件,就给你自己打上一分,如果你写出来的条件少于十个,请给自己打三分。因为批判性思考者很快就会意识到,这是一项无法穷尽的任务清单,因此,花太多时间只能是不必要的浪费。

从中我们学到的是,在真实的论证中,指出**必要条件或充分条件**通常是不切实际的。相反,大量的共同假设则是必要的。

调查独立论据和共同论据

批判性思维中一个非常微妙的区别是独立论据和共同论据之间的区别。

许多论证基于某一个论据会非常地奏效。例如以下这个论证主张:

> 为了吃肉而杀死动物是错误的。因此,每个人都应该成为素食主义者。

这个论证"奏效"是因为"应该"这个词包含了对是非对错的价值判断——论证中的第一部分内容指出杀死动物是错误的。而其隐藏的论证结构大致如下：

- ✓ 杀死动物是错误的。
- ✓ 人们不应该做错事。
- ✓ **因此**，人们不应该杀死动物。

（下一步）

- ✓ 非素食主义者都参与了对动物的杀戮。
- ✓ 而杀死动物是错误的。
- ✓ **因此**，每个人都应该成为素食主义者。

相比之下，一个**共同的推理**论证是指，你至少需要两个理由才能支持得出结论。换句话来说，即你不能仅从某个论据自身就得出结论。例如，看看下面这个例子，它提供了四个理由来支持其最终得出的结论。

- ✓ 地球表面三分之二的面积都被水覆盖。
- ✓ 如果人们停止吃鱼，那么陆地上脆弱的生态系统压力将会增加。
- ✓ 增加脆弱的陆地生态系统的压力对环境不利。
- ✓ 素食主义要求人们不要吃鱼。
- ✓ **因此**，素食主义对环境不利。

看到了没！在本节中，你已经使用逻辑证明了论点的两个相反方面都是正确的！（一方面，素食主义在道德上是正确的，另一方面，素食主义在道德上又是错误的。）这可真是一项非常方便习得的批判性思维技能！

意识到隐含的假设

从对方的角度来看待他的论证，有助于我们发现他们正在做出的隐含假设，也即那些你可能想要公开进行讨论或挑战的假设。

同样，批判性地审视我们自己的一些观念和价值观，也可以让我们找出那些在别人看来可能不会轻易接受的前提或观念。

影响我们观点的一些元素（它们通常都是潜移默化地起作用）包括以下几个方面的内容：

✓ 种族、国籍和文化。
✓ 语言和你的受教育程度。
✓ 家庭背景。（你的孩子会依赖你吗？你依赖其他人吗？）
✓ 经济地位或社会阶层。
✓ 你是有信仰的宗教人士，还是无神论的非宗教人士。
✓ 你对同侪观点的看法。（例如，众所周知，青少年对他们朋友的言行都特别敏感，并且他们也易受到别人的影响！）

如果我们能识别出他人观点中隐含的假设，或者能看到我们自己观点中存在的一些问题，那我们就能更好地做下面两件十分有用的事情：

- ✓ 预测他人可能会提出的各种反驳观点。
- ✓ 通过重新思考并在必要时巩固和加强我们自己的假设，特别是那些我们此前没有真正意识到的假设，可以制定一种"先发制人的防御策略"。

第13章
像理性动物那样行事

本章提要：
- 观察逻辑规则
- 审视成功的论证并发现谬误
- 辩论时学会提出有效的观点

> 重要的是要记住，非形式谬误只是一些"经验法则"。如果为了描述社会体制而违反非形式谬误有其必要，那么人们就需要去这么做。论证形式的传统是否应该限制在科学范围内呢？或者我们可以换个问题来问，科学的主题是否应该以好奇心以及想要构建出的对现象的种种解释来作为向导呢？
>
> ——斯图亚特·昂普尔比
> (《金融危机：社会学家应该如何改变思维？》，2010年，具体内容参见网址：www.gwu.edu/~umpleby/recent.html）

斯图亚特·昂普尔比教授是一位社会学家而非哲学家（否

则他永远也不会使用一个错误的论证）。针对人们对逻辑规则的理解拘泥于字面和过于狭隘化的问题，昂普尔比教授发出了一点警告，这是我将在本章中阐明的一个方面。

本章的主要内容将围绕如何使用逻辑来巩固加强你自己的论证，并学会用逻辑帮助你去发现其他人论证中的弱点（或者也可以是发现其优点）。我要强调的一点是，逻辑只是一种仅适用于某些特定类型的实操工具，它并不是万能的，它也不是用来证明观点和寻找真理的通用捷径。如果你不赞同我的观点，且认为逻辑可以摆平一切问题，那就请你查看一下本章中有关亚里士多德思想三定律的讨论吧。

在此，我也为读者提供了一个可以提升论证技能的机会，也即我通过做出一个看似很重要实则不重要的小论证来强调，连接词的使用在进行一个良好且合理的论证中非常重要，并让读者了解在进行一个糟糕的论证时，应该如何发觉那些模棱两可的语言所带来的危险。

13.1　为逻辑性思考制定规则

总体而言，古希腊人在进行逻辑分明且良好、严谨的思考方面，为我们提供了许多可资借鉴的基础知识。

史上第一批哲学家就致力于消除那些看起来模糊、矛盾或模棱两可的思想。他们认为，要想实现这一目标，最佳方法就是制定出一些思维规则,让它们能够可靠地导向清晰且独特的思想。换句话说,也就是去发现并遵循思考本身的规则定律。本章将会具体介绍这些规则定律,但同样重要的是,我们还要记住(实际上很少有人会记住),尽管几个世纪以来,这些想法在科学和哲学中一直占据着主导地位,但它们也并非没有反对的批评者。而且,不仅如此,对于人们赞成的每一个观点,也同样会出现一些强有力的反对它们的论证。当然,这是批判性思考者理应能够想到的!真正的问题似乎不在于这些规则是否正确,而在于人们应该于何时、何地运用它们?思维规则在批判性思维中发挥着重要作用,但无论如何,它们并不是其中最全面和最重要的部分。

但是,话虽如此,亚里士多德关于常见逻辑错误分类以及**可靠**理论方式(sound ways of theorising)的古老之书,仍然不啻为我们开始更精确和更有条理地进行思考的一个好工具。亚里士多德最重要的思想是,当论证的结论从其一开始的假设(即前提)就合乎逻辑时,这个论证即有效——此外,就算这些假设存在一些问题,且论证结论完全是无稽之谈,亚里士多德也不会太介意。如果你从真实的、相关的和不矛盾的假设开始,并一步步进行正确的论证构建,那么你的结论就万无一失是正确的。在这一背景语境中,这一结论指的就是我们所说的**可靠的论证**(a sound argument)。

跟亚里士多德学习推理

对于古代哲学家来说，我想对于我们今天的大多数人也是一样，一个良好的论证，指的是一个能让众人都信服说话者观点的论证，而究其过程到底是如何实现这一点的，则并不重要。这一结果可以通过谨慎地使用修辞手段，例如依次提出三个论点来证明，或者是通过诉诸人身攻击式的嘲笑对手来达成。（有关这方面的更多详细信息，请参阅本书第15章内容。）或者，它也可以通过诉诸记忆中有关奥林匹斯山诸神的传说来达成。柏拉图可能是这类劝服艺术中最具有影响力的哲学家，他在他的哲学著作中广泛使用了各式各样的说服技巧，其中就包括他著名的小剧本《理想国》——这本书非常详细地描摹了关于如何管理一个小国家的蓝图。然而具有讽刺意味的是，这促使他的学生亚里士多德转而去关注论证中巨细靡遗的细节，亚里士多德还试图梳理出论证中最强有力的基本要素。我认为，这可能是出于他对柏拉图的文学艺术和修辞技巧的一种嫉妒反应。不管怎么说，无论亚里士多德的真正动机是什么，他有关论证方法的书都是真正具有创新性的作品，而且它永远地改变了人们进行思考和论辩的方式。

亚里士多德和其他的希腊哲学家都没有在科学研究和哲学研究之间做任何区分：对他们来说，一切事物的研究都是"哲学"。因此，一个政治上的糟糕论证在科学上而言也是糟糕的论证——反之亦然。但正如我接下来将在本章中介绍的那样，探究不同的主题时实际上需要用到不同的方法。例如，实验科学经常会使用归纳推理法，即从有限的证据中得出一般性的结论——据其定义可知，这种推理程序其实是无效的。而这就是实验方法的全部内容。但是科学家也经常会进行哲学式思辨——提出前提并得出遵循这些前提的某些结论，所以，也和其他人一样，科学家工作中的这部分内容也是需要进行一番"逻辑检查"的。

典型的学术专著或论文都是科学和哲学的混合物，它是作者通过他们新近开展的研究和论证所发现的一些事实，并且它们肯定会包含一些需要严谨逻辑的部分！

我对逻辑简直一窍不通！

亚里士多德（公元前384年—前322年）通常被人誉为"逻辑学之父"，尽管事实是，中国的先贤在他之前就曾讨论过逻辑，而且还有许多其他的古代哲学家也在亚里士多德之前详细讨论过这些问题。此外，人们还把很多东西归功于亚里士多德，就连他自己都没想到过。但无可厚非的是，亚里士多德写出了最早的"逻辑学之书"，因此之故，他得到了"逻辑学之父"的殊荣［这就像是今天16岁以下的青少年会以为是西蒙·考威尔（Simon Cowell）发明了才艺表演秀一样］。

亚里士多德以其饱满的精力和热情研究着太阳底下的每一

件事物，他对观察自然特别感兴趣，但他最感兴趣的还是致力于整理出人们使用的所有不同类型的推理方式。亚里士多德处理所有问题的方式对随后好多个世纪中其他人处理问题的方式都产生了巨大的影响——无论是好的影响还是坏的影响（通常事实也是如此）。例如，他的一个极富影响力的观点是，他认为，每个有机体在自然界中都有其特定的功能或地位，而人类的特殊职责就是**推理**（reason）。人类比动物王国中的其他任何成员都要更擅长"思考"。目前，这一观点仍然影响着大多数人的思维方式。

亚里士多德提出了三个心理规则（mental rules），他称其为**思想定律**（Laws of thought）。哲学家倾向于将这些定律理解为，是试图用日常性语言来描述逻辑性根基的一次尝试。与许多当代哲学家一样，亚里士多德也将逻辑的根基，视为人类社会进步的关键所在。

不要错误地认为，亚里士多德的思想定律只隶属于古代历史：它们在当下仍然特别重要。大约2000年之后，逻辑学家乔治·布尔（George Boole）也承认亚里士多德的非凡影响和开创性引领作用，并向其致敬。布尔逻辑对如今的软件和计算机系统至关重要。

以下就是亚里士多德的思想定律：

✓ **同一律**：无论是什么，是就是。

✓ **矛盾律**：没有什么东西，可以既是又不是。

✓ **排中律**：一切事物都必须要么是，要么不是。

听起来好像也不太难，对吗？那就请读者继续往下阅读！

提出逻辑上的问题

也许你很想知道，这三个定律在实践中到底有何意义，以及它们是否能经得起批判性思维的检验。

好吧，我们一个一个来解释。首先，避免出现矛盾的矛盾律，并非听起来那般容易。论证中的许多谬误都来自两个相互矛盾的观点主张。此外，造成无法弥合的意见分歧的许多模棱两可和混乱，也都可以追溯到论证中未能应用排中律这一条定律上。

柏拉图（请记住，他是亚里士多德的老师）也深谙思想定律，但他更感兴趣的，似乎是它们**无法**被应用的地方。你会看到，在某些特定情况下，这些思想定律也会得出一些荒谬的结论。

例如，在柏拉图的一部小剧中，有人就论证说，苏格拉底一定是一条狗的父亲，因为，狗有一位父亲，而苏格拉底也承认他是一位父亲。矛盾律（没有什么东西，可以既是又不是）表明，一个人不可能同时既是父亲又不是父亲，因此，此中逻辑，似乎是在要求苏格拉底承认，他必定是狗的父亲。

当然，苏格拉底显然**不是**狗的父亲，但这里的问题是，这种思维到底是哪里出了问题？换句话说，也即，在哪里应用以及如何应用这些思想定律，也会引发与这些思想定律理应去解决的问题同样多的问题来。

不过，我们也不必对亚里士多德顶礼膜拜，因为那样一来，你就会急于同意他所有的想法（批判性思考者，是永远不会如此急于同意他人观点的）。亚里士多德也有一些相当愚蠢的观点，例如，那条颇有影响力但却是错误的学说，即物体以与其质量成正比的速度下落到地上，或者是那则极为可怕（但却大受男性欢迎）的断言，即女性不会、也不能够进行推理，女性只是一种饲养的家畜。是的，你没听错，亚里士多德确实是这么说过，即使（或者也可能正是因为？）他的老师柏拉图正在写与他观点截然相反的东西，比如，柏拉图同等地将女性算作伟大的哲学家。①

逻辑推理是"男生才会的事"吗？

许多人都认为，相比女性，逻辑推理是更适合男性的东

---

① 例如，在柏拉图的《理想国》中，属于精英统治阶层的护卫者（Guardians）就同时包括男性和女性，他们同吃同住同劳作，接受同等的教育。不过也有论者认为，柏拉图理想中的女性其实是"名誉男人"（honorary men），因为她们被剥夺了女性特质。

西。用流行的话来说,"女性逻辑"(female logic)这个词就是带有贬义的。大多数人的这种观点,就像那许许多多"众所周知"的观点一样,其实是错误的。

有研究证据非常清楚地表明,在几乎所有的思维技巧、文字技巧、类比比较、直觉思维、方法和组织等方面,男性和女性的思维方式几乎没有任何区别。如果确实存在某些差异的话,那么后天的教育(我的意思是,比如说,阅读这本书)也有可能会完全根除这一差异。

但也有一些证据**确实**表明,在形式逻辑和数学领域存在着性别差距。形式逻辑——用符号而不是用文字来表达的那种方式,本身是一种形式的数学,虽然形式逻辑不是哲学的一部分,但它已悄然进入了哲学领域之中,例如,形式逻辑声称,它是一种看待论证的好方法。例如,那些要求学生旋转物体外形之类的测试,似乎也有利于男孩子而不利于女孩子。这些测试似乎都涉及一些抽象的逻辑操作过程,在某种程度上而言,它们调用的都是相同的心理格式架构,使用的也是大脑中相同的加工处理部分的功能。

关于这个问题,还有四点值得说明:
- 第一,**期望对结果有非常明显的影响**。1999年开展的一项有趣实验[该实验由加拿大心理学家史蒂文·斯宾塞(Steven Spencer)主导开展]对两组学生分别进行逻辑推理测试后得出了一份相同结果。一组测试对象被告知,该测试旨在衡量男孩和女孩之间到底存在多大的逻辑差距。而另一组测试的对象则没有被告知任何关于该实验旨在测试性别差距的暗示。实验证实，如果事先没有在女孩们的脑中撒播下"被人怀疑的种子"，那么女孩们在测试中的表现要好得多！这就是社会学家所说的**刻板印象威胁论**的问题。

- 第二，男女在某些技能方面确实存在差距，但这些技能绝对不是真正的批判性思维技能，可以肯定的是，它们是某些涉及对抽象信息进行逻辑性加工处理的技能。
- 第三，男孩与女孩之间的差异，被左撇子和右撇子之间的差异所抵消。左撇子男孩在"历来属于男性擅长"的逻辑和空间意识测试中，会比右撇子男孩表现得更加糟糕。但是，左撇子女孩比左撇子男孩的表现要更胜一筹！
- 第四，如果老师在不同的班级中分别教左撇子和右撇子的孩子们，你可能会觉得很奇怪，对吧？这就像是，给一个班的学生分发茶具把玩，而给另一个班的学生发电路板编程一样奇怪，但是，一旦学习过逻辑之后，这样的事情就会在今后的生活中发生。

最重要的一点是，我们尚不清楚，男性是否在非形式逻辑中存在任何优势，这就是批判性思维的意义所在。即使男女在某些相关的思维技能方面，确实存在性别差异，这种差异一般也很微小。对众多人组成的大型团体的研究表明，你几乎不能从平均数据中得知某个个体的能力。因此，同理，没有人仅仅可以根据人们的不同性别来假设个体的思维方式。

13.2 了解人们如何使用逻辑

在本节内容中,我将审视一些人们使用的关键性逻辑结构——无论它是好是坏。

识别令人信服的论证

是什么让论证令人信服?提出观点正确的论据是不够的;你还需要能够给出一些理由,证明结论的确得自这些论据。

要明白,前提为真不一定就能确保结论为真

从逻辑上而言,前提为**真**(论证开始时会简单断言所有的假设都为真),并不能确保论证的**结论**为真。只有在论证中所使用的推理**有效**时,它们才会都为真。在这种情况下,推理有效意味着结构是正确的,也即符合诸如"思想定律"之类的东西(如上节中所述)。

"证明你的观点"的最简单方法是,将其构建成一个假设——即"如果一件事发生,那么则发生另一件事",接下来是去证明条件中的"第一件事"确实为真。这种论证被称为**肯定前件论证**(affirimiming the antecedent,前件指的是论证结构中提到的第一件事)。

哲学家经常会用符号来进行论证,而批判性思考者使用的则是普通文字。但是请读者注意,使用符号的论证也最容易测

试出论证是否有效,这一点还可以帮助你记住两件特别重要的事情:

- ✓ 确保你的论证有效即意味着,你要对其结构进行一番逻辑检查。
- ✓ 若是从错误的前提(假设)出发,实际上并不会使论证无效,但是,这样一来,它的确会使你的论证变得不可靠和不具有说服力!

下面的例子是以符号形式来表示的肯定前件论证:

若P,则Q。
<u>有P,</u>
因此,Q。

下面给出了一个非符号表示的例子:

如果宇宙中存在有神性设计的证据,**那么**一定就有一个设计者——上帝。
<u>宇宙中存在神性设计的证据</u>
因此,一定有一个设计者——上帝。

天哪,这个论证过程岂不是只通过逻辑就轻而易举地解决了古老的重大辩论?事实并非如此。关于前提是否为真,你仍然可以有不同意见。"设计者"(Designer,或者实际上,通常是以一个大写字母"D"来表示的那位设计者)一词到底是指什么呢?除非一开始的假设为真,这样一来,该论证的结构就可以如你随心所想的那般优良,但是,即使这样,你仍然也不能确定论证的结论就为真。

换另外一种方式来说明这一点,也即一个有效的论证是**保真**的,这意味着,如果你把真实的前提放在一个论证中,那么另一端得出的结论也会为真。但请注意,这一点反之则不然!如果前提为假,你不能就此认为结论也为假。毕竟,尽管某位政客陈述的所有事实和论证都是错误的,这位政客也仍然可以是对的。

亚里士多德提出了256种论证的变体,它们一般都有两个假设和之后得出的一个结论。亚里士多德认为,这其中只有19个论证是保真的;其余的都是一些谬误,也因此,它们都是需要加以避免的——这似乎也很明显。实际上,人们如今还发现,在亚里士多德那19种"安全形式"的论证中,至少有4种论证属于狡猾的不太可靠的论证——这表明,要完全合乎逻辑和保持严谨何其艰难!但是,这并不意味着我们不应该去尝试。

否认后件

一种非常有效的论证形式叫**否认后件**(拉丁文为"modus tollens")。顾名思义,它指的是人们不去证明"如果部分"的内容是正确的,而是去证明"那么部分"(后件)的内容是错误的。例如,如果成为真正的国王**需要**有一顶王冠,那么没有王冠就意味着不是国王。

第四部分 推理与论证 [383]

用逻辑话语来说，就是假设前件和后件（即"如果"和"那么"部分）之间存在真正（并且牢不可破）的关联，而已知后件为假，那么前件也必然为假。因此，否认后件（论证后半部分的内容）同样也就否认了前件（论证前半部分的内容）。

下面给出了一个例子，分别用符号语言和简单的文字来陈述：

若P，则Q

非Q

因此，非P

如果我吃了很多糖果，那么我就会掉牙齿。

我现在没有掉牙齿，

因此，我没有吃很多糖果。

否认后件是一种很好的论证形式——简单且有效。即使，正如上述例子中所暗示，它证明的只不过是第一个前提所主张的陈述。换句话来说，如果存在任何可能的情况（例如，有些人每天晚上都非常彻底地清洁牙齿）会使第一个主张为假，那么，论证形式有效这一事实，也并不能使论证变得合理可靠（请参阅我在上一小节"为逻辑性思考制定规则"对这一重要概念所作的阐发），因为，对第一个前提做出这类实际性限定，会使论证实际上变成非真。请记住，若前提为假，那么论证也将什么都得不出！

被谬误绊倒

在这里,我将进一步向读者指出,该如何对论证结构进行一番"逻辑检查",这就意味着,你要去检查论证的各个部分是如何环环相扣的——又或者,你会发现,它们并没有很好地结合在一起。

在逻辑上而言,谬误是一种无效论证,在这种论证中,结构中的一个缺陷意味着,即使所有论证前提都为真,其结论也仍然可能为假。这样一来,你显然希望能避免错误的推理——因为它会将你以及你的读者或听众引入歧途。人们也经常通俗地使用谬误这个术语,来指他们觉得是"错误"的论证,因为他们不同意其中一个或其他某些前提。这两种使用谬误的方式不应该混淆。

也不仅仅是推理中旧有类型的错误都算作逻辑谬误。要使论证成为谬误,其中的某种推理必须具有潜在的欺骗性(换句话说,要看起来似乎是合理的):它必须能够在某些时候至少愚弄到一部分人。

"给人们发放社会福利金会助长懒惰是一种谬论"这句陈述,可能是对以下这个非形式论证且政治不正确的论证的一种批评:

如果人们不用工作就能赚钱,那么他们就会变得懒惰。

发社会福利金是一种人们无需工作就能获得金钱的方式。

因此，社会福利金助长了懒惰。

这个论证有效吗？读者可跳到本章末尾的答案部分，查看我对此所作的评论。

本节中接下来的内容，将会涵盖到种种论证谬误。要了解为什么你需要知道这些内容，请查看下文"关注重点谬误"。

谨慎择词

歧义（Ambiguity）是可靠论证的大敌。一种常见的歧义是**模棱两可**（源自希腊语中的动词amphiboly，它表示"乱扔东西"）。这种歧义谬误，是句子的构造方式所致［而不是源自单词或短语的歧义性，后者又称**含糊其词**（equivocation）］。因而，当一个糟糕的论证在语法规则上存在歧义时，就会出现模棱两可性。

这里有一个很恰当的经典案例：据传，克罗伊索斯（Croesus）皇帝在德尔斐神庙问卜了神谕，他想看看，神给出的预兆是否有利于他攻打波斯帝国的计划。问卜的结果，似乎是个好兆头："如果克罗伊索斯开战，那么一个伟大的帝国将会威严扫地。"受此问卜结果的鼓舞，克罗伊索斯最终发起了对波斯的战争，但战事进展十分艰难，很快，他就兵败如山倒地战败了。一个强大的帝国确实被武力镇压并威严不复了——只不过是克罗伊索斯自己的帝国。

关注重点谬误

要知道,有数量惊人的谬误存在。人们还写了一系列关于这些谬误的书——诸如从"肯定后件"谬误开始(详见第12章内容)到"未认可的省略推理谬误"和"未分配的中间谬误",不一而足!这中间还有各种名字里带有花哨异国情调的那类谬误,例如"给井投毒"谬误,还有那些命名中带有一长串拉丁文的谬误,例如,"Post hoc ergo propter hoc"[①](其实,这与"肯定后件"谬误表达的是同一个意思),不要忘记还有"quaternio terminorum"[②](又称"含糊其词的歧义谬误")。这些术语堂而皇之、甚为碍眼——它们会让你有种你好像在学习一门逻辑学课程的感觉,或者它们更有可能让你想直接放弃学习,然后偷偷夹着尾巴溜到最近的酒吧里一醉方休。

你可千万不要被这些高大上的术语纸老虎给拦住,或是被它们吓倒!事实是,只有少数谬误才真正重要,而那些用来给各种谬误的变体分门别类的佶屈行话,根本不值得我们去学习,甚至连理解它们字面的意思也没有必要。

---

① "Post hoc ergo propter hoc"为拉丁语,意为"后此,所以因此",也称肯定后件谬误或后此谬误。
② "quaternio terminorum"为拉丁语,英文等于:Fallacy of four terms,也称四词谬误。

注意循环论证

你很容易就会意外地做出一个**循环论证**。在这种论证中,结论由前提来支撑,但前提本身又依赖于结论为真时的推理,因此,这在推理中就形成了一个没有提供任何有效共享信息的论证循环。(有关这方面的更多信息,请参见第12章阅读栏中的内容。)

选择恰当的推理类型

不要一开始就四处寻找谬误——因为就连科学和一般的现实生活,都是从**归纳推理**而来的,也即它们都是从有限的论据中得出一般性的结论。这种推理的问题在于,接下来发现的任何一点证据,都有可能毁掉从归纳推理理论中得出的结论。例如,就像最近整个西方银行系统中几乎都在发生的事一样,事实证明,只要某些类型的投资理财是捆绑在一起的,那么,正如在当下占主导地位的经济理论所预测的那样,这些投资理财实际上都不安全。在现实生活中,我们一直在使用归纳推理,即使归纳推理从定义上而言本是无效的;并且,归纳推理也伴随一定的风险,例如,某些未来事件可能会证明其推理出的结论是错误的。

另一种能确保论证结论坚如磐石且永久有效的方法,叫作**演绎推理**。它在逻辑学和几何学中被广泛应用,这种推理有能力去证明,例如,3+4=7,或者三角形的内角和是180度,或者"苏格拉底是一个人,所以,他是会死的"。像这样的一些说法,往往可以一直为真。这种推理的问题在于，在实践中，它无法告诉你任何你还没有思考过的东西。因为它就是单纯不能够做到这一点。这就是为什么我们说它是"有效的"。亚里士多德，真是感谢您！

归纳推理和演绎推理之间区别的核心在于，你无法从演绎论证中获得任何新信息——你能做的就是重新编排它们。因此，当人们指责某人提出了一个"无效"论证时，他们想表达的意思通常有所不同：也即某人错误地陈述了一个演绎论证。

发现谬误

假设你现在正和某人争论海星是否有鳍这个问题。你知道，海星是种美丽的海洋动物，它们可以有很多种颜色，也有着不同的形状和大小，并且还都有五条"腿"，这使它们看起来像一颗颗海中星星。但是，为了此处的这个论证，即你不知道海星是否有鳍这一点，逻辑能够帮你解决这个问题吗？

大前提：所有的**鱼**都有鳍。
小前提：所有的海星都是鱼。
结论：所有的海星都有鳍。

哎，博士，我们找到答案了！我们真的找到答案了吗？上述这个论证是否可以证明海星有鳍？请读者自行查看本章末尾所提供的答案，它全面而详尽地讨论了这一令人惊讶的重要谜题。

13.3　用逻辑构造你的论证

在本节内容中，我将就如何使你的论证更加有效这点来提供一些一般性建议。

逻辑总是有一个相当可怕的方面：也许你认为逻辑中的一些东西是"非此即彼"的，如果你犯了某个错误，那就会显得很可笑。这通常也是哲学老师教授逻辑的方式。但是，批判性思维关注的是现实生活，而逻辑在生活中是一项宝贵的工具，也是我们的朋友。

当你试图评估他人的论证是否正确有效时，或者当你实际上想自己构建一个论证时，你可以把逻辑想象成一根导览绳索，在你攀登政治和科学存在争议的山峰时，它可以帮你找到走出重重险境的正确路径。所以，现在就请准备好登山专用的防滑铁钉靴和求生抓钩吧！

观点表达要清晰

构建论证时，你首先要考虑的是，是否存在自相矛盾的现象。当然，不管是在社会科学还是科学领域中，辩论通常都包含对立的论点和相互矛盾的论据，而且优秀的作家也会意识到这一事实，并能将这些争议之处一一囊括进他们的叙述和阐发之中。然而，对于我们普通读者来说，自相矛盾的信息和前后不一致的信息则是十分令人困惑的。

有关如何在写作中去做这种不可能之事（square this circle），以下给出了一些建议：

- ✓ 尽早明确你将要采取的总体写作路线。
- ✓ 使用连接词来表明，接下来出现的内容是与主要观点相反的另一种观点。例如，"另一方面而言"或"另一类可供选择的方法是……"等等。
- ✓ 解释一番你研究中可能出现的任何相互矛盾的立场和观点，并说明它们将会如何得到解决，例如，也许你可以通过引入第三种观点来解决上述这种矛盾。又或者，至少你要让读者清楚地了解存在这样一个未能解决的矛盾，这个矛盾不仅仅是读者无法解决。

谨慎选择你的措辞

许多论证实际上都只是源于对术语的理解存在混淆。事实上，苏格拉底就坚持认为，所有人类的分歧都可以归结为这一问题，但是，他随后就在一次公民投票中被他的雅典同胞予以处决了，这意味着，苏格拉底误判了他同胞们的性格。苏格拉底还是稍显天真，他始终不明白，不同的经济利益会导致人们因不同原因而采用不同的方式来看待事物，此外，他也不清楚这是如何运作的。

只要你的论证有任何合乎逻辑的可能，你就需要用精确的语言来表达它们。不精确的措辞是导致前后不一致的原因，这种前后不一致的错误，会导致后来的论证失败。请参阅上文"发现谬误"部分的练习，以便了解即使是日常用语，也常常会具有误导性。

一个合理可靠的逻辑论证取决于，它使用的术语只有一个固定且精准的含义。但是，在日常普通语言（指与符号逻辑或数学等人工语言相对的语言）中，没有任何术语只有一个固定含义。它们都会在不同程度上有一点细微的差别，有时会依赖上下文语境，并且还有点模棱两可。

下面是一个简单的问题：三角形的内角之和是180度吗？并非总是如此，当三角形被绘制在球体表面时，它的内角和就不是180度。因此可见，即使是数学和逻辑，也是有赖于上下文语境的，只有在术语的确切含义达成一致时，逻辑才能有效运作。

从这个意义上来说，所有使用日常普通语言来表述的主张，都带有一定程度的主观性，此外，它们至少也有赖于人们对含义和用法达成的共识。

使用的方法要前后保持一致

在一个良好、合乎逻辑的论证中，它所提出的观点支撑了最终的结论。在这里要避免的另一个陷阱是，提供不支持最后结论的论据——这也许是因为，它们本就是不相关的，或者是因为，它们暗含了与预期结论相反的情况。如果你一开始并不真正知道为什么你自己会这样想或那样想，而只是在"拼凑"一些理由和论据来支持你的观点的话，那么这种陷阱就很容易发生。

在论证中，将原因置于正确的地方非常重要。通常，人们会将不直接支持总体结论的一些原因联系在一起，而它们会得出一个中间结论。逻辑结构需要遵循一条逻辑推理线，其中，首先要解决的事情是排在第一位的，并且相关的论证也会被一起考虑和予以处理（参见图13-1）。

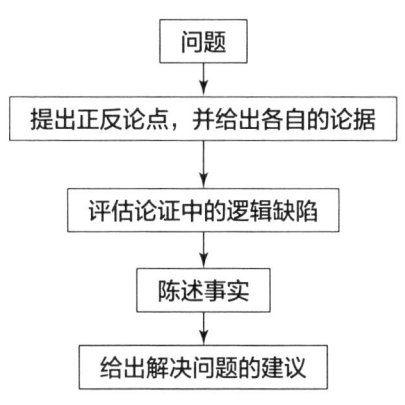

图13-1：说服性论文的结构。

关于这方面的内容，读者可以在第12章中找到更多的相关细节。

练习答案

关于"社会福利金是否会助长懒惰"的论证

我认为,这个论证是有效的。但是,我不是一名法西斯主义者,你也不必认为这里的前提就一定是真的。容我解释一番。在这个论证中,论证的焦点是"如果人们不工作就能得到金钱,那么,他们就会变得懒惰",这句话听起来似乎是合理的。当人们这样理解时,它就是合理的,也即"**有时候**,如果人们不工作就能得到金钱的话,他们就会变得懒惰"。但是,当人们将其语境理解为"在任何时候"时,这一论证似乎就不是那么合理了,而且若将金钱的数额也考虑在内,它就更加不合理了。关于本论证中的假设,存在着巨大的不同类型的分歧。例如,假设第一个前提扩展为以下这一陈述:

如果人们可以从国家得到足够的金钱来维持他们的生存而不必靠工作赚钱,那么他们都会一贯地变懒惰。

这听起来不太可信,对吗?但是,从逻辑上而言,这一陈述并没有什么实质性改变,只是在内容上稍稍有所变化而已。

关于海星论证

它所提出的论证什么也证明不了,这是因为,在这道题中,"鱼"这个词本身就有两种不同的含义:第一个前提指的是严格科学定义中鱼的含义，而第二个前提指的是更宽松一些的日常生活中鱼的含义。最终的结果是，结论是不可靠的。为了将其记录在案，我郑重申明，这则论证其结论不仅不可靠，而且是完全错误的。

这个谬误还被赋予了一个极为花哨的名字：quaternio terminorum。用简单的日常用语来说，它就叫作**四词谬误**。逻辑一般只取决于三个词项，而逻辑学家所说的**中间术语**，是其他两个术语之间的重要连接。（它之所以被称为中间术语是因为它所起的连接作用，而不是因为它出现在句子的中间位置。）而当你有四个术语时，你就没有了连接，于是，整个论证就变成了随机性的断言主张。

这里有一个有效论证，好提醒你**中间术语**（下例中加粗体的部分）是如何充当重要连接的：

大前提：所有的**鱼**都有鳍。

小前提：所有的鲑鱼都是**鱼**。

结论：所有的鲑鱼都有鳍。

用简单的话来说，这个论证即是：鲑鱼有鳍，因为它们是一种鱼，而所有的鱼都有鳍。

无效论证是无法告诉你结论正误的那类论证（这在一定程度上而言，倒也很有用）。尽管海星生活在水中，但它们并不是科学意义上所定义的"鱼类"，而论证中的第一个前提，指的就是科学定义上的鱼类。（鱼类用其尾鳍推动自己在水中前行，而海星则长着小脚，这些小脚可以帮助它们四处走动。）

第 14 章

以辞劝服：修辞的艺术

本章提要：
- 了解修辞的本质
- 使用修辞技巧为报告演讲增色
- 用修辞技巧改善有问题的论证
- 分析一系列修辞陈述

修辞学是关于如何以文字来进行说服的研究。这是一个古老的话题，它与学界谈论的任何事物同样古老。或许，我这本书的主要主题，也与大多数批判性思维手册的内容一样，主要是聚焦于如何围绕思想观点来组织结构，并试图将论点和相反论点的主张都转化为论证中的一部分。但与此同时，我也会囊括其他一些思维方式，作为对逻辑核心角色的补充。

但其实在现实生活中，它们并非如此泾渭分明。你在生活中听到的，甚至读到的大部分内容，无论怎么看都不算是论证：它们的内容更像是在描述、感叹或指示。当人们试图说服你时，很可能的情况是，他们并没有想过要用合理的论证来说服你，而是会诉诸你的期望、恐惧和情感。他们甚至还会给你讲一些笑话来说服你呢。

要是你愿意的话，你可以把这些说服策略称为**华丽修辞**（rhetorical flourishes），但它们也都是说服他人的重要手段。因此，它们就应该被囊括进任何有关论证的书籍之中，当然啦，它们也应该成为批判性思维考试中不可或缺的一部分。

在本章中，我将探讨一些你可以通过修辞来说服他人的方法——无论你在说服他人这方面已经算是得心应手还是不太擅长——同时，我也会囊括一些其他方面，比如，在非正式和比较正式的情况下（例如，汇报工作报告）该如何施展说服的艺术。我甚至还在本章中纳入了一个关于讲笑话的部分，将介绍如何使用笑话来让你的听众进行思考。

尽管逻辑试图迫使人们同意你的观点，但是，为了以任何有意义的方式来说服观众，通常，你最好能够主动**赢得**他们的赞同。无论何时，在辩论中获胜的人，总会给人一种合作协商者而非冲突对抗者的印象——而这是批判性思考者理应学习的一点。

14.1 修辞导论：
当论证不再成为论证之时

所谓论证，就我在本书大部分内容中所言，是指一系列支持或反对某件事的陈述，它们全都设定在一个使它们具有说服力的逻辑框架之中。现在，请大家抛开那个框架，那么，论证中还剩下的东西就是修辞。

修辞仍是一系列旨在说服的陈述——只不过去掉了逻辑的部分。修辞是有效的——这一点毫无疑问。本节内容将会介绍一些修辞所使用的基本要素，你可以用这些要素来替代论证中冷酷无情的逻辑。

选择整体的研究方法

当古希腊人第一次学习修辞学时，他们确定了三种不同的基本方法，也即三种不同的赢得论证的方式：

✓ **逻各斯/逻辑理性（Logos）**：列事实和摆数据能使演讲者看起来知识渊博并会让听众印象深刻。当然，批判性思考者会自动地执行此项技巧。使用逻辑论证将事实结合起来，你就能说服那些仔细跟随你的演讲思路并且思想开放之人。

换句话来说——光靠逻各斯/逻辑理性并不能帮你赢得大多数人的支持！因此，优秀的演讲者还会添加其他两种方法中的一个或兼而用之。

✓ **感染力/感召力（Pathos）**：它指的是听众或读者的反应。当然，政客们总是沉迷于人们要求他们去帮忙解决的悲伤故事。但事实是，哪怕是最具有实地经验的社会学家或者学者们，也无法抗拒用一些针对社会不公正的长篇大论（愤怒的言论）来装点他们的论文门面，或者当他们在列举不幸或悲剧的案例时，他们也总会情不自禁地阐述更长时间并提供更为丰富翔实的细节，而不是点到即止地给出他们的观点。所有这一切，便是诉诸感染力。

但是也请注意，这个方法不宜过度使用，不然会导致你最终可能以突降法（bathos）来结尾——这指的是一种风格上的突然转变，例如，从一种崇高的学术阐述文体突然转到一种带有高度主观性的个人观点上来，这反而会产生一种滑稽可笑的效果。

✓ **精神气质/个性特质（Ethos）**：它指的是说服你的听众相信，你值得信赖且是一名权威专家。你带着这份静默的权威演说（或写作）。当然，如何实现这个目标也有点棘手——这项技能与你有没有非凡的**个人魅力**（charisma）有关，这指的是某种神奇甚至是"神一般"的特质。一个实用性的技巧便是，你要保持诚实、准确和谦逊。

发表一次精彩的演讲

有位西班牙出生的法学家，名叫昆体良（Quintillian），他在公元1世纪时就阐述了他所认为的修辞学的一些关键要素。尽管马库斯·费比乌斯·昆体良（Marcus Fabius Quintilianus，这是他令人印象深刻的全名）专注的是公共演讲，但他的一些观点，也同样适用于旨在提出某种特定观点的各类演说。

以下便是昆体良总结的有关精彩演讲的五个要素：

- **创新**：创新与"如何说"和"说什么"话题有关。它涵盖了如何制定一种策略来论证某个观点等问题，这项任务通常也相当于考虑一些好的理由来支持某种结论。
- **编排**：指的是你将如何安排你的演讲内容，这包括如何编排想法以及应包含哪些论证等等。比如，你应该先简单介绍一下你自己吗？或者，要不要将结论暂时保密，保留到演讲的最后呢？
- **风格**：它涉及各种决策，例如，在这里暂停一下是否会更有效？或者，是否要在这儿插入一个笑话？演讲中间再来一点个人轶闻趣事怎么样？政客们通常喜欢以呼吁听众采取某类行动来结束他们的演讲，并以一种带有情感化的迷人光芒将其包裹起来，比如："是的，我们可以！"①
- **记忆**：这是我演讲时最容易出错的地方，因为我永远也记不住我自己的观点。不过幸运的是（与昆体良的时代已有所不同啦），现在，随身携带一沓便签笔记，通常也是可以被人们接受的。但是，要是你没能清楚地写下你演讲时需要用到

---

① "Yes, we can！"是奥巴马2008年竞选美国总统成功后在演讲中使用的著名标语。

的重点，那么这些笔记也就派不上什么用场了。试想一下，在一大群人盯着你、都等着听你说下一个词的时候，你还不得不在你的笔记中挣扎着乱找重点——世上没有什么比这更窘迫的画面了！因此，请务必确保你的笔记结构清晰，以便必要时你能轻松地查阅参考。

- ✓ **表达**：这个词的希腊文原文是"hypokrisis"，大致可翻译为"表演出来"。演示技巧是成功的演讲与糟糕的演讲之间存在差异的根本原因。你必须得有同理心，能感同身受，能够与你的听众"建立联结"，并与在场的每一个人都建立起一种私人对话般的感觉。另外，当然啦，你的口头表达也要"洪亮而清晰"，而且你的语调要听起来悦耳多变。我得承认，这些全都能做到，也是挺困难的。

请你试着写一个两分钟左右的演讲稿，做一个简单的"演讲展示"，并且你可以通过相机或手机记录一下你自己的演讲过程。怎么，你还缺少一个主题吗？为何不把"修辞艺术"当作你的演讲主题呢？写一个属于你自己的简短版的"修辞艺术"的演讲稿，如何？

掌握修辞技巧是一件坏事吗？

历史上，最著名的修辞学家群体是古希腊的一些智者（Sophists）。这些人是最早的"睿智之人"（这个名字在希腊语中表示"有智慧"的意思）。他们之中包括许多伟大而受人敬仰的哲学家，例如，普罗泰戈拉（Protagoras），他因曾说过"人是万物的尺度"而闻名于世（当然，他也因这句话而颇受争议），这种观点使得真理本身变成了人们竞相去争夺的对象，而且确实有许多鼓动乌合之众的演讲者还认为，这证明了他们各自的立场是正确的。智者通过向希腊公民——特别是那些谋求公职的人，或是那些被指控犯罪却又不得不在法庭上为他们自己辩护的人——提供建议而赚得盆满钵满。

智者在两种类型的知识之间划分了一条清晰的界线：一种是描述自然界的知识，另一种是与更复杂的人类社会相关的知识。尽管柏拉图的许多思想灵感，都归功于智者，但他也经常对他们大加挞伐。从一定意义上来说，柏拉图谴责他们将"推销论证"作为修辞技巧的一部分，并且还打着追求知识的幌子为它们一一贴上价格标签。很快，智者的名声就一落千丈，以至于柏拉图的学生亚里士多德也无情地嘲笑智者，说他们只图人家的钱财，而且也只是看起来聪明而已，实际上并不睿智。这份评语也太过残忍了！但这可算是亚里士多德最优雅得体的批评了，毕竟，他自己写过修辞学之书，因而，他这样说也在意料之中。

然而，在上个世纪中，科学哲学家卡尔·波普尔曾呼吁人们，应给予古代修辞学家的工作以更多赞誉。波普尔甚至还说，柏拉图和其他后来的哲学家**真正**反对智者的地方，正是他们平等对待每个人这一原则，以及他们愿意自觉承担起精英——包括那些哲人精英——的责任。

聪明的老年昆体良给出的五个修辞要素非常有用，所以，人们今天仍在使用它们。五要素中的第一个就是创新，这是与批判性思维的一般思想重叠最多的一个部分。但是就修辞上而言，你不能只是依赖你的论据说服他人。你可能想搬出一些权威专家来支持你的观点，甚至可能想将自己展示成一位权威专家；或者你也可以用列事实和摆数据等方式，来压倒性地赢得民众的广泛支持（可参见上一节中两种分别叫作诉诸感染力和诉诸逻各斯的方法）。

有效进行演说和写作的一个重要环节是，你能根据你的特定受众来调整你正在做的事情的方案，这是我在第10章中更加详细介绍过的一项技能。例如，不要向那些只需要一个概述的人发表一场错综复杂、堆砌事实的长篇大论，又或者不要给那些持怀疑态度的观众说一个充满悲伤的、带有情绪化的个人故事。此外，在你给下议院的特别委员会讲解思维技能时，也千万不要给他们讲什么黄色笑话！

14.2 论点正确时如何大获全胜

修辞提供了一些很好的策略，它可以让你的观点更具有说服力，比如说，让你的观点在口头演讲或是辩论时更有效。无论你的观点是对还是错，这些策略都可以奏效。但我还是假设你实际上希望自己的观点是对的，所以，现在我会花点时间专注于这一点。

不过，要是你还想发现一些更为隐蔽的方法来支持一个比较弱的论点，请自行查看后文"论点有误时如何取胜"部分。

善用简单而有效的结构

组织你的口头演讲稿的最简单方法与你写作时构建论文的方法相同，都是为了帮助人们来理解，因此：

1.用简短的介绍概述你要表达的主要观点。

2.按照概述的结构给出详细的论证内容，就像为骨架添上丰满血肉一样。

3.总结你的论证。

正如昆体良这位伟大法学家的格言：

告诉他们你将要告诉他们的是什么。接着，便直截了当地这样告诉他们。然后，再告诉他们你已经告诉了他们的信息内容。

当你提前指出你的演讲重点时，你会让听众了解接下来将会提及的内容，并能鼓励他们为即将展示的内容做好心理准备。用来提前解释的概述会有助于听众将信息内容和思想观点进行归类整理，也能更好地理解演讲中各观点之间的联系。最后再总结一番前文的内容，重申你提出的主要观点。这种总结重复并不会让任何人感到厌烦。相反，它会让第一次听演讲时就已经听到某个观点的人安心，并会给那些第一次听时没听清的听众第二次尝试的机会。

特别是演讲，还有一般性的论证，当它们内容清晰时更具有说服力——这就需要一个清晰的结构。当论证的结构清晰明确，可以让观众一目了然时，它才是最有效的。

在学术专著和文章中使用重复都有点犯忌，但在演讲和新闻报道中，它却是一个关键性工具。若是在这些情况下，你就不要不好意思去重复你的重点。演讲新手通常都羞怯地不愿意这样做，他们觉得，听众可能会发现他们在重复并会对此皱眉不满（"太无聊啦！"），但是，优秀的演讲者喜欢重复一些事情。请想想温斯顿·丘吉尔（Winston Churchill）那些史诗般的精彩演讲吧，例如，下面这句："我们将在海滩上战斗，我们将在着陆场上战斗，我们将在田野和街头战斗，我们将在高山上战斗；我们永不屈服永不投降！"

重复手法非常有价值，它可以创建一种演说的模式，加强演示文稿的结构，并且会为人们理解演讲内容提供强大助力。

记住外延和内涵的区别

现实生活的对话与交流中，有些词语很少只指涉一件事。

通常的情况是，说话者想要传达的东西，往往隐藏在另一种更为世故的语言形式背后。所以，下面这两件事都将是很有用的：既能够识别出他人话语中的更深层内含，也能够在你自己的表达中传达一些言外之意。

许多词都可以大致表示相同的事物，但是其内涵却大不相同：

✓ **外延（Denotation）**：把某事物作为符号来表达其他事物。例如，本书中的行话释义图标，其外延是在说图标附近的文字解释了某个晦涩或专业术语的用法。换句话说，当你想表达的意思即是你所说的话语，即按照**字面**（literally）的意思，或者与此相反的情况便是，你的表达至少是**比喻**（figuratively）意义上的〔也即隐喻性的（metaphorically）〕。

例如，当你想表达一首新的流行歌曲**简直**让你大吃一惊时，你用来表达的话语其字面意思是，"这首流行歌曲真的是把我震撼得头都掉下来了"（blow my head off），要真是那样的话，你还是保命要紧，最好停止说话并立即寻求医疗救助。

✓ **内涵（Connotation）**：指的是你想表达的，是最初可能被隐藏遮蔽起来的一些内容。一个词的内涵可能是基于暗示，也可以是与另一个词有共同的情感联想。

就以"greasy"（润滑/滑溜/油腻/油滑）这个词为例：这是一个自身完全纯洁无辜、可爱的词语。例如，像发动机中的运动部件类的许多东西,都应该是"润滑"的。但是,如果你用它来形容你在餐厅用的餐,或者更糟的一种情况是,你用它来形容你的上司,那么这个词则含有负面的内涵,前者表示食物"油腻",后者则是说上司为人"油滑"。这就是所谓的内涵。

下面还有另外一种用语言来巧妙表达观点的示例。也即,词语表面上说的是一回事,而在实际中又表示另一回事。这种时候,一个也许不好用直言不讳的方式表达出来的信息,就正好可以通过语言的修辞诡计偷偷溜到话语中来。

一名想要申请一家大型公司管理岗的学生,请求一名讲师为他/她写一封推荐信。这位讲师这样写道,该生是"一位非常有创意的思考者,经常会提出一些不同寻常的想法"。这句话听起来似乎很不错——其外延是积极的,但是,考虑到上下文中的求职背景,这句话的内涵其实是消极的,而且它事实上还很可能给对方公司敲响警钟!好像是在说:"想法太多爱挑剔,不是我们要的团队队员!没准是个怪胎蠢材(Possible fruit cake①)!"

穿插玩笑来阐明你的论证

使用笑话是"打破僵局"并吸引和获得观众青睐的一个好方法。

---

① 英文习语 nutty as a fruitcake,形容某人行为古怪或极为愚蠢。

但是，如果你正在演说或写作呢？这时候，说一堆或写一堆人们最喜欢的史努比卡通片的相关内容，肯定是行不通的。理想的情况是，如果你生来就是一个幽默风趣的人，你可以即兴发挥并使用一些相关的笑话；但如若你不是这样的人，那我们最好尽量多准备一些提前想好的笑话，以备不时之需！

这里给出了一个讲笑话的例子，我认为，它说明了一个相当抽象的概念，即幽默往往会涉及一种意想不到的视角转变。

一位男子住在市中心的一间公寓里，天气炎热，他准备去度假，于是，他让他家邻居帮他照顾一段时间他的狗狗，并照看和浇灌他名贵的盆景树。几天以后，邻居给他发了一封电子邮件，说他心爱的那棵盆景树已经死掉了。

这则邮件毁掉了这名男子的一整个假期，他相当生气地回信给他的邻居，指责说他至少可以逐渐告知自己盆景树已死掉的消息，而非如此突然地进行告知。例如，他认为，在早先的电子邮件中，邻居可以说这棵树看起来似乎有点缺水（a bit thirsty），自己很担心它。于是，邻居向该男子道了歉。第二天，邻居又发来邮件说，男子家的狗狗，现在看起来似乎很口渴（rather thirsty）。

理解到这里的幽默了吗？除了令人愉快的效果之外，幽默还是一种有价值的、让人们去思考的方式：它似乎让人们的思考过程更加"放松"。

在很多时候,笑话被当作不那么体面的一类东西。即使笑话真的很有趣,它们也会被视为一种不恰当的、糟糕的表达形式,并且会引人不悦。所以,鉴于此,在演讲展示和公开演说中,若你一定要在报告内容中插入一个笑话的话,请你要有一定的判断力,啊,务必要谨慎择取你的笑话。

演讲时要善用排比或三元组句式

这种实现修辞效果的方法很简单:尽可能地用三元组的排比句说话。三重奏、三连音符和三部曲在西方文化中比比皆是。读者只需查看下文"著名的三元组句式"中那些令人难忘的例子便知。

三元组句式有何魔力,它们为什么会如此有效呢?要知道,成三出现就创造了一个模式,并制造了一个结构。每个三元组也是由一个开端、一个中间和一个结尾所组成的。即使在三元组排比没有什么实质意义的地方,这听起来也是正确的。去使用排比吧!去这么做就对了!

曾经一些最有名的演讲,就使用了突出的排比句特征。例如,尤利乌斯·恺撒(Julius Caesar)大帝这般宣称:*Veni, vidi, vici*(我来过了,我看到了,我征服了)。亚伯拉罕·林肯(Abraham Lincoln)的"葛底斯堡演说"也如此利用了三元组句式的修辞威力:"我们在此下定决心,这些死去的人们绝不会白白牺牲,这个国家,将在上帝的带领下,焕发一次自由的新生,因为我们的政府是民有、民治、民享的政府,它必将长存于世。"

近几年来,一位天生的演说家巴拉克·奥巴马(他自称是林肯的粉丝),在其总统竞选时又发挥了排比句那振奋人心的力量:"是的,我们可以。"他的总统就职演说包括以下这些令人难忘的句子,例如:"我们必须重新振作,站立起来,掸掉自己身上的历史烟尘,并重新塑造我们的美国。"再比如,其演说中也还有一些不那么令人印象深刻的排比:"家园不复;工人下岗;企业倒闭。"学会没?这就是你应该学习的排比和三元组修辞风格!

著名的三元组或排比修辞一览

数字三,总是具有使人们的演讲激动人心的魔力。考虑一下下列这些著名的三元组句式或排比吧。从基督教神学中来的有:

√ 圣父、圣子和圣灵。
√ 天堂、地狱和炼狱。
√ 东方三智者与他们带来的三种智慧礼物:黄金、乳香和没药[①]。

---

① 没药,又名末药,是橄榄科植物没药树或其他间属植物茎干皮部渗出的油胶树脂,主产于非洲索马里、埃塞俄比亚和亚洲西部等地。历史上,没药曾作为一种神秘的香料和药物而与黄金等价。

来自政治领域的,如政府的三个分支机构:
- ✓ 行政、司法和立法机构

当然,民粹主义者所诉诸的人们最深切的渴望,还包括以下这些:
- ✓ 生命权、自由权和追求幸福的权利。(美国)
- ✓ 自由、平等与博爱。(法国)
- ✓ Ein Volk, ein Reich, ein Führer!(纳粹德国时期的标语,表示"一个民族,一个帝国,一位领袖")。如今,德国这个国家的座右铭则完全与此不同了,除了一点例外,那就是,它仍然是个三元组句式:团结、正义与自由。

告诉人们他们想听到的东西

戴尔·卡耐基(Dale Carnegie)在其大获成功的著作《人性的弱点》(*How to Win Friends and Influence People*,1936年)中,就公开演讲这一话题提出了一个非常有用的观点:不要谈论你自己以及你想要什么和需要什么,而是要谈谈你的听众以及他们想要和需要什么。你的演讲是要解决听众的困惑,而不是你自己的困惑。

要想成为一个有效的沟通者,请记得这个小贴士:"人们对我并不感兴趣。记住,人们的兴趣始终在他们自己身上——一天早中晚,皆是如此。只有明白了这一点,你才能开始去找寻一种方法,以便让你想要的东西也能是人们想要的东西,同样,反之亦然：交流沟通应该永远是一条双向通道。"

要成为一位好的演说家，你必须是一名好的倾听者。要听起来有趣，你必须首先自己要感兴趣。要想被听众欣赏和青睐，你必须要让其他人感受到被人尊重和欣赏。

14.3 论点有误时如何取胜

在本节内容中，我将介绍一些稍微有那么点狡猾的论证策略。当然，你永远不要屈服于这些策略，但不管怎么说，你可能会觉得了解这些策略也会很受用，因为，其他人肯定也在使用它们嘛！这些伟大的论证技巧，甚至也能让论证薄弱的一方在演说展示时完胜。

不知为不知，是一种美德

观众对那些承认自己有所不知的演讲者要更为包容。因此，先承认这一点的演讲者，总比那些由于犯了一个错误而立马显示出自己无知的演讲者更易获得观众的青睐。毕竟，大部分的观众可能也不知道你所展示的这个内容，而且也没有人会喜欢自作聪明的人。所以，要是你对自己展示的内容有所不知，不妨大胆坦诚地说出来！这也是论证中一个正当合理的策略技巧。

但是，还有一种更为复杂的"承认无知"的方式，它可就没有那么实诚了。但有趣的是，当它适合那些学科专家时，他们经常也会使用这个方法来支持自己的观点立场，也即他们会说，没有人确切知道某个问题的某些特定方面。该策略有一个宏大的拉丁文名称："argumentum ad ignorantiam"，也即诉诸无知论证。

例如，物理学家、天文学家和宇宙学家经常会坚定地宣称，没有人知道（也没有人能够知道）大爆炸之前宇宙的存在状态——大多数科学家都认为，是那场原始大爆炸使宇宙得以形成。但是，当事实是基于一个诉诸无知的主张时——例如，认为宇宙的年龄是可以从大爆炸开始往后计算出来的（因为在这以前，所有人都对宇宙一无所知）——严格来说，这样的主张是谬误。

不要被这种论证策略中经常会带有的华丽修辞所迷惑，否则，它会使你对推理中的错误视而不见。

使用佶屈聱牙的行话

这里的修辞策略就是，要使用一些复杂且大而无当的辞藻，以便让你看起来像个权威专家。各类学者和专业人士总认为，他们使用的术语越晦涩难懂，就越显得他们是专业行家。这种写作风格乍一看，确实会相当令人印象深刻。也真的有人用此种方法写过书了，但事实上，即使你是在撰写批判性思维领域的书籍，原则上你也应该避免使用这种方法。

 想告诉读者的一个好消息是，使用佶屈聱牙的行话这一策略其实并不难。那些有能力反复查阅字典或各大语料库的人，都可以学会这项写作技巧。此外，引用一下那些早已死去的外国语言中的短语，好像也没有什么坏处。请查看下文给出的一个例子："你现在说的这话，到底是什么意思？"

你现在说的这话，到底是什么意思？

吉尔·德勒兹（Giles Deleuze）是20世纪的法国哲学家，他经常被人指责以一种毫无意义且术语连篇的方式遣词造句。然而，位于萨里的金斯敦大学教授埃瑞克·阿列兹（Eric Alliez）却不这么认为。他说，如果你对德勒兹行文的背景有足够了解的话，那么当你阅读德勒兹写下的文字时，一切都有意义，也说得通。好吧，既然他这么说，我也不好反驳。还是请读者试着读读德勒兹下面这段话，你们自行感受一下吧：

相反，既不是个体的也不是个人的东西，是奇异性（singularities）的释放，只要它们是发生在无意识表层上，并且具有游牧式的分布（nomadic distribution），另外，它还具有一种关于自动统一的移动化的内在性原则，那么，作为意识综合的各种条件，自然与固定性和惯于静止的分布是截然不同的。

奇异性是真正的超验性事件。……只有当这个世界——这个到处都充满着匿名式和游牧的、非个人的以及前个体化的奇异性的世界——被重新打开时，我们才能最终涉足超验性这一领域之中……

——吉尔·德勒兹

[《意义的逻辑》(*The Logic of Sense*)，1969年]

坦白讲，我已经对背景有了一些了解，但我仍然要说，这段话叫人根本摸不着头脑，完全无法理解！这种使用行话的方法，其实是一种奇怪的方法，其中所使用的晦涩术语，就好像是由一台疯狂的计算机随机串连在一起似的。

各行各业都有其自身特殊的专业术语（不仅仅只有教授们才使用术语！）。但是，如果一个行业中的人想与外行的其他人进行交流的话，那么他们就必须将其行业领域内的行话，翻译成他人都能听懂的通俗语言。

插入一桩禅宗公案

禅宗**公案**是一种自相矛盾的陈述，旨在迫使人们可以"跳出旧有框架思考"。最初的一些公案是用来训练佛教禅宗僧侣的，因为这样一来，他们就可以不再依靠传统的推理来把握这个世界，而是能够通过偶然且直观的启蒙顿悟来理解世界。

一个有名的例子便是，让人们想象两只手鼓掌时所发出的声音，然后再让他们想象一只手拍动时的声音。文学和哲学中的另一个例子是让·保罗·萨特（Jean Paul Sartre）对服务员进行的描述。萨特郑重其事地加以解释说，服务员是一个不是他所是的存在，他也是其自身所不是的人。这是一个自相矛盾的主张，于是，它便以其特有的方式，成为了一桩"公案"。

这种方法要求人们去思考一些实际上讲不通和没有意义的事情，而它不仅是许多学院派哲学家的典型表达特征，也成了公共生活领域中许多人的一大言说特征（哎，我又想到了那些政客们）。这些人先是提出一个观点立场，对其进行一番描述和限定，接着，他们会提出一个否定原始假设的相反的观点立场。然后，他们再告诉听众，他们给出的解决方案就存在于这种相互矛盾的假设中的某处，只要听众足够聪明地跟随他们的演讲思路，就一定能够顺利找到答案。

通过问问题来进行你的论证

"这样做是为什么呢？"你要是立即使用该策略，可能就会这样问。"为什么不呢？这样做不好吗？"我会如此回答，运用的也是同样的策略，也许我还会加上"不是每个人都在这样做吗？"以及"你能说说，有多少伟大的思想家没有这样做吗？"

提问者的内在优势在于，提问题几乎总是比回答问题更容易。（但要注意避免"是/否"的简单回答，尽量寻求多样化的答案,否则这会让提问者听起来过于啰嗦。)

让我们以一场有关进化的复杂而又长期的辩论为例。这里的关键问题是,人类是否真的是在数十亿年进化过程中随机突变的一种随机产物,又或者,我们是否需要想象某种超自然的元素(例如上帝)创造了整个人类。对科学解释抱持怀疑态度的人,很容易这样发问:"如果你认为进化论可以解释整个世界,那么,你至少能给出一个基本的概述来解释一下人类是如何从氢原子中进化而来的吗?"提问者几乎都不需要了解他一开始在问的问题的内容。很棒吧?!

此外,即使演讲者出色地回答了这个问题,提问的怀疑者也可以简单地点点头示意赞许,然后等一会儿,再提出另一个更为错综复杂的问题。演讲者回答完毕、完成演讲,而提问者则获得了赞誉。(聪明的学生当然会知道这个技巧。)或者,为了安全起见,演讲者还可以把提问者的问题,巧妙转变成未来工作清单上亟待努力攻克的任务之一。

复合问题(这是它的专业术语)也很有用,它将一系列应该分开的事物串联在一起,但是,这些问题越是错综复杂,也就越可能惹恼听众。

在就进化而进行的论证例子中,一个复合问题可能会是:"鸟类是如何进化出翅膀的?它在哪些方面,与解释鸟类是从恐龙进化而来的机制是相似或不同的?"事实是,复合问题中被结合在一处的问题可能在逻辑上完全不同,但这不是提问者要解决的问题:他/她只需要在提问时甜美地微笑即可,这样,他/她就将这个一团乱麻的问题抛给了专家。

最重要的是，永远不要低估"负载"（loaded）问题的力量，例如，那个著名的提问，"你什么时候才能停止殴打你的妻子呢？"这个问题是在暗示，提问者根本无法想象另一个人不殴打他妻子时的情况，于是，这个问题本身，比起对它的回答具有更为深远的影响。难以遵循逻辑或保持理性的政客们，通常就很擅长问此类问题，他们将这些问题作为合理的诱饵抛给各大媒体："试问，政府是要为我们的渔业挺身而出呢，还是要继续向欧盟的官僚卑躬屈膝？"

但也请注意：通过问问题来进行论证的技巧，也有点像回旋镖，就像它会引起混乱一样，它也可能给对方以启发。毕竟，即使没有人对演说者进行炮轰式提问，他们通常也很容易把自己弄混淆。

如果你正在做一次口头展示或一次演讲，而听众中一些惹人讨厌的人，提出了一个似乎将你置于错误境地的致命问题，也请不要急于寻找一些晦涩难懂的反例或之类的东西，来试图挽回你的面子，而是要考虑修正你的观点和立场。至少，听众中的批判性思考者，都会尊重你的这种开放包容性。

诉诸个人：人身攻击论证

人身攻击论证（Ad hominem argument）策略是指针对提出论证的人而不是针对论证本身来进行批评。这种方法在古代非常流行,那时,它被认为是完全合理的,而且也确实是相当学院派作风的。因此,它特别适合于哲学辩论!但在今天,人身攻击通常被视为是恶棍才使用的手段,也会被视为谬误。

事实上,虽然这种策略听起来很阴险下作,但它们有时候是明智且有用的。律师可以合法地使用它们来削弱证据的效力。例如,如果律师可以证明,比如说,医学专家在其职业生涯中曾经多次误诊,那么证明这位专家医术高超的证据可能就不那么可信了。再比如说,如果某位科学家过去曾提出过宏大的主张,但最后被证明是错误的,那么当这位科学家再次提出类似的宏大主张和最新发现时,鉴于其以往的经历,其主张也就可以合理有效地被人质疑。

另一个小小的拉丁文行话是"tu quoque",它表达的意思大致与"人身攻击"相同。在日常分歧中,我们也很熟悉这种论证形式,如下例所示:

是你告诉我说,不要把脏杯子在家里到处乱放的!
而你自己总是把脏杯子到处乱放!
(因此,你的观点被驳回,也就无效了。)

其实,该论证也具有法律效力。在第二次世界大战结束后召开的纽伦堡审判(Nuremberg Trials)中,曾有过这么一个指控和辩护。有人指控某些德国军官穿着美国军队制服渗透到了盟军的战线中,并指控这些德国军官违反了战争法,而德国军官则成功地使用人身攻击论证来为自己辩护。他们给出的证据是，盟军军官自己至少有一次也穿着德国军队的制服搞渗透。

2012年，在一次"私人聚会"上，哈里王子（Prince Harry）被媒体拍到穿着一身德国制服，为此，他感到很是难为情。真是可惜啊，哈里王子本人虽然接受了能用钱买到的最昂贵的私立教育，但他似乎并不知道，他本可以诉诸人身攻击论证，来为自己辩护。也即，通过说下面这句话，来回应别人对他的指责——"但是，即使是最棒的英国英雄，也曾经穿过纳粹的制服呢！"

"我度过了好艰难的一天！"

人之本性意味着，比起对待其他人，我们总倾向于更为慷慨地对待我们自己。因而，当你审视自己的行为时，你总能找出很多种原因来解释为什么你没有按照计划行事。

例如，当你忘记完成快到截止日期的工作任务时，你会认为这是由于情况特殊并会找出许多借口。例如，你的咖啡喝完了，当你准备去借一些时，你又和人开始闲聊了一会儿。或者是，你最近头痛得非常严重，又或者是，你的汽车又抛锚了。但是，当其他人忘记工作任务时，你就认定他们是没有条理和懒惰之人。当人们因为他人而感到"失望"时，他们很快就会找到关于别人的一些负面之处，而当别人"搞砸"某事时，人们又很容易责怪他人，并对别人吹毛求疵。也许，他人是犯了一些错误，但是，我们最好还是要抵制这种推理，它有一个特殊的名称："归因错误"（attribution error）。

14.4 学会辨别信息内容

本节内容包含一个批判性阅读的练习，该练习也说明了本章中的重点，即为了赢得论证要使用不同的修辞技巧。

读者可以在第9章中找到更多关于批判性阅读的内容，但本章的重点，不只是止步于拥有"顶级"阅读能力——这或多或少是指对作者或文本所表达内容的理解与阐释能力，而是要去实践更为重要的一步，并找出文本表层含义下所隐含的"真正内涵"。

让我举一个例子来说明我的观点。自行想象一下，有一个人负责着核电站的运行。这个人的工作不仅仅包括要会阅读仪表刻度盘（例如，温度仪表盘、压力仪表盘等等），他还要把握这里的整个背景环境，并知道仪表盘所显示的数字都代表什么。他要考虑反应堆是不是有过热和爆炸的危险？只有在这种对仪表盘的内容有了更深入的理解之后，他才能为下一步应该做什么提供指导意见。

有研究估计，80%的人在20岁之前就开始吸烟，其中还有一半人是在16岁之前就开始吸烟的。主要为了考虑这些"年轻的吸烟者",所以,烟草公司不得不在卷烟包装盒上印上"吸烟有害健康"这类警告,最早的警示标语出现于1971年。第一条警示语上只是简单地写着:

英国政府[①]敬告提醒,吸烟可能有害您的健康。

注意这里含糊其词的"可能"这个词。二十年以后,警示语被进一步"强化"为:

吸烟严重损害健康。

这条警示语不仅将吸烟的危险等级提高到了"严重"的级别,而且也消除了怀疑的可能。2003年,新的欧盟法律规定,警示语至少要覆盖烟盒外包装表面的30%以上,并且应该使用各种更为具体的警示语,例如以下这些:

吸烟是慢性自杀

吸烟会阻塞动脉并诱发心脏病和中风

吸烟会导致患上致命的肺癌

怀孕时吸烟会伤及胎儿

烟草中含有苯、亚硝胺、甲醛和氰化氢等有害物质

没错,这就是背景语境。那么,请戴上批判性思维的帽子,

[①] 原文为 H.M. Government,它是 Her(His)Majesty's Government 的缩写,英国政府名义上的首脑是国王或女王。

你认为这时候的政府向公众传达的信息是什么?

练习答案

吸烟警示语

当然,从字面意义上和"逻辑上"来说,得出的信息都是,吸烟是十分有害的,所以,人们也许应该避免吸烟。如果标语(事实和数据)能决定目标读者的反应的话,那这就是它传达出来的信息。但是也有一些心理学家,例如,当代瑞士裔美国人克洛泰尔·拉帕耶(Clotaire Rapaille)就表示,它们所传递的信息,尤其是对那些年轻人(包括未成年儿童)来说,就变成了,吸烟是被禁止的、成人才拥有的、危险世界中的一项活动,而这些年轻人正是政府倡导不吸烟运动的主要目标受众。总之,心理学家认为,这些警示标语传达的信息就成了,吸烟是值得拥有的和很炫酷的一件事!悖论的是,警告语越是可怕,就有越多的年轻人会认为,吸烟是一项反传统和颠覆性的事情,因此也是值得他们向往的。这又是外延和内涵之间的区别了。你可能不会不同意吸烟是有害的,但是,我们大多数人也都知道,若我们被人告知某件事情是被严格禁止的,它产生的效果反而是,这只会让这件事情看起来更具有吸引力!

也许,欧盟官方也意识到了这一点,或者他们至少可能会看到青少年吸烟的数据,这些数据显示,警示语不如人们预期的那般有效,所以,在2003年,欧盟决定,不再在烟盒上添加吸烟有害健康的更多论证,而是在包装盒上放上一些据称是吸烟导致的疾病的骇人图片。这其实是一种论证方式的转换,它是从使用标语和逻辑的方法,转而去使用诉诸感染力/感召力(pathos)以及诉诸受众的恐惧和情感的方法。

第15章

展示论据与证明论点

本章提要：
- 发现日常生活中的不可靠论据
- 敢于质疑科学家
- 擅于运用统计数据

物理学家已经证明，所有的物质都是由一些基本粒子所组成，这些粒子又受到一些基本力量的支配。科学家还利用他们的知识拼凑出了一个关于我们人类是怎么进化而来的叙述，如果这一叙述不是惊人地巨细靡遗的话，它也是极其令人印象深刻的。……我相信，科学家们所构建的这张现实地图，以及从宇宙大爆炸开始到现在的这种有关创世的叙述，在其本质上而言，都是真实的。因此，它在100年甚至是1000年以后，还会像今天一样有效。我也相信，鉴于科学已经取得了如此重大的进步，也鉴于目前的科学研究仍存在一些掣肘因素，科学将会面临重重压力,这将会使它对已经产生的知识,难以进行任何真正深刻且有益的补充。进一步的科学研究,也可能不会产生更多的重大启示或科学革命,而是只能产生一些有限增量的回报。

——约翰·霍根

(《科学的终结:在科学时代的黄昏中直面知识的极限》,1996年,爱迪生-卫斯理出版社)

上面这段话,听起来很权威了吧?可是,自从《科学美国人》(Scientific American)的时任主编约翰·霍根(John Horgan)写下这段话以来,天文学家又已经进一步发现,宇宙中大约90%的物质,都是由以前不为人所知的"暗物质"所组成,它根本不是约翰·霍根所认为的那类物质。另外,即使是人们熟悉的一些所谓"事实",例如,太阳系中的行星数量,也已经引起了新一轮的争论。

天文学是"硬核"科学中的一个典型代表,许多人都认为,在天文学中,"事实就是事实,不容争辩",而其中的其他一些观点,也只是"亟待被证实的事实"。但是,在很多情况下,所谓的事实最后也会被证明只是一种见仁见智的观点,而且人们达成的共识观点,也是会随着时间而发生变化的。

在本章中,我将彻底审视一番日常生活及"科学知识"领域中事实和观点之间的区别,以试图区分那些值得人们尊重的东西和不值得深究的东西。我还将涵盖一些可能由于数字和统计数据而导致的思维混淆,并让读者有机会通过一次辩论——有关烟雾报警器是否可以挽救生命——来测试你自己的批判性思维技能。

15.1　挑战关于这个世界的公认智慧

我这么说并不是想叫你大吃一惊(也许也有那么一点点想吧)!但是,事实是,人们通常告诉你的他们确切知道的很多事情都是错误的。本节内容将为读者提供一些新的观点,看看事实和观点之间的界限是如何变得模糊不清的,再看看它对你在日常生活中做决策又产生了怎样的影响——比如,要是你感冒了该怎么做?大选时你会投票给谁?或者是,你今天晚餐打算吃什么?

批判性思维的第一课就是,你需要始终都能意识到,你对任何问题的看法都有可能是错误的。对于大多数人而言,这很容易做到。这就解释了为什么学生经常会抱着大百科全书查找具体详尽的知识——当然啦,学者和记者们也是这样。

但批判性思维中的第二课,则要难学一些——你读到的别人写的话,也有可能是错误的。很多人似乎从来都没有完全理解这一点。

即使是享有盛誉的学术期刊,在它们定期发表的论文中,有些事实内容也会受到人们质疑。有些观点是理应受到人们质疑的，因为它们得到了某机构大笔研究经费的支持，或者因为它们是社会活动家所开展的研究。还记得那则说喜马拉雅山上的雪会在三十年内融化的观点吗？这项观点曾在由有史以来最权威和最杰出的科学专家组成的国际气候变化专门委员会上通过。然而，它最初的研究工作只是由几位绿色环保社会活动家完成的，而且它充其量也不过是一些猜测而已。

调查日常生活中事实和观点之间的区别

当然，在某些时候，为了成为一名批判性思考者，你必须学会区分什么是"事实"以及什么是主观性意见。生活中的每一个领域几乎都需要这样去做，其范围之广要远远超过你所能意识到的方面。（请参阅下文"捍卫社会免受科学侵害"，其中给出了一些相关警告。）

捍卫社会免受科学侵害

保罗·费耶阿本德（Paul Feyerabend）是一位激进的科学哲学家，他不认为存在普遍的方法论规则，他也因这种无政府主义式的拒斥而闻名于世。例如，费耶阿本德认为，与主流科学一样，占星术是研究世界上许多事物的一种好方法。听起来很疯狂吧？也许是有那么一点。但是，他想表达的意思其实是，他会根据占星学知识来怀疑地对待他自己的研究发现，就像人们应该根据，比如说，最新的科学实验或科学调查来对待研究发现一样。

让我们一起来欣赏一下以下他的一些观点：

科学只是推动社会发展的众多意识形态之一，而且，它也应该这样被看待。……国家和科学之间必须正式分离，就像现在的国家政体和教会之间必须正式分离一样。科学可能会影响社会，但这也仅限于一定的程度，就像任何的政治或其他压力团体也会影响社会那样。……科学不是一本封闭之书，它不是只有经过多年的培训才可以理解。科学是一门知识性的学科，任何对它感兴趣的人都可以对其加以检查和批判，而这门学科之所以看起来既困难又深奥，就是因为许多科学家对其进行的系统性活动使其更加混淆与晦涩。

——保罗·费耶阿本德

（《如何捍卫社会免受科学侵害》，

《社会学学报》，1979年第2期，第204页）

对于批判性思考者来说，这最后一点是需要记住的关键点，因为他们对挑战一些主流的科学主张不免会感到紧张，这是可以理解的。

之所以说我们生活在现代科技时代中，一部分原因便在于没有人真正了解他们周围的世界——它是如何运转的、谁在运行它以及原因为何，因此，人们就会依赖其他人的解释来理解

这个世界。这就是为什么当你研究某个主题时，你会直接去找某本书，这也是为什么这本书同样会依赖于其他书籍和其他人的观点，这些观点共同形成了一个长长的研究和观点之链。只要阅读关于这个主题足够多的内容，你就会成为专家，但这仅限于在一个很小的领域内，也很少有哪些领域会留待"普通民众"来发表意见。

在生活的所有领域中——不仅仅是在学生写论文的那个人造的、受到保护的领域中，人们都需要用到批判性思维技能。在本节中，我将会举一些例子来说明原因。换句话来说，我将使用假设性的例子作为论据来构建一个论证。

治疗问题儿童

让我们以儿童心理学为例，我举的第一个例子将是这样一个问题，为何你会对乍一看似乎已达成确定共识的东西抱持怀疑态度呢？这是因为，即使今天所有的权威专家都同意某件事，也并不意味着他们明天还会这么认为。（如果你再看得稍微仔细一点的话，或许眼下，他们之间就已经产生意见分歧了。）

如果你已经为人父母，并且你的孩子似乎不想在学校或家中好好表现，那么寻求心理分析师的专家性意见，通常会是解决这个问题的部分方案。特别是在美国，这些心理专家经常会诊断出儿童患有诸如"注意力缺陷多动障碍"①（通常缩写为

---

① 注意力缺陷多动障碍（ADHD或ADD），也称注意力不足过动症，或俗称儿童"多动症"。

ADD，或有时也缩写作ADHD）之类的医学病症，并会推荐诸如利他林①（Ritalin）或阿得拉②（Adderall）一类治疗药物来改变儿童和青少年的行为。在这些儿童中，有些药物治疗的孩子甚至只有3岁！

尽管这些药物都是兴奋剂，但专家认为，它们在抑制"多动症"和帮助个人集中注意力、工作和学习方面具有理想效果。所以，专家们已经为**数百万**的少年儿童以及中学和大学的学生开出了这类处方药物。这么多的专家一致认为，这些药物大概有效，而且至少这种儿童疾病障碍是真实存在的。但是，事实和观点之间的分明界限又在哪里呢？

质疑的声音当然一直都有，但是，更值得注意的是，在2014年，人们查询次数最多的精神病学专业参考书本身认定，这种儿童"疾病障碍"并不存在。布鲁斯·佩里（Bruce Perry）医生是该领域最受人尊敬的专家之一，他告诉伦敦的《观察家报》（*The Observer*），注意力缺陷多动障碍（ADHD）的标签涵盖了如此广泛的症状，以至于它也能将行为完全正常的人涵盖进来。你要怎么去治愈行为正常的人呢！

选择信任谁

我想举的第二个日常生活中的例子，是关于"信任谁"这

---

① 利他林（Ritalin），又译利他能，一种神经兴奋剂。
② 阿得拉（Adderall），又译阿得拉尔，用于治疗注意力缺陷多动障碍（ADHD）和发作性嗜睡症。它还被用作运动表现增强剂、认知增强剂、食欲抑制剂，以及娱乐性的兴奋剂。

个大问题。我们要依赖哪些节目或专栏作家来了解世界各地发生的真实事件呢？我们去哪里寻求一些医疗建议？而且，当然啦，我们应该去阅读哪位记者报道的内容，以便获得关于选票投给谁的好建议呢？与其我们自己做决定或跟朋友闲聊，不如从备受尊敬（且具有高薪）的新闻报纸专栏作家或电视及广播专家那里获得一些有见地的分析，这是不是会更好一些？

实际上，有研究表明，专家的影响力比我们（或实际上他们自己）所认为的要小得多。其原因在于，人们会选择那些对某事与他们自己想法一致的专家（或新闻报纸）。事实上，我们每个人都倾向于这样做，别不好意思承认！尽管如此，当你在日常生活中决定阅读某些报纸专栏或观看某些电视节目时，就意味着你开始浸淫在它们所提供的海量信息之中。嗯，虽然你无法检查这些内容是否属实，但无论如何，你都会默认它们是真的。

某位报纸专栏作家或某篇社论中就某事给出的建议，一般会被视为正当合理的推理，但实际上，它可能真的只是夸夸其谈和一堆空话。比如说，专栏作家和报纸社论认为，社会繁荣之路在于建造更多的房屋，并需要将波兰的水管工遣送回乡。也许，这个建议是由作者在研究中的某些错误或遗漏造成的，并会带有一些普遍流行的偏见。有时，某些文章真的写得很好，但它不是对复杂问题所作的易读性总结——所以，它们也不能作为可靠之事来论证，不管是从准确性还是从作为证据来使用方面而言。

修理抛锚的汽车

我要列举的最后一个例子涉及另一个日常中的问题——当你的汽车抛锚时，你选择相信谁？是你自己、你的邻居，还是汽车行的修理技工？

这个例子将会说明，对某一领域的专业知识很在行（例如每天与汽车打交道的机械修理技工肯定算在行）并不一定就是正确的。

我承认，要是我的车坏了，我会直接把它开到汽车行进行维修，而不会在引擎盖下用一双紧身尼龙袜（用它肯定不是为了穿，也就是说，我是为了用它来更换风扇上的部件）来修修补补，我也不会将一根长长的金属丝插入发动机的孔口，看看里面有没有什么积碳之类的。

虽然我信任汽车行的修理工来维修我的车，但我自然也不会机械地相信他们所说的每一句话。事实是，我对自己这辆车作过太多完全自相矛盾的评判，所以，我无法想象自己不会去质疑修理技工所说的东西，无论他知道什么样的专业汽修知识。因为在某种程度上而言，他的知识也未必是绝对可靠且经得起质疑的。正如许多消费类电视节目所揭示的那样——要是你随性地将一辆本来没什么故障的汽车，或是（更令人兴奋的是）只有一项危险故障的汽车送去好几个汽车修理行进行检查，那么不同的汽修专家也会诊断出不同的故障来（维修它们的费用自然也会很昂贵），最后，你选择去维修哪个部位，就需要为此承担相应的费用。似乎只有在极少数的情况下，汽车诊断和维修才与汽车存在的真正故障恰好吻合。换句话说，要是下次有人对你说，你汽车上的"连杆大端"该更换了，在这种时候，你保持一点怀疑精神是绝对错不了的。

然而，如果有时人们怀疑穿着邋遢工装裤的汽车修理师并不像他们看起来那般专业的话，那么穿着得体套装的专家就更加值得怀疑了。专业知识技能都是关于表象的。想要获取更多示例，请查看下文"相信我——因为我有博士学位"。

相信我——因为我有博士学位

顶尖的经济学家坚称，若干年前他们就已经解决了"繁荣与萧条"这一问题——接着，整个美国的银行系统崩溃，将整个西方世界都连带着拖入了经济衰退期。罗伯特·卢卡斯（Robert Lucas）是1995年的诺贝尔经济学奖得主，他甚至在2003年就宣称，经济萧条的问题最终已被铲除了，然而，在2008年，经济泡沫开始破灭，全球经济危机来临。

医生们的情况又如何呢？不久前的历史中，他们还乘坐在涂有怪异的大字标语的木头马车里四处行医，分发着用花哨的瓶子装的彩色药水来治疗人们的各种疾病。很显然，历史上的这些人并不是真正的医生，他们只是一些江湖游医和假内行的冒牌货！但是，在过去，行医之人乘坐的色彩鲜艳的马车给人们留下了极为深刻的印象。现如今，医生必须经过多年的培训，阅读大量的书籍，还要熟悉"政府公告"，才能达到彼时他们给人们留下的同等印象。

如今,是那些大型跨国公司在生产着现代的彩色墨水,这些公司有着用钢铁和玻璃构建起来的、外面看起来闪闪发光的实验室。我说这些,是想表达什么呢?除了医学上取得的所有进步(这些进步也的确在一定程度上改善了人们的健康状况)之外,研究还表明,许多医学治疗方案和医学处方不仅一如既往地不管用,而且它们实际上还是有危险的!近年来,一些处方量大的药物,诸如西布曲明、瑞舒林(曲格列酮)和万络(罗非昔布)——这是美国药物监管机构批准的三个备受瞩目的药物案例,后来也因它们会给病人带来难以承受的风险而退出了市场。

"吃掉我的(肥)短裤!":什么才算是健康的饮食?

本节会涉及一些有关食品的争议,它旨在说明,医学专家有时也会误将观点当事实来呈现。

不要被它不断主张的相反观点所迷惑:医学也像青少年购买最新时尚服饰那样,是一种"时尚"的产物。例如,可以假设一个你可能认为是事实的神话:食物中的脂肪对你有害。在20世纪70年代,人们对于这个想法达成了共识(在同一时期,人们也坚信裤腿上有巨大喇叭设计的喇叭裤很炫酷)。这一共识——当然是有关食物的那条共识——目前仍然存在,尽管它从来没有任何科学依据支撑,我的意思是,它没有得到确凿的事实证明,人们也没有对此进行谨慎细致的研究(读者可以在本书第2章阅读更多相关内容)。然而,这里的关键点在于:高脂肪食物会导致心脏病这一论点的证据,其实是一种有选择的筛选研究。在这项研究的最终调查中,似乎那些预期就有"高脂肪饮食等于心脏病高发"证据的国家才会被包括在内,而那些没有这项关联证据的国家则被排除在外了。

这种对"积极"结果——通常也是符合研究人员(或公司)利益需求的研究发现——的研究偏好,成为"循证医学"房间里的大象①。

让我们以抗抑郁药物的研究为例。2008年,美国《新英格兰医学杂志》曾发表过抗抑郁药物有效的研究发现,电视广告也曾宣传过抗抑郁药物的积极效果。即使现在美国中年妇女有四分之一仍在使用这些药物,但是,这类药物真的管用吗?在提交给美国食品和药物监督管理局用以评估的74项测试中,大约有一半药物取得了积极的抗抑郁效果。但在其中,只有40项测试药物的论文被顺利发表,其中37篇都证明抗抑郁药物是有积极效果的。而在另外36项显示抗抑郁药物没有积极效果的测试结果中,仅有3个测试论文得以发表。那么,究竟抗抑郁药物管不管用呢?测试中实际得出的证据大约为一半一半——或

---

① 原文the elephant in the room,形容争议性问题很显眼却被搁置而不处理,因为这样不会引起人们的不适。

者我们可以说，"它或许管用"。然而，最后公开发布的有效比率则是92%，这是一个振聋发聩的极大肯定——"是的，抗抑郁药管用"！

当一个观点变得如此深入人心，以至于你遇到的每个人都认为它是真的之时，你也就产生了一个"共识"。但可惜的是，这种共识仍然不足以使观点变成事实。请大家注意，很少有人会在药物问题上撒谎——但是，证据是会被歪曲并以扭曲的方式呈现的。

15.2 深入研究科学思维

我们很容易这样假设，因为每天都有这么多事物被人发现，而且互联网显然能够为你所能想到的一切问题都提供轻松便捷的一键式回答，因此，就好像所有事物都必然有一个简单的，因此也是"可知"的答案。这一节的内容将会向读者介绍，实际上而言，许多问题都没有确切的答案。悖论和矛盾是数学和物理学的核心，它们也会出现在其他的生活领域之中——就像你更有可能在政治学甚至是人际关系中发现它们一样。这听起来似乎有点怪怪的？请继续阅读！在本节的论证过程中，你会用到一些重要的评估方法，甚至是一些小型辩论。对批判性思考者来说，其中一个非常宝贵的方法就是要认识到，忽视问题复杂性的论证往往会有所误导，而且一些归纳推论（generalisations）也需要接受公众的公开检验，并且在必要时，人们需要放弃这些归纳推论。

在不断变化的世界中，事实也在不断发生着变化

那种认为事实就是事实并且永远固定不变的想法，是使事实如此有用并且似乎与观点截然不同（人们的观点却一直在改变）的一个原因所在。这当然是18世纪法国数学家皮埃尔·西蒙·拉普拉斯（Pierre Simon Laplace）著名观点（不管怎么样，在哲学中是如此）中的一个假设，也即有关事实的知识几乎被赋予了上帝般的威力。他这样写道：

我们可以把宇宙的现状，看成是宇宙过去的结果和它未来的成因。若存在一种智力，它在某个时刻会知道所有决定自然运动的力量，以及构成自然的一切事物的所有位置，如果这种智力足够广阔的话，它可以将这些数据收集并提取分析，它将会产生这样一个单一的公式，在其中，它不仅包括宇宙中最伟大的天体的运动轨迹，也包括那些最小的原子的运动轨迹。对于这样一种智力而言，没有什么东西会是不确定的，而且未来也会像过去一样显现在它的眼前。

——皮埃尔·西蒙·拉普拉斯
[《关于可能性的一篇哲学论文》（*A Philosophical Essay on Probabilities*），1951年，多弗出版公司]

要是拉普拉斯今天还活着,他就能看到,谷歌收集的大量事实数据,似乎已经非常接近他的这份梦想了!然而,真的是这样吗?事实就是,"事实"这个想法本身就存在问题。此外,另外一种想法也是有问题的,也即你认为自己有朝一日可以收集到众多的事实数据,届时你将可以从已收集到的过往数据中分析并去预测未来的其他所有事物的动态走向。

大多数时候,我们大多数人都是这么想的,但是,有一些更好的和切合实际的理由会让我们的批判性思考者更加小心谨慎。

以数学家和气象学家爱德华·洛伦兹(Edward Lorenz)的研究工作为例。在20世纪60年代,当气候建模刚兴起时,他就很偶然地发现,如果将输入到气候模型中的数字稍微调整一点点,预测的天气可能就会从内华达州的一个晴天变成得克萨斯州一场具有破坏性的飓风。

或者,我们再来看下农历月份中的日期时长。你的墙上挂着一本看起来很可靠的日历,但是(正如印度教的僧侣几千年前就意识到的那样),从地球上看到的两个满月之间的确切时间,实际上是不可能计算出来的——其原因就是科学家们所称的"反馈效应"(feedback effects)。月球受到地球和太阳两者的影响,而它反过来又影响地球的运动,但这两件事是完全不同的事情。

很显然,世界上的许多事情,不论是在实践中还是在理论上,都是无法进行预测的。事实上,影响世界的许多事情都难以准确地表述——比如,从气候模式到农历月份计算,它们都是不可能进行确切描述的。此外,从股票市场的波动到人口的兴衰或是疾病的传播,混乱无序都是无处不在的。

就天气预测而言,正如爱德华·洛伦兹这句令人印象深刻的话一样,一个国家中的一只蝴蝶轻轻扇动翅膀可能就会在一周之后其他某个地方"引发"一场飓风,因为,哪怕是一连串微小的影响,也会在越来越高的程度上改变最终的结果。

下面是一段值得人们深思的引言:

> 真相就是,科学从来就不能真正地预测。地质学家并不需要真的能预测出地震,但他们必须了解地震的形成过程。气象学家不必预测出闪电会于何时来袭。生物学家也不必预测出未来的物种。在科学领域中,最重要的以及使科学具有重要意义的是解释和理解。
>
> ——诺森·雅诺夫斯基
> [《理性的外部界限:科学、数学和逻辑所无法告诉我们的事情》
> (*The Outer Limits of Reason: What Science, Mathematics, and Logic Cannot Tell Us*),2013年,麻省理工学院出版社]

批判性思维也是关于解释和理解的,而且即使是最好的解释,它也会包括事实和观点二者。

到底是传授事实还是灌输观点?

持怀疑态度的哲学家保罗·费耶阿本德曾写道,事实,尤其是"科学事实",在孩子们还很小的时候就被教导给他们,这就好像那些宗教"事实"多少年来一直被教导给孩子们一样。现如今,人们对在宗教学校中接受神父灌输"教条"思想的孩子们会皱眉头,但是,在科学和数学领域中,真理受到如此高度的推崇,以至于在众多学科领域中,人们都没有试图去唤起孩子们或学生们的批判性思维能力。的确,费耶阿本德本人就是一名大学教师,他还说,根据他在大学的教学经历,那里的真实情况还要更糟,因为,那种他所谓的观点灌输是采取了更为系统的方式来进行的。

你可能认为,科学家更能超越"灌输"——即不会将他们的观点强加于他人身上,并且他们的这些观点都是客观的、中立的并且非常"科学"。用卡尔·波普尔颇具影响力的话来说,他们的理论难道不是只有在经过了彻底的检验后才被接受的吗?

当然,波普尔表示,即使在最困难的情况下,科学家也必须正确地检验他们的理论。因为,他说如果我们不加检验与批判,那么,

……我们总能找到我们想要的那类东西:我们首先会去寻找它,并且终会找到确证,这样一来,我们就将远离而且也看不到任何能对我们所偏爱的理论造成危险的东西。

——卡尔·波普尔

(《历史主义的贫困》(*Poverty of Historicism*))

第四部分　推理与论证　[441]

波普尔认为自己是一名**批判式理性主义者**(critical rationalist)，这意味着，他对那些通过逻辑来寻求确定性的哲学家持有批判态度。他认为，不存在"无理论束缚"、绝对可靠的事实观察，而是正相反，所有的观察都负载着理论，并且都涉及通过某种预先存在的、概念图式的扭曲之镜（以及过滤器）来反映这个世界。长话短说就是，所有的测量和观察都是见仁见智的**观点**问题。

波普尔断然拒斥从具体案例中能推断出一般规律，而这一归纳过程则是科学方法的根基。波普尔表示，这样的推论就不应该在科学研究中使用，因为，确保对普遍性陈述的"验证"在逻辑上是不可能的。例如，你不可能证明所有的岩石的比重都比水大，因为，有人有可能会发现一种新的没有水重的岩石[比如，浮石(Pumice)就会漂浮在水面上]①，又或者，甚至水本身的性质也会发生变化。

所有的科学理论也都是这样的，这就使得我们对科学理论的真理普遍性主张无法得到证实。

你在学校中可能也会被这样教导，科学有赖于灵感，而非事实：这也就解释了为什么在实验测试水平上，并没有多少积极的确证可以证实某种科学理论。不管你能拿出多少证据来支持某种理论——下一个出现的案例，仍然可以摧毁这一整个理论。明天的太阳可能不会升起，而下次你再打开冰箱时，里面也可能会

---

① 一般而言，水的密度大约为1，因为浮石是熔融的岩浆随火山喷发冷凝而成的气孔密集的玻璃质熔岩，其气孔体积占岩石体积的一半以上，密度小于1，所以可以浮于水。

蹦出一只大猩猩来。这听上去似乎不太可能，但不太可能发生的事情，也并不能决定某件事就一定不会发生，一件事最后发生与否，并不取决于可能性概率。

解决可断言性问题

那么，你该如何将没有证据支持的古怪观点与可能值得你认真考虑的合理理论区分开来呢？这个问题有时候被人称为可断言性问题（the assertibility question，AQ），因为你要问的问题是，什么证据才可以让你断言该主张是真实的？

下面列出了一份有关科学理论问题的有用清单，它出自一本名为《科学中的九个疯狂想法》（*Nine Crazy Ideas in Science*，普林斯顿大学出版社，2002年）的书。作者罗伯特·埃利希（Robert Ehrlich）教授建议大家用他所说的"布谷鸟音阶"去检验被"主流"科学家认为存有争议的那些理论。他就"日光暴晒对你有益"或"分发更多枪支可以减少犯罪"等理论来向读者提出了各种各样的问题，我把它们总结如下：

- ✓ 这个想法与常识的契合度如何？这个想法算偏激疯狂吗？
- ✓ 是谁提出了这个想法，以及此人是否对它的真实性存有某种固有的偏见？
- ✓ 该想法的提出者是否诚实地使用了统计数据？他们是否也通过引用其他使用了这一方法的著作来支持这一想法？

- ✓ 这个想法是否因为解释过多——或解释不足——而变得无用？
- ✓ 该想法的支持者对其方法和数据的开放程度如何？
- ✓ 存在多少**自由参数**？（参见下文"参数：理论中的大象"，以便获得对该术语的进一步解释）

埃利希认为，这些问题将会铲除一些狡猾的理论，而且它们很可能也会连带着铲除其他随之产生的新想法。但埃利希有他自己的一些危险假设。他似乎认为，正统的观点要比新观点更可取，因此，他对科学的真实历史就表现出了一种令人惊讶的盲目性。要知道，昨天的愚蠢理论就是今天的正统理论，而今天的正统理论也会成为明天的愚蠢理论。

抵抗从众的压力

非形式思维是社会性的，即你的想法会受到其他人想法的影响。人们的思考**方式**（而不仅仅是他们所思考的"事物"）会受到社会因素的影响，这一想法乍一看似乎很奇怪，但这其实是一个公认的事实。

早在20世纪50年代，美国社会心理学家所罗门·阿希（Solomon Asch）[①]就开展了一项从众实验研究，这项后来被大量

[①] 所罗门·阿希（Solomon Asch，1907—1996），生于华沙的美国社会心理学家，是一位世界知名的格式塔心理学家和社会心理学先驱，以其1951年的从众实验而见称于世。

引用的实验研究发现，即使是关于很显而易见的一些事实性问题，人们也会出于从众心理，或者在很多情况下出于跟从专家的心理，而心甘情愿地改变他们自己的想法。

参数：理论中的大象

参数是一种人为设定，用来限制和影响某个理论或某种情况。一个实用的例子就是：如果你的房子里配有中央供暖系统，那么你可以设置的两个参数便是设定系统的启动时间，以及设定最高和最低的空调温度。

当你在检查和评估某些理论和情况时，参数及其设置就很重要。著名的数学家约翰·冯·诺依曼（John von Neumann）曾开玩笑说，给他四个参数，他可以将一头大象放入任何理论之中，而要是有五个参数的话，他甚至可以叫这头大象晃晃它的象鼻！

关键在于，虽然设置参数可能有助于理论工作的进展，但是，如果任意设置参数，也可能会使整个理论变得毫无意义。很多时候，一些参数是被人为设定的，以便"使理论契合实际"，又或者它是以其他方式来服务于某个特定且先入为主的目的，而不是因为参数反映了现实世界中的任何事物。

阿希博士向一组参与实验的志愿者展示了一张卡片，上面画有一条线，接着，他又向他们展示了一张画有三条线的卡片，最后，他要求参与者指认哪条线与第一张卡片上线条的高度一致（详见图15-1）。在这个实验小组中，除了一个人不知情以外，其他所有的参与者实际上都不是真正的实验志愿者，而是提前安排好的托儿。这些人在参与实验之前就被指示要混淆视听、去指认明显是错误的答案，例如，在选择哪条线高度一致这个问题中，他们会刻意选择一条明显比提问中要寻找的那条线更短或者更长的线。发人深省的是，在这个实验中，当足够多的同伴都告诉人们该去怎样做时，大约有三分之一的人都准备"改变他们的想法"，并且他们会（无视所有的证据）顺从地屈服于同侪压力。

选择线条时故意作弊是一回事，但是，在你并不真正理解的复杂问题上改变你的想法以契合他人的观点则是另外一回事，嗯，至少后者是稍稍情有可原的。你绝对不能责怪别人从众，尤其是当人们不这样做就意味着要用他们所不擅长的方法来探索科学问题时。

另一方面，大多数事物也并不像一些特定专家所认为的那样复杂。诸如阿尔伯特·爱因斯坦和现代原子理论之父欧内斯特·卢瑟福（Ernest Rutherford）等权威专家，他们都高度关注一点，即至少要在理论上确保任何人都能理解他们的理论。

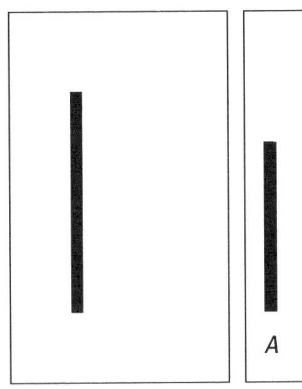
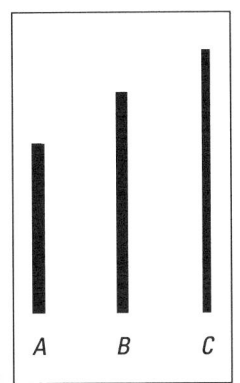

图15-1：线条匹配测试：你认为右图中哪条线是匹配左图的线？确定吗？

　　常识是人们理解世界的一种强大方式，但不幸的是，它经常被对科学无尽的推崇所裹挟，而且在某些情况下，还会被科学所欺骗（尤其是在商业和生活领域）。人们必须为了他们自己的目的和需要去构建专业知识的层次结构。但是，权威专家和那些寻求指导的人之间的关系必须是和谐共生的，他们彼此都要满足对方的需求和意愿。

黑天鹅事件和未知的事实

　　经济学家一般指这样一种人，政府给他们支付巨额资金来让他们预测一些重大的经济走向。例如，下一年度的国民经济将会增长多少？如在2007年，旨在促进"世界各地人民经济和社会福利"的经济合作与发展组织（OECD）曾收集了顶级经济专家们对未来世界的经济评估结果，并预测经合组织的34

个成员国的年经济平均增长率将会是2.5%。然而,它并没有预见到美国住房贷款泡沫即将破灭。实际上,在下一年度,它的所有成员国的最终年经济增长率为0.2%。于是,在接下来的一年中,经济学家们就开始保守预测,下一年经济增长率将约为1%,但是呢,随着全球范围内银行和股票市场的全面崩溃,这一年的全球经济断崖式暴跌了3.5%。

今天,经合组织和国际货币基金组织(IMF)都从这些失败预测中吸取了惨痛的教训。现在,这些组织在试图预测未来经济走向时,会特别考虑一些"替代性方案"。他们试图预见一些**黑天鹅事件**(black swan events)——这些事件本质上都是出人意料的突发事件,是人们以前从未遇到过的那类事件。你可能已经从日常生活中了解到了这一普遍教训,即几乎肯定会发生一些**不太可能发生的事情**!但是,我们很难知道这会是什么事情,以及它何时发生。

这类强大的国际组织从这些事件中吸取的另一个教训,也值得我们注意。那就是,这些组织希望在以后的各式讨论和会议中都能兼听八方,鼓励各方表达他们的观点,而不是为了过早地达成共识——即使是让人感到非常舒适的一些共识——而偏爱多数人、无视少数人提出的观点。

就举一些重大的问题为例,如:生命是从什么时候开始的?生命又于何时结束?人们应该在人生的这两点之间做些什么?这些都是科学问题,是的,但是,它们也是关乎道德和全体人类人生追求的问题。所以，在那些自称知道这些问题答案的人和我们这些依赖他们做我们意见向导的人之间，必须得有一种互动——一种民主式的互动。

科学期刊的发表规则：既生产垃圾也处理垃圾

近年来，下载次数最多的关于科学方法的一篇论文是：《为什么大多数已经发表的研究结果都是错误的？》论文的作者是希腊裔美国籍公共卫生和流行病学教授约翰·伊奥尼迪斯（John Ioannidis）。他在文中写道，在整个所谓的精确、客观的科学领域内，一项研究主张更有可能是错误而非正确的。此外，他还补充说，在当今许多需要调查的科学研究领域中，其研究结果通常只是对该领域中最新的流行观点（以及偏见）的一种准确反映。

造成这种情况的原因有很多种，它们都可以通过考虑现代科学研究的背景语境被相当客观地揭示出来。许多原因在于是否正确使用了统计数据，科学家在这方面并不就比其他人做得更好。特别是，在科学领域中，要是进行的研究规模越小，研究效果也越小，那么，它的研究结果就越不可能是真实准确的。后面的章节内容"记住人们看不懂数字这个事实：学会运用统计思维"就说明了统计数据是如何误导人的。

与此同时，要是某个科学领域中测试关系的数量很多但样本选择却很少，而且某个科学领域中与财务挂钩越多、与其他利益和偏见结合越多，其研究结果也就越不可能是正确的。还有一个类似的故事与这项研究的流行程度有关，随着相互竞争的科学团队数量的大量增加，已经发表的研究结果也很可能是错误的。

最后，伊奥尼迪斯教授还警告说，在某个科学领域中，研究的设计、定义、结果和分析模式的灵活性越大，其研究结果就越不可靠。这仅仅是因为，灵活性增加了将"消极"结果转化为"积极"结果的潜在可能性。这一切都说明了为什么你经常会在论文中阅读到或在电视新闻上看到一些让科学家非常兴奋的重大新发现，然而几个月之后，一篇很小的故事则又报道说，这些研究发现"并不完全像它们最初看起来的那样正确"。

选择证据

当你在写一篇文章时，请默认你的读者都是批判性思考者！解释你的推理过程，并为他们提供大量的证据。在法庭上，证据通常是解决案件的关键所在，它们可以是：嫌疑犯留在刀上的指纹、证人的证词报告，以及对高声争执的目击证词。证据必须是客观的事实。但是，也有很多无辜的人因为证据而被曲解，或者可能因被曲解的证据而落得锒铛入狱。同样，在所有的学术研究中，围绕证据也存在着相似的问题。

从理论上来讲，证据为论证提供了一种客观基础，并会使你的写作不止步于只是一些个人意见的汇总。证据会采取以下这些形式：事实和数据；案例研究和历史实例；个人叙述和调查采访；图像和影视资料。

你在研究中使用到的证据或数据被称为参考资料来源，这又可以分为两大类，**主要的一手资料来源和次要的二手资料来源**。

主要的一手资料来源（Primary sources） 提供的是直接的或第一手的证据。通常，它们是当代的一些叙述。主要包括以下：
✓ 个人通信资料和日记
✓ 演讲
✓ 某事件的新闻报道短片
✓ 照片和海报
✓ 人口普查或人口统计数据
✓ 一些实物实例，例如，植物和动物的标本，或一些考古发现

另一方面，**次要的二手资料来源（Secondary sources）** 是在事件发生一段时间之后才会产生的：它们包含以某种方式被加以解释、总结、分析或处理后的信息内容。教科书、百科全书、新闻报纸上的评论等，都是典型的二手资料证据来源。

但是，这二者之间的区别也并不完全是泾渭分明的。以你手里的这本书为例。它算主要的一手资料来源还是次要的二手资料来源呢？答案是两者兼而有之。例如，如果你引用它作为关于高脂肪食物争议的来源［详见本章前面章节"'吃掉我的（肥）短裤！'：什么才算是健康的饮食？"中的内容］，那么，它绝对是次要的二手资料来源。关于这个争议问题，其主要的一手资料来源是那篇指责凯斯博士歪曲了他的研究发现的期刊论文。但是，如果你想论证，有些批判性思维书籍鼓励学生在

某些特定情况下要去质疑权威专家，那么这本书就将是你的主要的一手资料来源。

证明它！

自亚里士多德时代以来，人们就已经研究了能够产生充分理由的论据（我在第14章中详细讨论了亚里士多德的三种论证证据——诉诸逻辑、诉诸感受力和诉诸个人精神特质的论证）。最近，学术界又增加了另一种论据形式：**神话**（mythos）——基于某个群体的传统、身份和价值观之上的一些证据。神话是推动事情进展的一个原因，例如"所有专家都同意……"就是在诉诸神话论证。

论点主张的所有论据都必须回答可断言性问题（AQ）（参见前面的章节内容"处理可断言性问题"）："你怎么知道某某论点主张是正确的？"你其实是在问，有什么证据，可以让某人断言某一论点主张是正确的？当别人向你展示某个论点主张时，你便会这样问，而该论点的提议者或支持者，就应该对此做出回应，为你提供一个论据理由，好让你相信该论点主张是正确的。

论点主张往往很难像它们看起来的那样客观。在某些情况下，一些论点主张没有任何证据支撑——因为也不需要有任何证据支撑。相反，人们会努力证明，该论证的结论一步步出自前面已经陈述过的前提假设。

你通常可以从以下三个角度来看待论点：

- **作为中立的观察者**：看待别人提出来的论点。
- **作为参与者**：尝试评判你自己的论点。
- **作为裁判**：查看正在争论中的一些论点，或是他人评估过的论点，例如，查看某个文本中的某些论点。

如果这是你自己的论证，你需要提供足够多的证据来支撑它。不过，足够多也是一种价值判断——比如，你真的需要证明水会流下山，才能证明大坝的倒塌会威胁到在它下方的村庄吗？

如果你在评估别人的论证，你还需要考虑这个人是否提供了足够的论据。问问你自己，对方给出了什么理由来支持他这个结论？以及我为什么要相信他/她？

在上述这两种情况下，你都需要学会判断，所提供的证据是否是真实且相关的。在我列举的那个溃坝示例中，讨论该国的政治局势就是无关紧要的，除非你可以证明它与当前所讨论的溃坝问题之间有直接的关联。很可能是有关联的！例如，该国政府曾因习惯性地疏忽地震发生的风险而不断增加发电量。若是在这种情况下，政治因素明显就是评估论证是否客观的一个重要组成部分。

评估论证的另一个重要环节是检查论证的结构是否有效。这个与其说是评判问题，还不如说是应用规则手册的问题。一个有效、合理且合乎逻辑的论证，必须没有任何谬误（正如我在本书第13章中所讨论的那样）。

批判性思维是将可能留存在你脑海中的疑虑之事提前提出来。将它们放在首要位置的另一个好处是，这可以确保它们还继续在那儿，并没有被你忽视或遗忘！

以下是一些可供评估论证的小技巧：

- ✓ 感受一下论证的形式——是用推理链来论证还是用证据拼凑出的七巧板？为推论的各个理由分配权重，并注意论证逻辑中有没有任何弱点。
- ✓ 反转论证的结论，看看这个观点会如何改变你对所呈现论证和论据的看法。反转结论后，它应该是直接冲突的；如果不是这样，那就说明论据理由根本不具有说服力。
- ✓ 将理由归类为相似的类型。寻找纯粹的逻辑理由来支持论证的形式，但也要检查证据的质量是否过关，以及任何统计数据背后的方法论是否有问题。
- ✓ 特别要注意一些方法论上的假设。在许许多多的实用领域中，人们所选择的方法论直接预设了会出现的研究结果，但所使用的这些方法本身的有效性却没有受到任何挑战和有效检验。所以，请确保你在一开始选择方法时就看看该方法是否存在偏见。
- ✓ 使用思维导图（详见第7章中的内容）和涂鸦。

如果你是在论证自己的观点，你就需要格外小心地避免偏见，不过，这说起来容易做起来难。因为，你当然永远都会觉得自己是对的！所以，请你使用一些策略来强迫自己去客观评估你自己的论证。问问你自己——如果你是错的，会怎么样？

为什么其他人不同意你的论证观点,他们又看到了哪些不同的方面呢?更多内容,请参见下文"向爱德华脱帽致敬"。

向爱德华脱帽致敬

使横向思维(lateral thinking)这个术语闻名遐迩的是作家、哲学家爱德华·德·博诺(Edward de Bono),他对评估各类论证提出了一个非常新颖的建议。他说,人们应该想象自己戴上了六顶不同颜色帽子中的一顶,然后,人们就会以其所佩戴的不同颜色的帽子的视角并用特定的方式来评估他们所看到的事物。以下是我对他的六项思考帽理论的一个总结:

白帽:你可能习惯于被人推着向前思考,你会将文本视为事实信息,并能冷静客观地看待它们。

红帽:你在看文本时会充分发挥你的感官直觉、你的情绪,甚至还有你的一些偏见!

黄帽:你会寻找文本中你喜欢的那些东西。

黑帽:你会寻找文本中的纰漏、错误和弱项。你会吹毛求疵——作者没有考虑到哪些内容?作者是不是故意这样遗漏的?

绿帽:嬉皮士之帽。想一想文本中的一些观点是不是可以自由地进行调整,以便你可以将其纳入全新的思考方向。如果作者采用的是一种不同的方法,那结论可能会是些什么?对于这些,你都会尽情推测一番。

蓝帽：纵览全局观点。你会将论证放在更为广泛的背景下进行考量——自己是否已为所使用的方法论提供了案例？又做出了哪些假设？

15.3 记住人们根本看不懂数字这个事实：学会运用统计思维

> 如果一个人左脚站在热炉上，右脚踏进冰箱里，统计学家则会说，就平均而言，这个人没有感到不舒服。
>
> ——沃尔特·海勒（Walter Heller）
>
> ［引自哈利·霍普金斯（Harry Hopkins）
> 《数字游戏：平平无奇的极权主义》
> （*The Numbers Game: the Bland Totalitarianism*），
> 布朗公司出版社，1973年］

奇怪的是，许多人都认为，统计上的侥幸命中现象令人疑虑不安且非比寻常：例如，投掷硬币时连续出现40次"反面向上"，或者在打桥牌时摸到了一手王炸牌（比如，除却一张全是黑桃，或除了一张全是红桃，等等[①]）。

[①] 桥牌所使用的扑克牌是普通扑克牌去掉大小王之后的52张牌，共分梅花（Clubs）、方块（Diamonds）、红桃（Hearts）、黑桃（Spades）四种花色。花色之间也有高低之分，其中梅花和方片为低级花色（Minor suit），每墩20分；而红桃和黑桃为高级花色（Major suit），每墩30分。

我说"很奇怪",是因为诸如这样的事件和这样的安排,也未必见得就比其他任何事情的可能性更小:意义通常只是人们自己在心目中赋予某个事情的,而且他们会认为这件事非同寻常(从某种意义上来说,出现的任何序列都是独一无二的,但是,似乎只有其中的一些会形成一种可被人识别出来的模式)。此外,人们确实会对从未发生过的"罕见事件"抱有一种荒谬的信念。正如美国社会批评家乔治·卡林(George Carlin)所说:"想想普通人有多么愚蠢吧;我现在还意识到,他们中有一半人比我们所认为的还要愚蠢。"

乔治嘲笑的是我们这些在他人引入统计数据时眼睛就开始木然发呆的人。但是,我们得承认,事实和统计数据也很难截然分开,所以,我们每个人都必须学习一些处理数据类主张的策略。第一步就是要意识到这个问题。所以,现在请你尝试评估下面这个在现实生活中会遇到的问题。

请在下面这个关于烟雾报警器能否有效挽救生命的论证上测试一下你的统计思维技能吧。

据消防部门估计,发生火灾时,人们在没有安装烟雾报警器的房屋中的死亡率,会比在装有烟雾报警器的房屋中高上两倍。该数据是基于美国的研究,这项研究表明,在1975年至2000年期间,烟雾警报器的使用率从不到10%攀升到至少95%,而在这同一时期中,死于家庭火灾中的人数减少了一半。

在英国,平均每年有超过60万起火灾需要消防官兵的出警服务。这些火灾每年导致了800多人死亡和17000多人受伤。许多火灾都是发生在没有安装烟雾报警器的房屋中。如果人们能有早期的火灾预警系统,并且能够在火灾发生时及时地撤离现场的话,许多人的生命都可以被挽救回来,也可以避免更多人在火灾中受伤。烟雾报警器可以给人们提供这种预警作用。结论:烟雾报警器可以挽救生命。

当然,我们假设该论证中确实包含着某种缺陷,那么以下哪项反对意见最能描述该缺陷呢?

✓ 1:**举事实数据的一种反对**:事实上,在火灾报警电话中心接到的60万次火灾报警中,只有大约5万次火灾是发生在居民家中。因此,无论在居民家中安装多少烟雾报警器,也都无法挽救死于别处火灾中的大多数人,也无法拯救那些被烧伤的人们。

✓ 2:**基于原则上的一种反对**:数百万人从未经历过家庭火灾,那么他们何必要听取必须在家中安装烟雾警报器的建议呢,难道就因为只有极少数人这样做吗?

✓ 3:**一种合乎逻辑的反对**:相关性根本不是因果性。家庭火灾中丧生的人数下降,有可能是由于安装了更多烟雾报警器之外的某些其他原因。

✓ 4:**一种"因果"反对**:这一论证假设的是,拥有烟雾报警器就意味着它会发出早期预警,但万一警报响起时周围根本就没有人呢!?即使有人在附近也听到了警报,但这对于人们发现火灾时的应急反应速度也可能几乎是于事无补的,而且听到预警当然也并不意味着消防人员立马就会及时赶到火灾现场并进行灭火。

✓ 5：另一种合乎逻辑的反对：这个论证是不合逻辑的，因为它假设装有烟雾报警器就可以对火灾进行早期预警，而事实上，烟雾报警器也许早就坏掉了。若报警器损坏而未被发现，它可能会让居民因其存在而产生一种虚假的安全感，这反而易于使人们忽视火灾发生时的一些早期迹象，进而导致人们未能及时采取通用的合理避灾措施，耽误灭火和救援。

✓ 6：一种出于实际的反对：该论证还忽略了一种可能，即火灾未必发生在家中装有报警器的房间，它可能发生在家中其他任何地方。

✓ 7：另一种出于实际的反对：该论证还忽略了一个事实，也即存在不同种类的烟雾。此外，也只有某些特定类型的烟雾（例如，烤面包烤煳了时的烟雾）才会引发火警报警器发出警报。

练习答案

关于烟雾报警器能否有效挽救生命的论证

该论证中真正有效的反对意见和论证弱点是第三条反对意见——相关性不是因果性，这是一个非常常见的错误！

该论证没有考虑到以下这样一个事实，也即在20世纪，火灾造成的死亡人数已经呈稳定的下降趋势。在安装烟雾报警器之前的几十年里，火灾死亡人数下降的趋势实际上更加明显！在20世纪20年代和30年代期间，居民家中是用明火来供暖和烧热水，此外，人们用来照明的也是蜡烛或煤油灯，而不是后来通电的白炽灯。到了20世纪50年，电力的使用才普及开来，大多数居民家中，电灯照明接管了以上这些照明方式，而固体燃料或燃气锅炉也开始为豪华雅致的家庭源源不断地供应着热水。这些因时代发展而来的变化，明显降低了家庭中发生火灾的可能性，从而挽救了更多人的生命。

以下是我对列举出的其他反对意见的一些看法：

✓ **反对意见1、4、6和7**：这四种反对意见都没能抓住这个论证的重点，也即由于烟雾报警器的使用，家庭火灾中的死亡人数有所下降。尽管确实存在报警器坏了、只有特定类型的烟雾会触发警报等问题。

✓ **反对意见2**：虽然我也同意不应强迫人们安装烟雾警报器这一原则，但这条反对意见根本与这里的论证无关，也即论证是关于警报器是否能拯救生命。

✓ **反对意见5**：与其说这是一个符合逻辑的推论（a non-sequitur），倒不如说它就是一种反驳而已。它似乎是在说，如果烟雾警报器通过提供早期预警，能够挽救一些人的生命的话，那么烟雾警报器也可能会因为让部分人陷入一种虚假的安全感，而夺去这些人的生命。正如我上面所说，有关这方面确实存在一些证据，这样一来，它就使得这条反对意见成了我认为的这题中"第二好的答案"。

第五部分

逻辑谬误与伟大论证

在这一部分，你将：

✓ 了解我个人最喜欢的十大逻辑谬误，这些狡猾的论证技巧都有着相当宏大的唬人标题。

✓ 对历史上的各大论证进行一次快速的回顾之旅。你可能会在这里学到一些技巧，它们像一种快照视图一样，是对用文字表述的一些思想在历史上的角色作一番快速回顾——并且毫无疑问，它们还会继续在将来产生影响。

✓ 发展你自己的观点，了解为什么有些事看起来会很有趣，以及人们为何会倾向于认同这些有趣的观点，即使这些观点有时真的相当随机、逻辑也不严密。

第 16 章

十大逻辑陷阱及规避策略

本章提要：
- 学习现实生活中辩论所需要的一些技巧
- 看看新闻媒体和政客是如何编造论证的

论证都是为了支持某个立场观点而给出相关的理由。在实践中，原因和理由通常仅限于那些所谓的权威人士（可能是某些要人、重要的书籍，或者当然，也可以是上帝）才能给出，这些人一般还会声称，他们都持有相同的观点。又或者，也许某些理由会被声明关乎到某些未来事件，无论其结果是好是坏：例如，各国都应该对白炽灯泡和汽油征收高额的税费，否则，海平面将会上升，并淹没各大沿海城市。

这样的论证虽然很薄弱，但它不一定就是无效的。为什么我会说它们薄弱呢？因为，在第一种情况下，它们要求其他人接受你对谁是权威所做出的判断，而在第二种情况下，它们对事物之间究竟是什么样的因果关系，一直在"乞求论题"打转转。（请记住，在逻辑学中，前提假设被假定为真，无论它有多么不可信也是如此。使论证无效的一定是其内部的矛盾冲突，而非其前提假设。）

所以，在本章中，我给出了十大常见的论证谬误，我强烈建议你以后避免使用它们！

16.1 声称遵循逻辑：不合逻辑的推论和起源谬误

不合逻辑的推论和**起源谬误**（Non Sequiturs and Genetic Fallacies）指的是这样一种陈述，它声称论点在逻辑上是彼此关联的，而实际上它们之间不存在这种联系。

"non sequitur"（不合逻辑的推论/非顺序逻辑）这个术语来自拉丁语，简单的意思是"不遵循"。该词以"u"而不是人们平常所预期的"e"作为元音结尾，所以如果你想让人印象深刻，请一定仔细拼对它！一个很好的例子便是，有人反对戴结婚戒指，理由是戴戒指一定是不好的，因为它们曾起源于不好的东西——即女性不平等地屈从于男性这一历史事实。这个论证便是靠不住的谬误，也即不合逻辑的推论，这是因为，今天人们戴结婚戒指并没有以上这样的关联性意义——至少在"逻辑上"是没有这样的关联性的。

这个例子其实是一种特殊类型的不合逻辑的推论——non sequiter，啊，不好意思，我拼错了，应该是non sequitur——这种类型叫作起源谬误。这种谬误通常发生在人们通过追溯事物的起源——因而，我们会说它是"具有遗传性的起源谬误"——来对某事进行假设的情况下，即使当前的现实情况与其声称的原始情况之间没有必然的联系。

16.2　先行假设：乞求论题

乞求论题（Begging the question）是一种狡猾的论证策略，它假设的就是问题需要论证的关键论点。实际上，其结论就是论证的一个前提，而本来，所谓前提就是为了证明其论点的假设。因此，它是一种典型的循环论证形式。

但是，从逻辑上来讲，一个有效的论证也必须让其前提中囊括的所有信息为真，论证才会真正有效。所以，从某种意义上来说，为了在逻辑上有效，你又必须使用乞求论题这种策略！然而，在具有批判性思维的论证之中，请不要这样做。你的论点的推理，应该一步步扩展到前提假设中所包含的信息内容中去。

16.3　将选项限制为两个："非黑即白"思维

在非黑即白的思维（"Black and White" thinking）中，或

者说在**错误的二分法**（the false dichotomy）（就给它一个略显宏大的标题也无妨）中，它指的是当有多种可能的选择时，论证者只给出了其中两种选择。例如，"如果你想为所有人提供更好的医院，那么你就必须准备好提高税收。如果你不想提高税收，那你就不可能为所有人都提供更好的医院。"这是逻辑上的废话连篇！在这两个极端之间，明明还有其他很多种选择。（例如，也许，需要的钱可以从修路预算中挪过来……或者是从研制新导弹的军事预算中取得。）使用这种论证策略的人，可能是故意为之，其目的便是试图掩盖其他一些可选择的方案。

在这个例子中，你可能还会发现另一种逻辑谬误（就像我们平常乘坐公交车的体验一样，谬误要么久等不来，要么三三两两地一起出现）——错将相关性误认为是因果性（参见后面部分"**错把相关当因果：关联性混淆**"中的内容）。比如，更好的医院和更高的税收之间不一定有直接关联：人们的医疗保健情况，在不增加资金投入的情况下也可以得到改善，而增加对医院的资金投入也未必就能改善人们的医疗保健状况。

16.4　不清晰：含糊其词和模棱两可

含糊其词和模棱两可（Equivocation and ambiguity）指的是，使用具有两种或多种含义的单词或短语，就好像它只有一个含义一样。你几乎无法避免遇到各种类型的歧义，包括以下方面：

- ✓ **词汇歧义**：指单个词汇存在歧义。
- ✓ **指称歧义**：上下文语境不清晰时发生的歧义。
- ✓ **句法歧义**：语法混乱导致的结果。

政客们会严重依赖这种糟糕的论证类型。实际上，近期在美国，就有一个来自政治领域的指称歧义的例子。美国前总统克林顿被人指控没有"干掉"奥萨马·本·拉登（即后来策划被劫持的飞机撞向纽约双子塔大楼事件的幕后组织者头目）。

相反，克林顿则坚称，他已经批准了中央情报局和军方的各项要求，同意他们对奥萨马·本·拉登使用武力。但他并没有透露，他还在几份通知备忘录中以书面形式指示中央情报局和军方，他希望在逮捕和处置本·拉登时要表现得人道一些，不要杀了他，除非是在活捉的过程中迫不得已杀死了他。

所以，是的，克林顿是同意了所有的要求，但是，他也指示他们在活捉本拉登时尽可能不要使用致命武力。克林顿的另一个更广为人知的例子，跟他的一位女性友人——珍妮弗·芙拉沃斯（Gennifer Flowers）有关。芙拉沃斯声称，她自己与克林顿有着12年的婚外情。而克林顿则说，她说的故事不是真实的，克林顿还表示，她是"我从未睡过的女人"。这个故事是"不真实的"，然而，它只是在没有完全达到12年这个意义上而言是非真的。克林顿也确实，从字面意义上来说，从未和她同寝共眠过。

16.5 错把相关当因果:关联性混淆

关联性混淆(correlation confusion)也可以用一句格言来概括:"相关性不是因果性"(correlation is not causation)。无论如何,这个常见的谬误指的是,因为两件事经常一起发生,所以人们假设它们之间必然存在关联。例如,孩子们吃的饼干越来越多了,需要的汽车也越来越大了。但是,这其中的两个因素,真的是一因一果吗?这个关联是莫须有的——吃很多饼干的孩子,可能是需要更大号的衣服,但他们并不需要更大号的汽车。所以,不要贸然下不合理的推论。

正如我在第12章中更为详细讨论过的那样,这种谬误还有一种特殊形式,通常也会被称为**肯定后件**(affirming the consequent),它是一个令人惊讶但却很常见的错误。这一论证的逻辑结构形式可表示如下:

若P,则Q。
Q成立,
因此P。

换句话来说,这个狡猾的论证是在说,既然"Q"在这里为真,那么,"P"一定是造成它的原因。让我们举另外一个例子来说明,"如果发生严重的干旱,那么树叶就会从树上落下来。现在,树叶从树上掉了下来,因此可知,发生了严重的干旱。"当你想起树叶从树上掉下来还有很多种其他的原因时(比如，因为现在是秋天，那树当然会落叶了），你就会发现，这种论证推理是狡猾因而也是不可靠的！

16.6 诉诸双重标准：特例谬误

特例谬误（special pleading，或称"作弊"）指的是，论证者针对对方的立场采用相反的价值观或标准，却不会将它们应用在自己的立场上，并且人们无法用有关的差异来证明这种双重标准是正当的。

例如，汽车驾驶者可能会抱怨其他人车速太快，而同时又声称，他/她自己无视限速牌而超速，是因为他/她的驾驶技术高超。当你意识到，几乎所有司机都坚信自己的驾驶技术高超时，你就会发现问题所在了！

这一概念与**相关性差异原则**有关，根据该原则，例如，当且仅当两个人之间存在相关性差异时，他们才可以被区别对待。例如，在公交车上，一位年长的女士可以要求一位身材魁梧健壮的年轻足球运动员给她让座，让她坐在靠门的座位上，因为她身体比较虚弱。相比之下，年轻的足球运动员则显然不虚弱。

16.7　期待美梦成真的愿望思维

期待美梦成真的愿望思维（Wishful thinking）指的是，你仅仅假设一些你所希望看到的结论。尽管这种谬误所依赖的推理存在明显的问题，人们还是会出人意料地经常犯这样的谬误——之所以说它出人意料是因为，当你冷静而理性地看待它时，就会显得出人意料了。一个可能的原因是，大脑的潜意识认为，这种策略是表达论点的一种很好的方法，它将大脑想看到的结果转化为对真相的假设。

那些使用期待美梦成真的妄想思维之人，经常也会诉诸人身攻击或是诉诸情感和特别恳求等，以便寻求和引导他人去接受他们自己的论点主张。诉诸"大多数人的意见"来支持一种事实主张，也是一种特殊类型的期待美梦成真的妄想思维，例如，当孩子们想要买耐克鞋时，他们会这样告诉父母，"其他同学"去上学，都是穿着耐克运动鞋的。

16.8　闻臭识红鲱——识别红鲱鱼谬误

红鲱鱼（red herrings）指的是人们在讨论中提出的不相关的话题或论点，其结果就导致真正的问题得不到审视和处理。很显然，红鲱鱼（通常是熏制而成的）有时会被用来迷惑那些追逐狐狸的狗。

2003年，英国政府决定在伊拉克开战，此举非常不受民众欢迎且备受訾议。当英国广播公司（BBC）运行几档节目来调查英国政府此举背后的原因时，其时，执政首相的新闻发言人阿拉斯泰尔·坎普贝尔（Alastair Campbell）则设法将人们争论的焦点，转移到有关英国广播公司对该事件的报道上，在这之后，他的答复被民众指控为顾左右而言他的"红鲱鱼"。坎普贝尔声称，英国广播公司的新闻报道带有一种有失体面的偏见。同样，许多公开辩论中也似乎都包含了一系列用来转移人们注意力的"红鲱鱼"，而且通常来说，这样做的唯一结果就是，它们的辩论也会像红鲱鱼一样，带点儿酸臭味！

16.9 攻击一个并不存在的论点：稻草人谬误

"稻草人谬误"与上一节中的"红鲱鱼谬误"在很多方面都颇为相似。二者都是将某个薄弱或荒谬的论点引入论证，并将其归咎给对手，接着，再迅速着手论证并铲除这个薄弱的论点。

下面是一个稻草人论证策略的经典案例。尼克松总统似乎曾挪用竞选资金供其个人使用，并且他还被相关执法人员逮了个正着。于是，他不得不回应民众对他的各种批评。但尼克松没有试图否认挪用公款这件事，也没有为他自己的行为进行辩护，相反，他开始大谈特谈一只狗的故事，并询问民众，他是否应该让他的孩子们养一只黑白可卡犬，因为这狗是他的一位支持者一路从得克萨斯州专程寄送过来的,它被放进了一只板条箱中,尼克松说道:"而且,你们知道的,孩子终归是孩子嘛,他们像所有的孩子一样,也都很喜欢狗。所以,我现在只想谈谈这个,嗯,不管人们怎么说,我们都会收养这只狗的。"

尼克松不再谈论他的对手要求他去谈论的话题,相反,他是去谈论一个薄弱得多的指控——收下选民私自送他的宠物狗,借此一举,他便有望赢得公众的支持和理解。的确,不久之后,他就以压倒性的胜利击败了他的大选竞争对手,当选为美国总统。他可真是个聪明的家伙呢,但是,他的论证并不符合逻辑。

尤其在写作中,稻草人谬误经常会涉及对他人论点的歪曲陈述,有时候也许是曲解上下文的背景语境,有时候则是通过粗陋地改述对手的观点来反驳对手。这种论证策略与**诉诸无知谬误**(egnoratio elenchi)密切相关。诉诸无知谬误,用更简单易懂的话来说,即提供无关结论的谬误。

16.10　重新定义词语:玩味谐音双关

玩味谐音双关(Playing at Humpty Dumpty),这个谬误的命名由来,是为了纪念刘易斯·卡罗尔小说[1]中的鸡蛋形角色

---

[1] 此处指的是刘易斯·卡罗尔的经典小说《爱丽丝漫游奇境记》(1865年)和《爱丽丝镜中奇遇记》(1871年)。此处的蛋头汉普蒂的故事是出自续集《爱丽丝镜中奇遇记》中。

汉普蒂·但普蒂[①]（Humpty Dumpty），他坐在一堵墙上（还好，至少他没有坐在众所周知的尖尖"栅栏"上）。汉普蒂坚称，"当我在使用一个词的时候……它所表达的意思，就是我所选择和我所想表达的意思——一分不多，也一丝不少！"

再如下面这个例子，这是我亲身参与过的有关全球变暖辩论的一个真实案例。我曾注意到，伦敦《卫报》（*Guardian*，它和很多其他报纸一样）不断告诉它的读者，二氧化碳是主要的温室气体。这意味着后果将是，人们必须控制二氧化碳的排放，以便影响和改变所谓的温室效应（温室效应其实可以防止地球因为温度过低而自行冰冻起来，但现在，它却被人们怀疑是导致地球变得过热的罪魁祸首了）。

作为一个一向会力争精确无误之人，我便写信给《卫报》，向其说明，在科学界，人们已经明确公认主要的温室气体其实是水蒸气。（大气中的水蒸气造成了大约80%的温室效应。）我还为此引用了报纸上提到的大约十来篇文章及其他一些参考资料。这家报刊非常负责任地对此进行了一番调查，最后，他们发现我的观点是对的，但是，之后他们回信给我说，他们还是会坚持自己原来的观点，但他们会以一种特殊的方式来说二氧化碳——也即"主要的温室气体"，至于这个措辞的含义是什

[①] 汉普蒂·但普蒂（Humpty Dumpty），此处为角色名中文音译，因为作者此处有意在玩味谐音梗。这个角色又有译：蛋头，胖墩儿，矮胖子，鸡蛋胖胖等等，他被爱丽丝不小心撞到而掉到地上摔碎了，他也是很多经典童话童谣（如17世纪末的《鹅妈妈童谣集》）中的人物，他的名字也意指"倒下去就爬起不来的人"，或是"损坏后就永远无法修复的东西"。

么，我想所有人都已经再明白不过了，并且，人们也都已经习以为常地在这两者之间画上等号了。

所以，这个故事给我们的道德训诫就是——决策中使用什么措辞，其实是具有高度政治性的。

第17章

改变了世界的论证

本章提要：
- 看看各界专家如何论证
- 揭开影响他人的秘诀

谁说论证无法改变任何事情？以下就是一些具有重大影响的著名论证。这些观点无疑改变了人类社会发展和演变的方式。然而，奇怪的是，所有论证似乎都有点狡猾。它们在逻辑上并不太合理，而且通常也算不上特别巧妙。（如果你认为论证必须合乎逻辑才有用，请往回翻到本书第4章，看看为什么现实生活会远比这复杂得多。）这里的利好消息则是，为了构建一个伟大的论证，你不必具备超强的逻辑思维，也不用变得格外狡猾。

这些论证之所以伟大，不是因为它们明智且复杂，而是因为，它们为一些难题提供了比较简单的解决方案。事实上，在本章的许多论证中，你都可以很容易地挑出一些漏洞缺陷，但那又如何呢？它们还是留下了足够丰富的内容，仍然是如此发人深省。

自然，这其中的许多伟大论证都隶属于哲学领域，但请不要因此就退缩不前。从柏拉图到马克思等一众哲学家，都提出了大量论证，但是这些哲学家却与当今学术界的学院派教授完全不同。事实上，我会说，相比于做教授，他们更有可能会去写一些给初学入门者看的书籍，因为，他们都热爱与人交流！

但由于这本书是关于批判性思维的，所以，请你不要太相信我说的任何话。相反，你可以自己体验细察一番以下的几大论证。

17.1 只有一些足够聪明的小众精英才能掌权

是谁提出了这一主张？柏拉图确实有提过，在他的《理想国》里面，写于2000多年以前！

大问题：柏拉图认为，利他主义，即渴望为他人服务的美德，是所有真正聪慧之人的驱动力。所以，他会选择有利他精神的人来构成其理想国的统治精英阶层。这类人被柏拉图称为护卫者（the Guardians）。[当然啦，柏拉图的这个护卫者，与英国《卫报》（*Guardian*）的读者们，甚至是该报的专栏作家

们，都没有一丁点儿关系！〕

至于其他凡俗众人，柏拉图认为，大多数的人，即使你把某事物直接放在他们的眼皮子底下，他们也觉察不出个所以然来。因此，当然啦，柏拉图认为，也就更不应该让他们来管理一个如此复杂的社会，也不能让凡俗大众对社会管理有太多的发言权。相反，柏拉图给大众所开的药方是一种家常便饭式的宣传，这让人民群众对他们的生活有了一种虚假但却又心满意足的良好感受。

缺陷与不足：请不要关注这种方法是否合乎道德。实际的问题不在于论证，而是在于开始的假设——换句话说，在于其前提。柏拉图的理论是好的，但这些事实也会造成一些问题。尽管统治阶层的精英们一开始会发现，帮助他人的回报是最令人感到心满意足的事情，但不知何故，他们最终总是会屈从于像地心引力般巨大的贪婪无度和自利目的。

至于通过取悦大众、用谎言来让群众感到快乐这一点，历史表明，人们根本无法满足于大口咀嚼空气——人永远不会完全得到满足，他们不时需要冲突与争斗。民主是一种方式，它为群众提供了一种可以安全地进行互相抗议和斗争的形式。

这个论证，仍然与许多现代国家处理他们国务的方式有关。在这些国家中，有一个严格意义上的统治精英阶层，他们对大众媒体和教育施以正式和完全的垄断控制。

17.2 越界：违抗法律

这条听起来好像有点狡猾……好像不适合放在给初学入门者看的书中。更糟糕的是，提出这个论证的人，当时还为此在美国的监狱里关了八天。但我坚持要在本部分保留这一论证，这是因为，他的这一论证非常有名，所以，初学者也有权了解。

大问题：这个论证基本上是对批评者的一种回应："你怎么能在敦促人们服从法律的同时，又提倡去违反某些法律呢？"

挑选和选择哪些法律来遵守，其解释和理由主要取决于以下三个相互关联的主张：

- ✓ **存在两种类型的法律：正义的法律和不正义的法律**。这是这个论点中争议最小的部分。
- ✓ **人们没有义务遵守不公正的法律**：这一点有些棘手，但我想，你会同意此种观点的。
- ✓ **"从上帝的角度来看，不公正的法律根本就不是法律"**：这句引用之语运用了"诉诸权威"的论证策略，它为有争议的第二个观点提供了一些额外的支持。在这个案例的情况下，此处诉诸的权威是一种宗教和哲学上的权威，因为，圣奥古斯丁是在很久以前就写下了这句话。

缺陷与不足：来自权威的论证总是狡诈的，除非此权威明确有权制定他所推行的政策。例如，如果一个孩子因为在黑板上画鬼脸而被人责骂，她可以适当地诉诸学校老师（权威）来作为其行为的支持论据，她可以说，老师"说可以在黑板上画鬼脸"：老师有适当放宽规则的责任。但是，即使是圣奥古斯丁，也无权取消大量存在的人类法律。

当然，另一个问题是，人们可能对"何为正义、何又为不正义？"有很多种不同的看法，因此，如果只是宽泛地应用这一原则，很快就会丧失生活在一个法治社会中的明显优势。这就是为什么人们经常会说，即使是不公正的法律，你也应该遵守，但你可以运用你的民主权利（如，给报纸写信，向你所在的国会议员提交请愿书）去力争改变它。

然而，在这个问题上，一个可能会影响你看法的事实是，那个被关押在监狱八天的囚犯，正是20世纪60年代美国著名的民权运动倡导者——马丁·路德·金（Martin Luther King）。他所挑战的法律是种族隔离的法案，这种法律将公共汽车和学校等公共场所截然按种族分开，它不允许白人儿童和黑人儿童在公共汽车上同坐，也不允许他们同上一所学校就读。

历史已为我们提供了许多明证，它早已证明，只有人们愿意违抗并打破他们认为不公的法律时，重要的政治改革才能够最终实现。但是，尽管马丁·路德·金是一位出色的演说家，他从未为他的观点提供过一个合乎逻辑的论据——与之相反，他诉诸的其实是强有力的修辞性呼吁诉求。

17.3　站在法律正确的一边：始终遵守法律

在17世纪的一本名为《利维坦》(*The Leviathan*)的书中，影响深远的英国思想家托马斯·霍布斯（Thomas Hobbes）认为，政府可以对公民为所欲为，因为，另一种选择将是无政府主义，两害相权取其轻，因为后者的情况会更加糟糕。据说，人们认为这本书的出版惹怒了上帝，所以他降下了1666年的伦敦大火，以示对人类的惩罚。

大问题：霍布斯认为，人基本上都是由简单的欲望——尤其主要是权力、名望和财富——所驱动的。然而，并不是每个人都能成为人上人，因此，冲突就是不可避免的。解决这个问题的唯一方法就是制造出一个*Numero Uno*，即最佳优胜者（Top Dog），并把绝对的权力移交给此人。

霍布斯认为，最高统治者（既可以是议会也可以是君主）是具有无上权力的，但我们今天的争论，更多是关于公民对抗政府的权利。请想想最近美国政府所采取的策略，他们在街上随意绑架民众，并将他们送往设在遥远国家的秘密监狱里接受审讯和酷刑折磨。这听起来很像是个糟糕的政府，对吧？但如果霍布斯在世，他会认为，这种事情总比让人们拥有太多权利而导致政府失去控制权要好得多了。

事实上，霍布斯还认为，除了唯一一个重要的例外——人们可以拒绝被执政者砍头——之外，公众都必须接受最高统治者所决策的一切！霍布斯认为，即使让立法院监督政府也是错误的，因为这是通往无政府主义道路上的一步，会最终造成混乱失序并导致臭名昭著的肮脏交易和野蛮下场。

缺陷与不足：霍布斯将这个问题看作一场"要么全赢要么全输"的零和博弈——因为，它不允许有中间立场的存在。然而，在面对各种要求、压力和挑战时，政府是可以调整策略、进行适应并最终生存下来的，它甚至还可以是欣欣向荣、蒸蒸日上的呢。因此，霍布斯的论证似乎依赖的是非黑即白思维的逻辑谬误，它提供了一种"错误的二分法"或选择项。（读者可翻回到第16章，以便了解更多关于错误二分法方面的内容；或者，你选择不回看也行，毕竟，决定权掌握在你自己手上！）

17.4 请证明，上帝在"逻辑上"存在

你会如何证明上帝存在呢？对一些人来说，一个好方法就是安排一些奇迹之事，比如，把很多人聚集在一起，让"所有生病或瘸腿的人都向前一步站出来"，再让上帝治愈他们。

这类事件就叫作**演示论证**（arguments by demonstration），每当有一个奇迹发生，它都为信徒提供了更多有关上帝存在的证据。不幸的是，怀疑论者坚持认为，不是每一个有疾之人都被治愈了，那些没有被治愈的人也要考虑在内，因此，他们还是不相信上帝存在。为了说服怀疑论者和那些想成为信徒的一类人，你最好能找到一个更加锋利敏锐的逻辑证据。圣·安瑟

尔谟（Saint Anselm）是一位居住在英国坎特伯雷地区的中世纪僧侣和逻辑学家，他提出了上帝在逻辑上存在这个论证，这可能是"支持上帝存在派"中最具影响的一个论证了。

大问题：圣·安瑟尔谟首先给出了对上帝的严格定义，例如，上帝是宇宙中最伟大、最完美、最玄妙之物。对吧？不是因为宗教人士说他对，而是根据定义来说，这是对的吧？然后，安瑟尔谟接着问，那这是存在于现实中更好，还是只存在于人们的想象中更好呢？或者换一种说法来说，哪一种会更好——是拥有一个可爱的房子，还是拥有一个想象中可爱的房子呢？很显然，真实的东西总比想象中的要好，这一原则也适用于神的存在。因而结论就是：因为上帝最伟大，所以他必须存在。

缺陷与不足：请格外当心那些以提供定义开始证明的论证：通常，它的结论是包含在定义之中的。话虽如此，但为了在逻辑上合理自洽，结论<u>也必须</u>包含在开始的<u>一些</u>假设之中。那么，我们可以无视安瑟尔谟这里的缺陷吗？

但是，与圣·安瑟尔谟同时代的一位人士指出，只要将某物定义为其同类中最好的典范，人们也就可以使用这种"证据"来证明任何事物的存在。例如，请想象一下可能存在的最完美的假日餐厅。它每周7天每天24小时地全天候开放供应餐食，而且该完美餐厅中到处都是名流（没有吵闹的粗人），也只供应素食。嗯，这就是我能想到的最完美餐厅的定义。也许你会问，那餐食都是免费的吗？是的——因为这样会让它听起来更完美一些。这种完美餐厅，它存在吗？也许它存在，但它肯定不是因为我定义的这种逻辑而存在。

17.5　请证明，上帝在"实践中"不存在

很多人不相信有一位神（或是众神）存在，但你们该如何说服别人相信这一点呢？对于"上帝不存在"这一论点而言，其中最具有影响力的论证，可能是有关被称作"邪恶问题"的一个论证。

大问题："邪恶问题"是一个简单但却具有说服力的论证。它认为，如果存在一位至高无上、全能全知的上帝，而他希望这个世界成为最好的寓居之所，到处都是幸福的人们和好事善行（尽情想象下，这就像你在电视广告中看到的那类洗衣粉广告中所描绘的纯洁场景一般，衣袂飘飘、一尘不染），那么上帝至少是不会允许一些非常卑鄙险恶之事发生的，而很显然，这种事一直都在发生。

缺陷与不足：关于这个论证，我恐怕是找不出它存在的任何缺陷了！这个论证听起来似乎是无懈可击的。

据其定义，上帝必须是至高无上和全能的，所以，他无所不知，并致力于使这个宇宙成为一个美好的所在。然而，如果邪恶和苦难存在，那么它就证明，要么上帝不是至高无上、无所不能和无所不知的，要么上帝并没有完全致力于让这个宇宙

成为一个美好之所。但是，邪恶和痛苦显然是存在的，所以，这种上帝便是不存在的。

事实上，过去的许多神明，都是相当狂暴愤怒的，他们甚至还会做出一些残忍无度、骇人听闻的暴力行径！但是现如今，我们认为，那些众神从未真正存在过。尽管如此，基督教所宣扬的上帝的关键特征是同情怜悯（compassion），这一特征似乎确实说明，上帝要么不是全能全知的，要么上帝不像教会告诉我们的那样充满仁爱之心。然而，我们的论证中还是有一个矛盾之处！

也许，信仰上帝的人能想出的最好的回应就是，上帝允许人类认为不好的那些事情发生，是为了成就一些更伟大的事情。例如，人终究都会老死，这样才能为后人腾挪出生存空间。但是，这样的论证会把上帝牢牢地置于自然法则的统治之下，这似乎就显得很奇怪。不是说上帝是全知全能的吗？难道所谓的全知全能是个稀释精简版的全能？

17.6　为权利辩护

你认为，只要是人，都有某些基本的权利吗？好吧，是的，我也这么认为。但是，这些基本权利是什么，你又将如何证明它们呢？

大问题：在实践中，对某些权利的"现实性"争论往往取决于法律先例。这是有道理的，因为，"权利"的概念本质上就是法律所赋予的。人们在考虑权利问题时，经常会想到的一个文本就是美国的《权利法案》(*The Bill of Rights*)。这是美国宪法中前十条修正案的统称，这些修正案试图限制美国联邦政府的权力，并竭力保障民众的一些个人自由，例如，个人自由中也包含那则"携带枪支器械的权利"的不幸条款。

缺陷与不足：法律权利一般都很好，但是它们之所以存在，是因为人们认为法律在保护某些更为根本的东西。法律也必须契合公众对是非对错的朴素看法。

唉，可惜众人的观点也总是大相径庭，以至于在一个地方被视为人之基础的权利，在另一个地方则可能是完全非法的，**反之亦然**。例如，对于今天的大多数人来说，吃掉你的祖父母，只是听起来都让人毛骨悚然吧！但是，在历史上的一些社会中，人们认为，这是他们作为后辈应尽的义务。对于今天的一些国家来说，同性恋是违法的，同性恋者被禁止出去工作，他们甚至可能会遭到迫害与处决。相比之下，在英国和其他许多地方，同性恋者已受到法律的保护，他们可以不受工作场所的用工歧视，与此同时，同性恋者也可以结婚和收养孩子。

有关道德方面的争论是最为棘手的一些论证。所以，请继续看看下一节的内容吧，看看要表达一个简单的观点时，一个能用的好方法是什么。

17.7　世间万物相反相成

庄子是中国古代的伟大圣哲之一，他针对"是"与"非"、"对"与"错"的相对性提出了世间万物皆相反相成这一则伟大论点。庄子的英文名字一般简译为"Chusi"（其发音听起来很像是英语单词"Choosey"，意指难以取悦的、爱吹毛求疵的人，然而庄子本人恰与此相反）。庄子强调要齐万物、齐是非，他还强调对立事物之间相反相成这种相互转换的动态机制。庄子指出，"好"与"坏"就像其他一切事物一样，都是相互关联且可以彼此转换的。对兔子来说是"好"的事情，对农民来说，可能就是件"坏事"。

大问题：以下是庄子试图展示道德判断相对性的一个例子。正如一些圣哲所说的那样，请先假设，**杀戮是错误的**：那么试问，当杀死兔子是唯一能拯救自己免于饿死的方法时，杀死兔子还会是错的吗？那自然不会是错的。不过，也许这只能证明，有时，杀死动物是没有问题的。那么杀人呢？我们首先假设，是的，杀死另一个人永远都是错的。但是，如果这发生在一个强盗意图杀害一整个无辜的家庭时呢？这样一来，此时杀了强盗当然没有错，尤其是，如果杀死强盗是阻止他滥杀无辜的唯一方法时，那就更应该如此去做了。

庄子得出的观点是，所有的道德观也都像这些例子中展示的一样，是依赖于具体的上下文语境和特定的社会情境的，因而它们都是相对的。

缺陷与不足：你可以这样争辩说，庄子在证明他的观点的过程中，对是非对错有他自己的那套分类明确、完全不是相对的（not-at-all-relative）一些主张。例如，庄子暗示，如果拯救无辜家庭的唯一方法是杀死强盗，那么你就可以杀掉强盗。这一条看起来似乎是一个非常明确和通用的道德判断。

17.8　了解爱因斯坦的相对论

这个论证是最著名的"思想实验"之一，它可能乍一看不像是一个论证。事实上，人们经常将思想实验误当作一些精彩纷呈的案例——是隐喻或类比什么的，而不会把它们当作论证。但是，真正的思想实验总可以归结为论证。"相对论"这一论点，在它被提出的时代里具有非同小可的影响力，它表明，当人们（或者至少是物理学家）说某一事件发生在某某时刻的时候，我们就需要重新思考他们想表达的意思。

大问题：100多年以前，阿尔伯特·爱因斯坦首次提出了相对论这一思想实验，该实验关注的是，在以接近光速旅行时，对时间会产生何种影响。爱因斯坦最初使用的是两个时钟的例子——其中一个静止在某处，另一个在运行移动之中。爱因斯坦认为，由于物理定律的影响，以接近光速的运行速度移动的那个时钟将会比保持静止在某处的时钟更慢。

同样，适用于时钟的原理，也同样适用于人。所以，现在请假设，有一对双胞胎，其中哥哥飞向距离我们地球最近的恒星，它大约距离我们有4.5光年（然后他再飞回地球），而弟弟则在地球上耐心地等待，那么结果会如何呢？结果似乎会是，如果宇宙飞船上的那个双胞胎哥哥以接近光速（或者我们说以86%的光速）旅行，当剩下的那个双胞胎弟弟还在地球上慢条斯理地生活度日时，太空中的双胞胎哥哥会老上10岁。但是，呆在地球上的双胞胎弟弟则会加速衰老——他会径直变老20岁！

缺陷与不足：是的，这里也还有一个缺陷。事实上，这个缺陷是一个悖论。因为从宇宙飞船的角度来看，地球上的那个双胞胎弟弟才是在运动着的人——当然，这是相对他呆在太空舱里的那位兄弟而言——因此，按照这一相对论原理，地球上的那位双胞胎弟弟才应该是衰老得更慢的人！（如果你对这个想法不太满意——你可以假设两位双胞胎都是宇航员，在进行太空旅行之前，该实验将他们分别安置在两艘双胞胎式的宇宙飞船中。）爱因斯坦和其他科学家也曾试图解决这个问题，但是，他们也没能拿出完全令人满意的解决方案。

17.9 提出悖论以便证明你的论点

一些最有影响力的论证，常以谜题般的形式出现，如下所示几例皆是如此：

- ✓ **芝诺的时间悖论和运动悖论**：一个例子便是龟兔赛跑，在其中，兔子永远都赶不上乌龟。芝诺的嘲弄者指出，即使是最合乎逻辑的人，其想法有时也会不合逻辑。
- ✓ **伽利略悖论性的思想实验**：请参阅本书第5章内容，以便了解其中一个思想实验的更多信息，它开创了人类理解自然的全新方式。
- ✓ **爱因斯坦关于悖论性事件所讲述的看似简单的故事**：也许，这是所有悖论中最为著名的，因为它涉及诸如时间和光速之类的概念（例如，可参见爱因斯坦在上一小节中的论点）。

但是，尽管如此，还有一个更为简单的论证，它可以证明关于宇宙的一些原理：时间旅行是永远都不可能的。或者，至少可以说，通过时间旅行回到过去是绝不可能的。

为时30秒的论证：假设某位时间博士（Dr. When）在2020年发明了一台时光机器。那么，他能否迅速地坐进机器并开回到20世纪20年代射杀年轻的希特勒，以此拯救后来的所有人免于苦难呢？在此，重要的不是回到过去的可能性有多大，重点是在于，这个论证在逻辑上是否是可能的。

缺陷与不足：一个逻辑上存在的问题是，如果时间博士真的回到了过去、改变了历史，那么，当他在2020年发明他的时光机器时，他怎么会知道年轻的希特勒后来会成为一个极具威胁性的可怕人物呢？此外，他又怎么能知道他自己需要回到过去的20世纪20年代，来拯救全世界呢？

这个悖论使我相信,像这样的时间旅行永远都不可能。但是,如果你真的不想被这个论证说服,倒也还有一个完全合理的方法,也即你可以继续坚信时间旅行是可能的,并因此去拒绝相信以上这个悖论。

　　据说,在很久很久以前,亚里士多德就曾建议,对所有论证来说最佳方法是将它们都视为钟表。如果你手表上显示的时间正好接近你的心理预期时间,那么你就应该假设,手表所告诉你的时间是正确的时间。反之,如果手表显示的时间与你的心理预期时间非常不同,你就可以假设,手表已经停止了工作,或是出现了机械故障。妙哉!这一论证策略,就像那些最优秀的论证一样,它们都不是基于逻辑,而是基于常识。但是,话说回来……你也可以不同意我这个观点!

关键词表

critical thinking 批判性思维
confirmation bias 证实偏差
emotional intelligence 情商
creativity intelligence 创造性智力
social intelligence 社会智力
fuzzy thinking 模糊思维
reasoning by analogy 类比推理
metapgors 隐喻
deductive reasoning 演绎推理
inductive reasoning 归纳推理
joint reasoning 联合推理
heuristics 启发式
thought experiments 思想实验
circular reasoning 循环论证
recursion 递归
design skills 设计技能
graphical tools 图形工具
mind maps 思维导图
concept charts 概念图
flow charts 流程图
spider charts 蜘蛛图
dump list 转储清单
brainstorming 头脑风暴
meta-thinking 元思维
triangulation 三角测量法
information hierarchies 信息层级结构
knowledge pyramid 知识金字塔
cascade theory 级联理论
critical reading 批判性阅读
read between the lines 解读言外之意
skim reading 略读
hidden assumptions 隐含假设
critical writing 批判性写作
formal arguments 形式论证
syntax 句法

semantics 语义
necessary conditions 必要条件
sufficient conditions 充分条件
sentential logic 语句逻辑
predicate logic 谓词逻辑
multi-valued logic 多值逻辑
quantum logic 量子逻辑
syllogisms 三段论
Laws of Thought 思想定律
Law of Identity 同一律
Law of excluded middle 排中律
Law of non-contradiction 矛盾律
Zeno's Paradoxes 芝诺悖论
sociology of thinking 思维社会学
prejudice 偏见
propaganda 宣传
public relations 公共关系
bandwagon effect 从众效应
rhetoric 修辞
triples 三元组句式
zeugma 轭式修饰法
connotation 内涵
denotation 外延

koan 禅宗公案
the Assertibility Question 可断言性问题
statistical thinking 统计思维
stereotypes 刻板印象
logic fallacies 逻辑谬误
ad hominem 人身攻击
non sequiturs 不合逻辑的推论
genetic fallacies 起源谬误
begging the question 乞求论题
"black and white" thinking 非黑即白思维
ambiguity 含糊其词
equivocation 模棱两可
correlation confusion 关联性混淆
special pleading 特例谬误
wishful thinking 愿望思维
red herrings fallacy 红鲱鱼谬误
straw-man fallacy 稻草人谬误
play at Humpty Dumpty 玩味谐音双关
attribution error 归因错误
quaternio terminorum 四词谬误

致谢

感谢威利出版社所有成员给予我的大力支持。出版任何一本书都绝非易事,这是一项极具挑战的任务,我由衷地感谢他们提供给我的诸多帮助。我还要特别感谢赞农·斯塔夫瑞尼德(Zenon Stavrinides)博士,感谢他一直以来不辞辛劳地审阅本书稿,以及他给我提的一些很有真知灼见的技术性修改意见。

译后记

顾名思义，批判性思维（Critical Thinking）是指通过一定的评判标准来评价人们的思维方式，而此番审视的目的旨在帮助人们改善思维，从而得以更好地理解和把握小及身边、大到整个寰宇的事物。这是一种合理的、反思性的思维，它既包括一些可习得的思维技能，也是指一种思维倾向。批判性思维的最初起源可以追溯到苏格拉底，毕竟他曾有言，未经审视的人生不值得过活。而在我们现代社会中，批判性思维也已被普遍确立为教育，特别是高等教育的主要目标之一，它也是心理学和逻辑哲学中的重要术语。

本书书名，若直译即《麻瓜版批判性思维技能》，最初也是这个名字吸引我想要来翻翻书的。一是好奇心使然，虽属麻瓜一员，但我很想看看批判性思维"这座庐山"的360度无死角展示；二则求知的驱动，诚如罗素所言，"追求知识"乃人生三大理想之一。我自己的逻辑思维能力向来不强，思考时常常混乱失序，表达观点时也往往词不达意，逻辑漏洞大得像一个"兔子洞"、一堵呼呼漏风的墙，就更别提进行逻辑自洽乃至如书中所说的那种大获全胜的论证和辩论了,估计不消三个回合,我便会丢盔弃甲、落荒而逃。如此,我的确需要提升一下自己的智性装备,用思维游戏武装一下麻瓜脑袋,以备不时之需。这样想来,科恩的这本书将会是一个很好的训练逻辑思维和思辨能力的入门指南,书中没有佶屈聱牙的专业术语,有趣鲜活的案例却比比皆是。

古往今来的批判性思考大家有很多,但罗素素来是我最钟情的那个。罗素是作家、思想家、哲学家,但他本人也是一名数理逻辑学家,曾与怀特海合著《数学原理》。当然,这本书在我能力范围之外,也未曾一睹真容。我钦慕他的是他自传和散文中行云流水般的文风、他那作为自由思想斗士的不羁一生,和他身上那种不盲从权威的"公民不服从"精神。或许也可以说,在我眼中,罗素本人就是批判性思维精神的化身,就像韦伯说本杰明·富兰克林是新教伦理与资本主义精神的化身一样。果不其然,在翻译过程中我发现,罗素在本书中也是位家常客,在很多章节中他都会时不时现一下身,不时让我一阵欣喜。看得出来,本书作者科恩也对罗素这位自由斗士和积极奔走的社会活动家激赏拜嘉。无疑,罗素是一位敢于质疑权威的批判性思考者(科恩在"囚徒罗素"相关部分也对此有着充分的论述)。例如,罗素对学校教育持有一定的怀疑态度,这凝练在他那句经典的话语中——"人不是生来就愚蠢,而是通过教育变蠢的"。再如,虽然亚里士多德是公认的"逻辑学之父",但他有些观点中也充满了偏见甚至是谬误(如厌女)。在别处曾见过这么一个例子,说的是亚里士多德认为,女人的牙齿数量天生就比男人的少。对此,罗素曾作如下评论:"要是亚里士多德能让他妻子偶尔也张开嘴说说话,那他就不至于犯这么愚蠢低级的错误了。"机敏诙谐、理性严谨又悲悯人类,罗素真是一个可爱之人。追求活的知识、终生不断学习,努力更新自己、力争与时俱进,同时不断思索自己所构建的理解世界的方式,也不惧解构和推倒旧有的信仰体系以便能重塑更完善的思维架构来帮助自己理解自我与他人,把握事、物与世界,这就是我所理解的批判性思维可能会给我自己带来的一些益处。

我常思及知与言、思与行之间的关系。思想家和哲学家汉娜·阿伦特就特别强调思考的重要性,不思考的最严重的恶果,可能就是"平庸之恶"的盛行,这在二战时期的犹太大屠杀中可见一斑。我想,不管是在20世纪40年代那个"黑暗时代"中,还是在当前疫情笼罩下这个充满了不确定性和失序焦虑感的年代里,批判性思维于个人于集体都同样重要。思后才及言,思也指导知,知之而后能言,但行又胜于言,最终还是要达成人们常说的知行合一。如本书作者所言,批判性思维是一种实用型工具,是一种实践性技能,运用它可以帮助我们以全新的视角来看待我们周遭的世界,并有助于解决好我们所遇到的各类实际生活问题。与此同时,批判性思维的训练也可以改善我们大脑的思维运作方式。它不仅能让我们复盘过往的种种经历,从混沌中整顿出秩序的内核所在,在偶尔失序的现实生活中锚定自我,也能让我们改善传统的惯性思维习惯,这样一来,我们便可以跳脱旧有的思维框架去重新思考,从而能够真正从容地应对未来的不确定性,也能够易于思辨地接受各类新观点、新资讯以及新的思想与理论体系。批判性思维是一把利于我们导航人生的有力武器,它会让向往知识的我们也能革新认知、与时俱进,崇尚科学却不必盲从科学主义,同时还能对宇宙与人生有所求索与追问。既然批判性思维是一种可习得且可举一反三的技能,那就让我们一起好好学习并利用它来丰富我们有限的生命经验,尝试用全新的眼光来细致观察并尽情享受我们的日常生活吧。当然,批判性思维虽益处多多,但重点还在于"绝知此事要躬行",也许生活中多问一些为什么,可以让我们更早进入批判性思维的正途。例如,权威专家发表的观点,就一定正确无虞、不可更改吗?人们习焉不察的诸多社会惯例,虽从来如此,便对么?即便是个平凡的麻瓜,也让我们一道做个爱思考、会思考、言思一体、知行合一的批判性思考者与自我实践家吧!

  本人素知译事并非易事,一向对翻译怀有敬畏之心,如履薄冰。翻译中时有困惑,虽端赖勤查资料,但自身水平有限,疏漏错讹必所难免。尚希读者朋友和大方之家批评指正(反馈邮箱 lilywang_nju@163.com)并多加海涵。此外,本书中的专业术语相关部分,曾部分参考陈波教授策划翻译的赫尔利《简明逻辑学导论》(第10版)以及机械工业出版社推出的摩尔《批判性思维》(第12版)等书,在此一并致谢。最后,非常感谢汉唐阳光的总编辑李占芾先生给予我充裕的时间、信任与耐心，也愿这本批判性思维的入门书能给更多批判性读者带去文之悦与思之乐。

汪丽

2022年10月9日于南京

图书在版编目（CIP）数据

批判性思维入门 /（英）马丁·科恩著；汪丽译. -- 太原：山西人民出版社，2023.8
ISBN 978-7-203-12917-2

Ⅰ.①批… Ⅱ.①马…②汪… Ⅲ.①思维方法—研究 Ⅳ.①B804

中国国家版本馆 CIP 数据核字（2023）第 104918 号

著作权合同登记号：图字 04-2023-009 号

Critical Thinking Skills For Dummies, Copyright © 2015 John Wiley & Sons, Ltd, Chichester, West Sussex.

All Rights Reserved. This translation published under license with the original publisher John Wiley & Sons, Inc.

Copies of this book sold without a Wiley sticker on the back cover are unauthorized and illegal.

本书封底贴有Wiley公司防伪标签，无标签者不得销售。

批判性思维入门

著　　者：	（英）马丁·科恩（Martin Cohen）
译　　者：	汪　丽
责任编辑：	李　鑫
复　　审：	傅晓红
终　　审：	梁晋华
装帧设计：	陆红强
出 版 者：	山西出版传媒集团·山西人民出版社
地　　址：	太原市建设南路21号
邮　　编：	030012
发行营销：	0351-4922220　4955996　4956039　4922127（传真）
天猫官网：	https://sxrmcbs.tmall.com　电话：0351-4922159
E-mail：	sxskcb@163.com　发行部 sxskcb@126.com　总编室
网　　址：	www.sxskcb.com
经 销 者：	山西出版传媒集团·山西人民出版社
承 印 厂：	北京汇林印务有限公司
开　　本：	880mm×1230mm　1/32
印　　张：	16.25
字　　数：	330千字
版　　次：	2023年8月　第1版
印　　次：	2023年8月　第1次印刷
书　　号：	ISBN 978-7-203-12917-2
定　　价：	88.00元

如有印装质量问题请与本社联系调换